食品检测与合规管理实训

（供食品质量与安全、食品工程技术专业用）

主　编　程春梅　苏新国

副主编　张书芬　郭衍银

编　者　（以姓氏笔画为序）

苏新国（广东农工商职业技术学院）

李新建（江苏食品药品职业技术学院）

杨　芳（淮安市产品质量监督综合检验中心）

余　辉（浙江药科职业大学）

张　境（浙江药科职业大学）

张书芬［宁波市产品食品质量检验研究院（宁波市纤维检验所）］

张莉华（浙江药科职业大学）

姜英杰（江苏食品药品职业技术学院）

郭衍银（山东理工大学）

曹小敏（浙江药科职业大学）

程春梅（浙江药科职业大学）

黎春红（重庆三峡医药高等专科学校）

中国健康传媒集团

中国医药科技出版社

内 容 提 要

本教材以培养学生岗位技能为核心、以食品行业相关技术标准和规范为依据，系统地梳理了食品合规管理、食品质量管理及食品检测人员应具备的专业知识和实践技能。内容涵盖食品安全相关法律法规及生产经营合规管理、食品标准及产品合规、食品检验检测基础知识、食品感官检验技术、微生物检验、食品理化检验、紫外－可见分光光度法在食品检测中的应用、原子吸收光谱法在食品检测中的应用、气相色谱法在食品检测中的应用、液相色谱在食品检测中的应用、色谱－质谱联用技术在食品检测中的应用等，每个章节既有理论知识，也有实践操作，体现行业最新进展。本教材为书网融合教材，即纸质教材有机融合电子教材、PPT 等数字化教学资源，使教学形式更加丰富，内容更新更加方便快捷。

本教材主要供高等职业教育本科食品质量与安全、食品工程技术专业师生教学使用，还可供食品从业人员培训和自学使用。

图书在版编目（CIP）数据

食品检测与合规管理实训/程春梅，苏新国主编 . —北京：中国医药科技出版社，2024.6

高等职业教育本科食品类专业规划教材

ISBN 978 - 7 - 5214 - 4687 - 6

Ⅰ.①食… Ⅱ.①程… ②苏… Ⅲ.①食品检验－高等职业教育－教材 Ⅳ.①TS207.3

中国国家版本馆 CIP 数据核字（2024）第 110206 号

美术编辑 陈君杞

版式设计 友全图文

出版 **中国健康传媒集团** | 中国医药科技出版社

地址 北京市海淀区文慧园北路甲 22 号

邮编 100082

电话 发行：010 - 62227427 邮购：010 - 62236938

网址 www. cmstp. com

规格 889mm × 1194mm $^1/_{16}$

印张 12 $^3/_4$

字数 349 千字

版次 2024 年 6 月第 1 版

印次 2024 年 6 月第 1 次印刷

印刷 北京侨友印刷有限公司

经销 全国各地新华书店

书号 ISBN 978 - 7 - 5214 - 4687 - 6

定价 55.00 元

获取新书信息、投稿、
为图书纠错，请扫码
联系我们。

数字化教材编委会

主　编　程春梅　苏新国
副主编　张书芬　郭衍银
编　者　（以姓氏笔画为序）
　　　　苏新国（广东农工商职业技术学院）
　　　　李新建（江苏食品药品职业技术学院）
　　　　杨　芳（淮安市产品质量监督综合检验中心）
　　　　余　辉（浙江药科职业大学）
　　　　张　境（浙江药科职业大学）
　　　　张书芬［宁波市产品食品质量检验研究院（宁波市纤维检验所）］
　　　　张莉华（浙江药科职业大学）
　　　　姜英杰（江苏食品药品职业技术学院）
　　　　郭衍银（山东理工大学）
　　　　曹小敏（浙江药科职业大学）
　　　　程春梅（浙江药科职业大学）
　　　　黎春红（重庆三峡医药高等专科学校）

前言 PREFACE

本课程是职业本科食品质量与安全专业、食品工程技术专业开设的集中实践课，是在学生已修相关基础课程的基础上，进行的综合提升训练。旨在通过一系列实训活动，使学生巩固所学专业知识；理解食品相关法律法规要求、掌握食品生产经营者应当承担的合规义务；掌握食品检验检测理论知识与操作技能，具备依照国标方法对食品进行检测和合规评定的能力；使学生能够胜任食品检验检测、食品质量管理、食品合规管理等相关工作岗位。同时提升学生食品安全法律法规意识、传承精益求精的工匠精神、团队合作精神和诚实守信的职业道德。使学生完成知识体系向岗位能力体系的转换。

本教材以培养学生岗位技能为核心、以食品行业相关技术标准和规范为依据，系统地梳理了食品合规管理、食品质量管理及食品检测人员应具备的专业知识和实践技能。包括食品安全相关法律法规及生产经营合规管理、食品标准及产品合规、食品检测基础知识、食品感官检验技术、微生物检验、食品理化检验、紫外－可见分光光度法在食品检测中的应用、原子吸收光谱法在食品检测中的应用、气相色谱法在食品检测中的应用、液相色谱在食品检测中的应用、色谱－质谱联用技术在食品检测中的应用等十一章内容，每个章节既有理论知识，也有实践操作，并体现行业最新进展。本教材为书网融合教材，即纸质教材有机融合电子教材、PPT等数字化教学资源，使教学形式更加丰富，内容更新更加方便快捷。

本教材由程春梅、苏新国担任主编。具体编写分工如下：苏新国编写第一章、第二章；张书芬、杨芳编写第三章；郭衍银编写第四章；余辉编写第五章；曹小敏编写第六章；李新建、姜英杰编写第七章；张莉华编写第八章；张境编写第九章；程春梅编写第十章；黎春红编写第十一章。

编者在编写本书的过程中参考了大量的文献资料，得到了许多同行的支持和帮助，在此一并表示感谢。

限于编者水平与经验，加上食品标准、法规及保障食品安全的检测技术手段更新较快，书中难免存在不足和疏漏之处，敬请学界同仁和广大读者批评指正。

编　者
2024 年 3 月

CONTENTS 目录

第一章 食品安全相关法律法规及生产经营合规管理

学习目标

【知识目标】

1. 掌握《中华人民共和国食品安全法》《食品生产许可管理办法》的主体内容；《食品生产通用卫生规范》（GB 14881）、《食品生产许可证审查通则》及细则对食品生产过程合规的要求。

2. 熟悉我国食品法律法规体系；《中华人民共和国产品质量法》《中华人民共和国农产品质量安全法》《食品经营许可和备案管理办法》的主体内容；与食品生产经营企业申办生产经营许可证相关的要求及程序。

【能力目标】

1. 会查阅和使用《中华人民共和国食品安全法》及其实施条例、《食品生产许可管理办法》《食品经营许可和备案管理办法》《食品生产许可证审查通则》及细则、《食品生产通用卫生规范》。

2. 能够准确判断食品生产许可的食品类别，能够根据要求编写、审核、提交和补正食品生产许可证申办材料，依法申请、变更、延续食品生产许可证。

3. 能根据法律法规标准的要求，开展生产过程合规管理。

第一节 知识概况

法是指由国家制定或认可，并由国家强制力保证实施，具有普遍效力和严格程序的行为规范的总称。食品法规是指适用于食品从农田到餐桌各个环节的一整套法律规定，目的是加强食品监督管理、保证食品卫生、防止食品污染、保障人体健康，是国家对食品进行有效监督管理的基础，是从事食品生产、加工、经营等全过程所必须遵守的行为准则。我国目前已基本形成了由法律法规、规章和规范性文件构成的食品法律法规体系。

食品合规是指食品生产经营者的生产经营行为符合食品相关法律法规、规章、标准、行业准则和企业章程、规章制度以及国际条约、规则等规定的全部要求和承诺，包括食品生产经营企业的资质合规、过程合规和产品合规三个方面。

第二节 中华人民共和国食品安全法及实施条例

PPT

食品安全关系人民群众身体健康和生命安全，关系中华民族的未来。党中央、国务院高度重视食品安全工作，作出了一系列重要论述和指示批示。党的二十大报告将食品安全纳入国家安全体系，强调要"强化食品药品安全监管"。回顾我国食品安全发展历程，经历了从以"食品卫生"管理向"食品安全"管理的转变。1953年，"食品卫生"的概念出现，在此后一直沿用了几十年。1965年，《食品卫生管理试行条例》的出台，标志着我国食品卫生管理向规范化、法治化管理的目标迈出了第一步。1979 年，《中华人民共和国食品卫生管理条例》的颁布，昭示着我国不断加强食品卫生法治化管理的决心与力度。1995 年，《中华人民共和国食品卫生法》颁布实施，"食品安全"的概念开始为社会公众所广泛知晓。2009 年《中华人民共和国食品安全法》（以下简称《食品安全法》）发布，这标志着我国从"食品卫生"管理向"食品安全"监管迈出了关键一步。《食品安全法》历经 2015 年、2018 年、2021 年三次修订，《中华人民共和国食品安全法实施条例》也于 2009 年公布，经过 2016 年、2019 年两次修订，逐步建立并完善了食品安全监管制度，筑牢了食品安全防线，保障了食品行业的健康发展。我国现行的食品安全监管体系是在《食品安全法》为基础的法律法规、部门规章及标准规范等基础上建立起来的。

《食品安全法》确立了以食品安全风险监测和风险评估为基础的科学管理制度，明确以食品安全风险评估结果作为制定、修订食品安全标准和对食品安全实施监督的科学依据；坚持预防为主的原则；明确国家对食品生产经营实行许可制度；对食品生产、加工、包装、标识、运输、储藏和销售各个环节，以及食品生产经营过程中涉及的食品添加剂、食品相关产品等有关事项，明确了有关制度；明确了食品安全监管体制，加大了对食品生产经营违法行为的处罚力度，以保证食品安全，保障公众身体健康和生命安全。

一、《食品安全法》内容体系

在中华人民共和国境内从事下列活动，应当遵守《食品安全法》：①食品生产和加工（以下称"食品生产"），食品销售和餐饮服务（以下称"食品经营"）；②食品添加剂的生产经营；③用于食品的包装材料、容器、洗涤剂、消毒剂和用于食品生产经营的工具、设备（以下称"食品相关产品"）的生产经营；④食品生产经营者使用食品添加剂、食品相关产品；⑤食品的贮存和运输；⑥对食品、食品添加剂、食品相关产品的安全管理。《食品安全法》共 10 章，154 条。

第一章总则（1~13 条）。开宗明义，明确了立法目的和调整范围，明确食品安全工作实行预防为主、风险管理、全程控制、社会共治。对食品生产经营者、各级政府、相关部门、食品行业协会、消费者协会等各类社会团体在食品安全社会监督、舆论监督、食品安全法律法规、食品安全标准和食品安全知识的宣传教育及普及工作等的责任和职权作了相应规定。

第二章食品安全风险监测和评估（14~23 条）。对食品安全风险监测制度、食品安全风险评估制度和应当进行食品安全风险评估的情形进行了规定，并明确食品安全风险评估由国务院卫生行政部门负责组织和结果公布，食品安全风险评估结果是制定、修订食品安全标准和实施食品安全监督管理的科学依据。

第三章食品安全标准（24~32 条）。明确食品安全标准是强制执行的标准。除食品安全标准外，不得制定其他食品强制性标准。对食品安全标准的制定目的、主要内容、制定程序和依据等进行了规定。

第四章食品生产经营（33~83 条）。国家对食品、食品添加剂实行许可制度，明确了食品生产经营应当符合的要求以及禁止生产经营的食品、食品添加剂及食品相关产品。强调企业自身的制度建设、记录保存及自检自查。明确了食品标签、说明书和广告的要求，纳入并细化了食品贮存及运输环节监管、网络食品交易监管及食用农产品的销售管理相关规定。

第五章食品检验（84~90 条）。对食品检验机构的资质认定、检验要求、监督抽查检验及检验结果异议的处理、食品企业对食品的检验等作出了规定。

第六章食品进出口（91~101 条）。对进出口的食品、食品添加剂以及食品相关产品应当符合我国食品安全国家标准、进出口的食品检验检疫原则、风险预警及控制措施等作出了规定。

第七章食品安全事故处置（102～108条）。对国家食品安全事故应急预案、食品安全事故处置方案、食品安全事故责任调查处置等方面作出了规定。

第八章监督管理（109～121条）。对各级政府及本级食品安全监督管理部门的食品安全监督管理职责、工作权限和程序等作出了规定。

第九章法律责任（122～149条）。对违反本法规定的食品生产经营单位、食品检验机构和检验人员、食品安全监督管理部门、食品行业协会等进行相应的处罚原则、程序和量刑等进行相应的规定。

第十章附则（150～154条）。相关术语和实施时间。

二、《食品安全法》主要加强了八个方面的制度构建

（1）完善统一的食品安全监管机构，由分段监管变为市场监督管理部门统一监管。

（2）明确建立最严格的全过程监管制度，对食品生产、流通、餐饮服务和食用农产品销售等环节，食品生产经营过程中涉及的食品添加剂、食品相关产品的监管、网络食品交易等新兴业态，及生产经营过程中的一些过程控制的管理制度，进行了细化和完善，进一步强调了生产经营者的主体责任和监管部门的监管责任。

（3）更加突出预防为主、风险防范。进一步完善了食品安全风险监测、风险评估制度，增设了责任约谈、风险分级管理等重点制度。

（4）实行食品安全社会共治，充分发挥媒体、消费者等各方在食品安全治理中的作用，推进整个社会有序参与，形成社会共治的格局。

（5）突出对包括保健食品、特殊医学用途配方食品、婴幼儿配方食品在内特殊食品的严格监管。

（6）加强对农药的管理。强调对农药的使用实行严格的监管，加快淘汰剧毒、高毒、高残留农药，特别强调严格执行农业投入品使用安全间隔期或休药期的规定，禁止将剧毒、高毒农药用于蔬菜、瓜果、茶叶和中草药材等农作物。

（7）加强对食用农产品的管理。将食用农产品的销售纳入《食品安全法》的管理范围，同时对农产品批发市场的抽查检验、食用农产品进货查验记录制度进行了完善。

（8）建立最严格的法律责任制度，加大违法者的违法成本。

三、《中华人民共和国食品安全法实施条例》

《中华人民共和国食品安全法实施条例》（以下简称《条例》）作为行政法规，是对《食品安全法》条款的细化，于2009年7月20日首次发布，于2019年3月26日国务院第42次常务会议修订通过，内容包括第一章总则（1～5条）、第二章食品安全风险监测和评估（6～9条）、第三章食品安全标准（10～14条）、第四章食品生产经营（15～39条）、第五章食品检验（40～43条）、第六章食品进出口（44～53条）、第七章食品安全事故处置（54～58条）、第八章监督管理（59～66条）、第九章法律责任（67～85条）、第十章附则（86条），共10章86条。

《条例》强化了食品安全监管，要求县级以上人民政府建立统一权威的监管体制，加强食品安全监管能力建设，补充规定了随机监督检查、异地监督检查等监管手段，完善举报奖励制度，并建立严重违法生产经营者黑名单制度、失信联合惩戒机制；完善食品安全风险监测、食品安全标准等制度，强化食品安全风险监测结果的运用，规范食品安全地方标准的制定程序，明确企业标准制定要求及备案制度，切实提高食品安全工作的科学性；进一步落实了生产经营者的食品安全主体责任，禁止对食品进行虚假

宣传，并完善了特殊食品的管理制度；完善了食品安全违法行为的法律责任，规定对存在故意实施违法行为等情形的单位法定代表人、主要负责人和其他直接责任人员处以罚款，并对新增的义务性规定设定相应的严格的法律责任。

第三节　其他食品安全相关法律法规

PPT

一、《中华人民共和国农产品质量安全法》

农产品，是指来源于种植业、林业、畜牧业和渔业等的初级产品，即在农业活动中获得的植物、动物、微生物及其产品。农产品质量安全，是指农产品质量达到农产品质量安全标准，符合保障人的健康、安全的要求。农产品质量安全直接关系人民群众的日常生活、身体健康和生命安全；关系社会和谐稳定。《中华人民共和国农产品质量安全法》于 2006 年发布，经过 2018 年、2022 年两次修订，共 8 章 81 条，为推动全面提升农产品质量安全治理能力、提升绿色优质农产品供给能力，构建高水平监管、高质量发展新格局提供了有力的法治保障。

（一）内容体系

第一章总则（1~12 条）。明确了立法目的和调整范围，对农产品的定义及农产品质量安全的内涵作了规定，明确国家加强农产品质量安全工作，实行源头治理、风险管理、全程控制，建立科学、严格的监督管理制度，构建协同、高效的社会共治体系，进一步强化农产品质量安全各方责任。

第二章农产品质量安全风险管理和标准制定（13~19 条）。对农产品质量安全风险监测制度、风险评估制度进行了规定，明确农产品质量安全标准是强制执行的标准，对农产品质量安全标准体系包含的内容、制定、发布程序和要求进行了规定。

第三章农产品产地（20~24 条）。对农产品禁止生产区域、农业投入品的合理使用等作出了规定。

第四章农产品生产（25~33 条）。对农产品生产档案记录、农业投入品的生产许可、农业投入品的使用等方面进行了规定。

第五章农产品销售（34~44 条）。对销售的农产品及包装、保鲜、储存、运输中所使用相关物品的质量要求，禁止销售的农产品；对农产品批发市场、农产品销售企业、食品生产者采购农产品等进货检验、查验要求；网络农产品交易；销售农产品的标识等作出了规定。

第六章监督管理（45~61 条）。对农产品质量安全全程监督管理协作机制、监督抽查制度、检测机构和人员资质、社会监督、现场检查、事故报告、责任追究等作了规定。

第七章法律责任（62~79 条）。对各种违法行为的处理、处罚作了规定。

第八章附则（80~81 条）。

（二）调整范围

1. 产品范围　农产品是指来源于种植业、林业、畜牧业和渔业等的初级产品，即在农业活动中获得的植物、动物、微生物及其产品。

2. 行为主体　农产品的生产者和销售者，也包括农产品质量安全管理者和相应的检测机构和人员等。

3. 调整的管理环节问题　农产品产地环境、农业投入品的使用、农产品生产和产后处理的标准化管理，农产品的包装、标识、标志等。

二、《中华人民共和国产品质量法》

《中华人民共和国产品质量法》（以下简称《产品质量法》）于 1993 年 2 月 22 日第七届全国人民代表大会常务委员会第三十次会议通过，经历 2000 年、2009 年和 2018 年三次修正，内容包括第一章总则（1～11 条）、第二章产品质量的监督（12～25 条）、第三章生产者、销售者的产品质量责任和义务（26～39 条）、第四章损害赔偿（40～48 条）、第五章罚则（49～72 条）、第六章附则（73、74 条），共 6 章 74 条。在中华人民共和国境内从事产品生产、销售活动，必须遵守《产品质量法》。

《产品质量法》明确企业是产品质量管理的主体，应当建立健全内部产品质量管理制度，依照本法规定承担产品质量责任。政府对产品质量实施宏观管理，各级市场监督管理部门主管产品质量监督工作，国家对产品质量实行以抽查为主要方式的监督检查制度。

三、《中华人民共和国标准化法》

《中华人民共和国标准化法》（以下简称《标准化法》）1988 年首次发布，已由中华人民共和国第十二届全国人民代表大会常务委员会第三十次会议于 2017 年 11 月 4 日修订通过，修订后的《中华人民共和国标准化法》，2018 年 1 月 1 日施行。

《标准化法》6 章 45 条，内容包括第一章总则、第二章标准的制定、第三章标准的实施、第四章监督管理、第五章法律责任、第六章附则。标准化工作的任务是制定标准、组织实施标准以及对标准的制定、实施进行监督。国务院标准化行政主管部门统一管理全国标准化工作。国家鼓励企业、社会团体和教育、科研机构等开展或者参与标准化工作。

《标准化法》所称标准（含标准样品），是指农业、工业、服务业以及社会事业等领域需要统一的技术要求，包括国家标准、行业标准、地方标准和团体标准、企业标准。国家标准分为强制性标准、推荐性标准。对保障人身健康和生命财产安全、国家安全、生态环境安全以及满足经济社会管理基本需要的技术要求，应当制定强制性国家标准。强制性标准必须执行，不符合强制性标准的产品、服务，不得生产、销售、进口或者提供。国家鼓励采用推荐性标准，企业可以根据需要自行制定企业标准，推荐性国家标准、行业标准、地方标准、企业标准的技术要求不得低于强制性国家标准的相关技术要求。

四、《食品生产许可管理办法》

《食品生产许可管理办法》于 2015 年由国家食品药品监督管理总局发布，于 2017 年修正。2019 年 12 月 23 日经国家市场监督管理总局 2019 年第 18 次局务会议审议通过新的《食品生产许可管理办法》，2020 年 3 月 1 日施行。

《食品生产许可管理办法》规范了食品、食品添加剂生产活动，在中华人民共和国境内，从事食品生产活动，应当依法取得食品生产许可。食品生产许可的申请、受理、审查、决定及其监督检查等活动应遵循本办法。食品生产许可实行一企一证原则，即同一个食品生产者从事食品生产活动，应当取得一个食品生产许可证。食品生产许可证编号由 SC（"生产"的汉语拼音字母缩写）和 14 位阿拉伯数字组成。数字从左至右依次为：3 位食品类别编码、2 位省（自治区、直辖市）代码、2 位市（地）代码、2 位县（区）代码、4 位顺序码、1 位校验码。食品生产许可证发证日期为许可决定作出的日期，有效期为 5 年。国家市场监督管理总局负责监督指导全国食品生产许可管理工作，县级以上地方市场监督管理部门负责本行政区域内的食品生产许可监督管理工作。

五、《食品经营许可和备案管理办法》

《食品生产经营管理办法》于 2015 年 8 月 31 日首次发布，后于 2017 年 11 月 7 日修订。2023 年，市场监管总局组织对《食品经营许可管理办法》进行了修订，形成了《食品经营许可和备案管理办法》（以下简称《办法》），进一步规范食品经营许可和备案管理工作，加强食品经营安全监督管理，落实食品经营者主体责任。《办法》共 9 章 66 条，2023 年 12 月 1 日起施行。

《办法》增设专章明确仅销售预包装食品备案的具体要求；在推进食品经营许可和备案信息化建设的基础上，进一步简化了食品经营许可流程，压减许可办理时限。进一步压实了企业主体责任。明晰了办理食品经营许可的范围和无须取得食品经营许可的具体情形，将实践中易导致责任落空且有迫切监管需要的连锁总部、餐饮服务管理等纳入经营许可范围，从风险管控角度，增加并细化了单位食堂承包经营者、食品展销会举办者等的食品安全主体责任。《办法》重新梳理了食品经营许可经营项目和主体业态分类，并对每一类别分别明确了具体分类情形以及许可和监管要求，增强了可操作性。

六、《食品召回管理办法》

《食品召回管理办法》于 2015 年 3 月 11 日由国家食品药品监督管理总局令第 12 号公布，2020 年 10 月 23 日，国家市场监督管理总局令第 31 号修订。

《食品召回管理办法》规定了不安全食品的停止生产经营、召回和处置及其监督管理等内容。食品生产经营者应当依法承担食品安全第一责任人的义务，建立健全相关管理制度，依法履行不安全食品的停止生产经营、召回和处置义务。国家市场监督管理总局负责指导全国不安全食品停止生产经营、召回和处置的监督管理工作。

根据食品安全风险的严重和紧急程度，食品召回分为三级，食用后已经或者可能导致严重健康损害甚至死亡的属于一级召回，食品生产者应当在知悉食品安全风险后 24 小时内启动召回，且应当自公告发布之日起 10 个工作日内完成召回工作；食用后已经或者可能导致一般健康损害属于二级召回，食品生产者应当在知悉食品安全风险后 48 小时内启动召回，且应当自公告发布之日起 20 个工作日内完成召回工作；标签、标识存在虚假标注的食品，属于三级召回，食品生产者应当在知悉食品安全风险后 72 小时内启动召回，且应当自公告发布之日起 30 个工作日内完成召回工作，标签、标识存在瑕疵，食用后不会造成健康损害的食品，食品生产者应当改正，可以自愿召回。食品生产者应向县级以上地方市场监督管理部门报告召回计划，市场监督管理部门收到食品生产者的召回计划后，必要时可以组织专家对召回计划进行评估，必要时对召回计划进行修改。食品生产者应当按照召回计划召回不安全食品。食品召回公告应当在省级市场监督管理部门网站和省级主要媒体上发布。跨省、自治区、直辖市销售的，食品召回公告应当在国家市场监督管理总局网站和中央主要媒体上发布。

第四节　食品生产经营资质合规管理

PPT

国家对食品生产经营实行许可制度（《食品安全法》第三十五条）。食品生产经营许可是指市场监管部门根据生产经营者的申请，审核申请人提交的材料，必要时对申请人的生产经营场所进行现场核查，依法准许其从事食品生产经营活动的行政行为。食品生产企业需办理食品生产许可证，食品销售和餐饮服务需要办理食品经营许可证，保健食品、特殊医学用途配方食品和婴幼儿配方食品等特殊食品需根据要求办理注册或备案。《食品生产许可管理办法》规定，食品生产许可申请、受理、审查、发证、查询等全流程网上办理，市场监督管理部门制作的食品生产许可电子证书与印制的食品生产许可证书具有同等法律效力。

一、食品生产许可

（一）申请

1. 资格要求　申请食品生产许可，应当先行取得营业执照等合法主体资格。

2. 食品类别　根据《食品生产许可管理办法》第十一条和十五条，实施食品生产许可的类别有：粮食加工品，食用油、油脂及其制品，调味品，肉制品，乳制品，饮料，方便食品，饼干，罐头，冷冻饮品，速冻食品，薯类和膨化食品，糖果制品，茶叶及相关制品，酒类，蔬菜制品，水果制品，炒货食品及坚果制品，蛋制品，可可及焙烤咖啡产品，食糖，水产制品，淀粉及淀粉制品，糕点，豆制品，蜂产品，保健食品，特殊医学用途配方食品，婴幼儿配方食品，特殊膳食食品，其他食品及食品添加剂共32大类。

3. 申请条件　申请食品生产许可，应当符合下列条件。

（1）具有与生产的食品品种、数量相适应的食品原料处理和食品加工、包装、贮存等场所，保持该场所环境整洁，并与有毒、有害场所以及其他污染源保持规定的距离。

（2）具有与生产的食品品种、数量相适应的生产设备或者设施，有相应的消毒、更衣、盥洗、采光、照明、通风、防腐、防尘、防蝇、防鼠、防虫、洗涤以及处理废水、存放垃圾和废弃物的设备或者设施；保健食品生产工艺有原料提取、纯化等前处理工序的，需要具备与生产的品种、数量相适应的原料前处理设备或者设施。

（3）有专职或者兼职的食品安全专业技术人员、食品安全管理人员和保证食品安全的规章制度。

（4）具有合理的设备布局和工艺流程，防止待加工食品与直接入口食品、原料与成品交叉污染，避免食品接触有毒物、不洁物。

（5）法律法规规定的其他条件。

申请食品添加剂生产许可，应当具备与所生产食品添加剂品种相适应的场所、生产设备或者设施、食品安全管理人员、专业技术人员和管理制度。

4. 需提交材料　申请食品生产许可，应当向申请人所在地县级以上地方市场监督管理部门提交下列材料。

（1）食品或食品添加剂生产许可申请书。

（2）食品生产设备布局图和食品生产工艺流程图。

（3）食品生产主要设备、设施清单。

（4）专职或者兼职的食品安全专业技术人员、食品安全管理人员信息和食品安全管理制度。

申请保健食品、特殊医学用途配方食品、婴幼儿配方食品等特殊食品的生产许可，还应当提交与所生产食品相适应的生产质量管理体系文件以及相关注册和备案文件。

（二）审查程序

申请人向市场监督管理部门提出申请并应当对申请材料的真实性负责。县级以上地方市场监督管理部门收到申请后，按《食品生产许可管理办法》第十九条规定决定受理与否，出具受理通知书或不予受理通知书。

申请人的食品生产许可申请被受理后，与许可有关的主要审查程序如下。

（1）负责许可审批的市场监督管理部门（以下简称"审批部门"）对申请人提交的申请材料的完整性、规范性、符合性进行审查。

（2）经申请材料审查，符合有关要求不需要现场核查的，审批部门应按规定程序作出行政许可决定。对需要现场核查的，应及时作出现场核查的决定并组织现场核查。

（3）审批部门决定实施现场核查的，应组建核查组，制作并及时向申请人、实施食品安全日常监督管理的市场监督管理部门送达《食品生产许可现场核查通知书》，告知现场核查有关事项。

（4）核查组应自接受现场核查任务之日起5个工作日内完成现场核查，并将相关材料上报委派实施现场核查的市场监督管理部门。

（5）审批部门应自受理食品生产许可申请之日起10个工作日内，根据申请材料审查和现场核查等情况，作出是否准予许可的决定。

（6）现场核查结论判定为通过的，申请人应自作出现场核查结论之日起1个月内完成对现场核查中发现问题的整改，并将整改结果向其日常监管部门书面报告。

（7）申请人的日常监管部门应在申请人取得食品生产许可后3个月内对获证企业开展一次监督检查。

对不符合条件的，应及时作出不予许可的书面决定并说明理由，同时告知申请人依法享有申请行政复议或者提起行政诉讼的权利。食品添加剂生产许可申请符合条件的，由申请人所在地县级以上地方市场监督管理部门依法颁发食品生产许可证，并标注食品添加剂。

（三）变更、延续与注销

食品生产许可证发证日期为许可决定作出的日期，有效期为5年。食品生产许可证有效期内，食品生产者名称、现有设备布局和工艺流程、主要生产设备设施、食品类别等事项发生变化，需要变更食品生产许可证载明的许可事项的，食品生产者应当在变化后10个工作日内向原发证的市场监督管理部门提出变更申请。生产场所迁址的，应当重新申请食品生产许可。食品生产者的生产条件发生变化，不再符合食品生产要求，需要重新办理许可手续的，应当依法办理。食品生产者需要延续依法取得的食品生产许可的有效期的，应当在该食品生产许可有效期届满30个工作日前，向原发证的市场监督管理部门提出申请。县级以上地方市场监督管理部门应当根据被许可人的延续申请，在该食品生产许可有效期届满前作出是否准予延续的决定。市场监督管理部门决定准予延续的，应当向申请人颁发新的食品生产许可证，许可证编号不变，有效期自市场监督管理部门作出延续许可决定之日起计算。食品生产者终止食品生产，食品生产许可被撤回、撤销，应当在20个工作日内向原发证的市场监督管理部门申请办理注销手续。

二、食品经营许可

《食品经营许可和备案管理办法》规定，在中华人民共和国境内从事食品销售和餐饮服务活动，应当依法取得食品经营许可。下列情形不需要取得食品经营许可：①销售食用农产品；②仅销售预包装食品；③医疗机构、药品零售企业销售特殊医学用途配方食品中的特定全营养配方食品；④已经取得食品生产许可的食品生产者，在其生产加工场所或者通过网络销售其生产的食品；⑤法律法规规定的其他不需要取得食品经营许可的情形。

食品经营者已经取得食品经营许可，增加预包装食品销售的，不需要另行备案。

已经取得食品生产许可的食品生产者在其生产加工场所或者通过网络销售其生产的预包装食品的，不需要另行备案。

医疗机构、药品零售企业销售特殊医学用途配方食品中的特定全营养配方食品不需要备案，但是向医疗机构、药品零售企业销售特定全营养配方食品的经营企业，应当取得食品经营许可或者进行备案。

仅销售预包装食品的，应当报所在地县级以上地方市场监督管理部门备案。

（一）申请

1. 资格要求　申请食品经营许可，应当先行取得营业执照等合法主体资格。

2. 食品经营主体业态和经营项目　食品经营主体业态分为食品销售经营者、餐饮服务经营者、集中用餐单位食堂。食品经营者从事食品批发销售、中央厨房、集体用餐配送的，利用自动设备从事食品经营的，或者学校、托幼机构食堂，应当在主体业态后以括号标注。

食品经营项目分为食品销售、餐饮服务、食品经营管理三类。食品经营项目可以复选。

3. 申请条件　申请食品经营许可，应当符合与其主体业态、经营项目相适应的食品安全要求，具备下列条件。

（1）具有与经营的食品品种、数量相适应的食品原料处理和食品加工、销售、贮存等场所，保持该场所环境整洁，并与有毒、有害场所以及其他污染源保持规定的距离。

（2）具有与经营的食品品种、数量相适应的经营设备或者设施，有相应的消毒、更衣、盥洗、采光、照明、通风、防腐、防尘、防蝇、防鼠、防虫、洗涤以及处理废水、存放垃圾和废弃物的设备或者设施。

（3）有专职或者兼职的食品安全总监、食品安全员等食品安全管理人员和保证食品安全的规章制度。

（4）具有合理的设备布局和工艺流程，防止待加工食品与直接入口食品、原料与成品交叉污染，避免食品接触有毒物、不洁物。

（5）食品安全相关法律法规规定的其他条件。

从事食品经营管理的，应当具备与其经营规模相适应的食品安全管理能力，建立健全食品安全管理制度，并按照规定配备食品安全管理人员，对其经营管理的食品安全负责。

4. 需提交材料　申请食品经营许可，应当提交下列材料。

（1）食品经营许可申请书。

（2）营业执照或者其他主体资格证明文件复印件。

（3）与食品经营相适应的主要设备设施、经营布局、操作流程等文件。

（4）食品安全自查、从业人员健康管理、进货查验记录、食品安全事故处置等保证食品安全的规章制度目录清单。

利用自动设备从事食品经营的，申请人应当提交每台设备的具体放置地点、食品经营许可证的展示方法、食品安全风险管控方案等材料。

营业执照或者其他主体资格证明文件能够实现网上核验的，申请人不需要提供本条第一款第二项规定的材料。从事食品经营管理的食品经营者，可以不提供主要设备设施、经营布局材料。仅从事食品销售类经营项目的不需要提供操作流程。

申请人委托代理人办理食品经营许可申请的，代理人应当提交授权委托书以及代理人的身份证明文件。

（二）审查程序

申请人向市场监督管理部门提出申请并应当对申请材料的真实性负责。县级以上地方市场监督管理部门收到申请后，按《食品经营许可和备案管理办法》第十八条规定决定受理与否，出具受理通知书或不予受理通知书。县级以上地方市场监督管理部门应当对申请人提交的申请材料进行审查。必要时进行现场核查。食品经营许可申请包含预包装食品销售的，对其中的预包装食品销售项目不需要进行现场核查。现场核查应当由符合要求的核查人员进行。核查人员不得少于 2 人。核查人员应当自接受现场核查任务之日起 5 个工作日内，完成对经营场所的现场核查。经核查，通过现场整改能够符合条件的，应当允许现场整改；需要通过一定时限整改的，应当明确整改要求和整改时限，并经市场监督管理部门负责人同意。

县级以上地方市场监督管理部门应当自受理申请之日起 10 个工作日内作出是否准予行政许可的决定。因特殊原因需要延长期限的，经市场监督管理部门负责人批准，可以延长 5 个工作日，并应当将延长期限的理由告知申请人。县级以上地方市场监督管理部门应当根据申请材料审查和现场核查等情况，对符合条件的，作出准予行政许可的决定，并自作出决定之日起 5 个工作日内向申请人颁发食品经营许可证；对不符合条件的，应当作出不予许可的决定，说明理由，同时告知申请人依法享有申请行政复议或者提起行政诉讼的权利。

（三）变更、延续与注销

食品经营许可证发证日期为许可决定作出的日期，有效期为 5 年。食品经营许可证载明的事项发生变化的，食品经营者应在变化后 10 个工作日内向原发证的市场监督管理部门申请变更食品经营许可。食品经营者地址迁移，不在原许可经营场所从事食品经营活动的，应重新申请食品经营许可。食品经营者需要延续依法取得的食品经营许可有效期的，应在该食品经营许可有效期届满前 90 个工作日至 15 个工作日期间，向原发证的市场监督管理部门提出申请。县级以上地方市场监督管理部门应根据被许可人的延续申请，在该食品经营许可有效期届满前作出是否准予延续的决定。在食品经营许可有效期届满前 15 个工作日内提出延续许可申请的，原食品经营许可有效期届满后，食品经营者应暂停食品经营活动，原发证的市场监督管理部门作出准予延续的决定后，方可继续开展食品经营活动。原发证的市场监督管理部门决定准予延续的，应当向申请人颁发新的食品经营许可证，许可证编号不变，有效期自作出延续许可决定之日起计算。不符合许可条件的，原发证的市场监督管理部门应作出不予延续食品经营许可的书面决定，说明理由，并告知申请人依法享有申请行政复议或者提起行政诉讼的权利。食品经营许可证遗失、损坏，应向原发证的市场监督管理部门申请补办。食品经营者申请注销食品经营许可的，应向原发证的市场监督管理部门提交食品经营许可注销申请书，以及与注销食品经营许可有关的其他材料。有下列情形之一，原发证的市场监督管理部门应当依法办理食品经营许可注销手续：食品经营许可有效期届满未申请延续的；食品经营者主体资格依法终止的；食品经营许可依法被撤回、撤销或者食品经营许可证依法被吊销的；因不可抗力导致食品经营许可事项无法实施的；法律法规规定的应当注销食品经营许可的其他情形。食品经营许可被注销的，许可证编号不得再次使用。

仅销售预包装食品备案按照《食品经营许可和备案管理办法》第六章执行。

第五节　食品生产过程合规管理

食品生产过程合规是规范食品生产行为，防止食品生产过程的各种污染的重要手段。污染是指在食品生产过程中发生的生物、化学、物理污染因素传入的过程。食品生产过程合规主要包括以下几个方面的内容：从防止生物、化学、物理污染的角度，从选址、厂区环境、厂房和车间、设施与设备、卫生管理等方面，制定防止污染的措施，避免食品生产中发生交叉污染，避免环境给食品生产带来的潜在污染风险，并采取适当的措施将风险降至最低；从防止生产加工过程污染的角度，对有关食品原料、食品添加剂和食品相关产品质量安全控制、生产过程的关键控制、出厂检验、食品的贮存和运输等方面，建立对保证食品安全具有显著意义的关键控制环节的监控制度，防范系统性风险发生；从建立质量安全控制体系的角度，建立完善的企业内部质量安全管理及考核制度，并根据生产实际和实施经验不断完善，确保从业人员严格按照制度开展生产，并保持相应的记录和文件完整可查，确保从原料采购到产品销售的所有环节都可进行有效追溯。

食品生产过程合规依据主要是《中华人民共和国食品安全法》及其实施条例、《食品生产许可管理办法》等法律法规、规章、《食品生产通用卫生规范》（GB 14881）、相应的食品生产许可审查细则以及相关食品安全国家标准的要求。

一、选址

食品工厂的选址及厂区环境与食品安全密切相关。在选址时需要充分考虑来自外部环境的有毒有害因素对食品生产活动的影响，厂区不应选择对食品有显著污染的区域，如工业废水、废气、粉尘、虫害等。难以避开时应有必要的消除措施。

二、厂区环境

厂区环境包括厂区周边环境和厂区内部环境，工厂应从基础设施（含厂区布局规划、厂房设施、绿化、排水等）的设计建造到建成后的维护、清洁等，实施有效管理，确保厂区环境符合要求，厂房设施能有效防止外部环境的影响。厂区应根据需要采取适当措施防止污水倒流和地面积水；办公区（生产现场记录区除外）应与生产区保持适当距离或分隔。

三、厂房和车间

良好的厂房和车间的设计布局有利于使人员、物料流动有序，预防交叉污染。食品企业应从原辅材料入厂至成品出厂，从人流、物流、气流等因素综合考虑，统筹厂房、车间的设计布局，兼顾工艺、经济、安全等原则，满足食品卫生操作要求，预防和降低产品受污染的风险。

四、设施与设备

企业设施与设备的充足和适宜，对确保企业正常生产运作、提高生产效率起着关键作用，同时也直接或间接地影响食品的安全性及质量的稳定性。正确选择设施与设备所用的材质及合理配置安装设施设备，有利于创造维护食品卫生与安全的生产环境，降低生产环境、设备及产品受直接或交叉污染的风险，预防和控制食品安全事故。设施设备涉及生产过程控制的各直接或间接的环节，设施包括供、排水设施，清洁、消毒设施，废弃物存放设施，个人卫生设施，通风设施，照明设施，仓储设施，温控设施等；设备包括生产设备、监控设备，以及设备的保养和维修等。

五、食品安全管理

食品安全管理应遵循危害分析与关键控制点（HACCP）原理，开展生产过程的危害分析，并建立相应的食品安全控制措施。完备的管理制度是生产安全食品的重要保障。企业的食品安全管理制度是涵盖从原料采购到食品加工、包装、贮存、运输等全过程。具体包括采购管理制度、进货查验记录制度、生产过程控制制度、检验管理制度、出厂检验记录制度、运输和交付管理制度、食品安全追溯管理体系、食品安全自查制度、不合格品管理制度、不安全食品召回制度、食品安全事故处置方案等。

食品生产企业应配备食品安全专业技术人员、管理人员，管理人员应了解食品安全的基本原则和操作规范，能够判断潜在的危险，采取适当的预防和纠正措施，确保有效管理。

六、食品原料、食品添加剂和食品相关产品

使用合格的食品原料、食品添加剂和食品相关产品是保证食品产品安全的先决条件。食品生产者应根据国家法规标准的要求采购原料，根据企业产品的特点采取适当措施保证原辅料及食品相关产品合格。可现场查验物料供应商是否具有生产经营合格物料的能力，包括硬件条件和管理；应查验供货商的许可证和物料合格证明文件，如产品生产许可证、动物检疫合格证明等，并对物料进行进货查验与检验，确保所使用的物料符合国家有关要求。在贮存物料时，应分类存放，对有温度、湿度等要求的物料，应配置必要的设备设施。物料的贮存仓库应由专人管理，并制定有效的防潮、防虫害等管理措施，仓库出货顺序应遵循的原则增加了"近保质期先出"的原则，及时清理过期或变质的物料，超过保质期的物料禁止用于生产。不得将任何危害人体健康和生命安全的物质添加到食品中。此外，在食品的生产过程中使用的食品添加剂和食品相关产品应符合 GB 2760、GB 9685 等食品安全国家标准。

七、生产过程的食品安全控制

生产过程中的食品安全控制措施是保障食品安全的重中之重。企业应高度重视食品生产加工、贮存和运输等过程中的潜在危害控制，根据实际情况制定并实施生物性、化学性、物理性污染的控制措施，确保这些措施切实可行有效，并做好相应的记录。企业宜根据工艺流程进行危害因素分析，确定生产过程中的食品安全关键控制环节（如杀菌环节、配料环节等），并通过科学依据或行业经验，制定有效的控制措施。对可能存在寄生虫污染风险的食品，应确保相应的控制措施能发现和杀灭寄生虫及其虫卵，微生物监控以指示菌监控为主，必要时进行致病菌监控。

八、检验

检验是验证食品生产过程管理措施有效性和确保食品安全的重要手段，食品需检验合格后方可出厂。通过检验，企业可及时了解食品生产安全控制措施上存在的问题，排查原因，并采取改进措施。企业对食品可以自行检验，也可以委托具备相应资质的食品检验机构进行检验。企业自行检验应配备相应的检验设备、试剂、标准样品等，建立实验室管理制度，按规定的检验方法开展检验工作。为确保检验结果科学、准确，检验仪器设备精度必须符合要求。企业委托检验时，应选择有资质的食品检验机构。检验应留样，留样量应满足产品复检数量要求，样品保存期限不得少于产品保质期。企业应妥善保存检验记录，以备查询。

九、食品的贮存和运输

科学合理的贮存环境和运输条件是避免食品污染和腐败变质、保障食品质量稳定的重要手段。企业应根据食品的特点、卫生和安全需要选择适宜的贮存、运输条件。贮存、运输食品的容器和设备应安全无害，避免食品污染的风险。仓库出货顺序应遵循"先进先出"或"近保质期先出"的原则，必要时应根据不同食品原料、食品添加剂、食品相关产品的特性确定出货顺序。

十、产品召回及追溯管理

食品生产者发现其生产的食品不符合食品安全标准或其他不宜食用的情况时，应立即停止生产，召回已上市销售的食品；及时通知相关生产经营者停止生产经营，通知消费者停止消费，并记录召回和通知情况，如食品召回的批次、数量，通知的方式、范围等；被召回的食品应进行显著标示或者单独存放在有明确标识的场所；及时对不安全食品采取无害化处理、销毁等措施，对因标签、标识或说明书不符合食品安全标准而被召回的食品，应采取能保证食品安全且便于重新销售时向消费者明示的补救措施。为保证食品召回制度的实施，应建立完善的记录和管理制度，准确记录并保存生产环节中的原辅料采购领用、生产加工、贮存、运输、销售等信息，便于产品追溯，保存消费者投诉、食源性疾病、食品污染事故记录，以及食品危害纠纷信息等档案。

十一、培训

食品安全的关键在于生产过程控制，而过程控制的关键在人。对食品生产管理者和生产操作者等从业人员的培训是企业确保食品安全最基本的保障措施。企业应按照工作岗位的需要对食品加工及管理人员进行有针对性的食品安全培训，培训的内容包括：现行的法律法规和标准、食品加工过程中卫生控制的原理和技术要求、个人卫生习惯、企业卫生管理制度、操作过程的记录等，提高员工执行企业卫生管理制度的能力和意识。

十二、记录和文件管理

记录和文件管理是企业质量管理的基本组成部分，涉及食品生产管理的各个方面，与生产、质量、销售等相关的所有活动都应在文件系统中明确规定。应对食品生产中采购、加工、贮存、检验、销售及客户投诉等完整、真实记录，确保对产品从原料采购到产品销售的所有环节都可进行有效追溯，当食品出现问题时，通过查找相关记录，可以有针对性地实施召回。记录和凭证保存期限不得少于产品保质期满后六个月；没有明确保质期的，保存期限不得少于二年。电子记录应确保真实且有备份，可视同纸质记录。

目标检测

答案解析

一、单选题

1. 食用农产品的市场销售、有关质量安全标准的制定应当遵守（　　）的规定。

A. 食品安全法

B. 食品卫生法

C. 产品质量法

D. 农产品质量安全法

2.（　　）是制定、修订食品安全标准和实施食品安全监督管理的科学依据。

    A. 食品监督抽查结果   B. 科学技术

    C. 经验总结   D. 食品安全风险评估结果

3. 食品安全标准的性质是（　　）。

    A. 推荐性标准   B. 引导性标准

    C. 强制性标准   D. 自愿性标准

4. 对因标签、标识或者说明书不符合食品安全标准而被召回的食品，食品生产者在采取补救措施且能保证食品安全的情况下（　　）；销售时应当向消费者明示补救措施。

    A. 可以继续销售   B. 不得继续销售

    C. 食品生产经营者自行决定   D. 销毁

5. 国家建立（　　），对存在或者可能存在食品安全隐患的状况进行风险分析和评估。

    A. 食品安全风险监测和评估制度   B. 食品安全监督制度

    C. 食品安全抽检制度   D. 食品安全检查制度

6.《食品生产许可管理办法》规定，食品生产许可证的有效期为（　　）年。

    A. 2   B. 3   C. 4   D. 5

7. 食品经营主体业态分为（　　）。

    A. 食品销售经营者   B. 餐饮服务经营者

    C. 集中用餐单位食堂   D. 以上全部

8. 食品生产企业应当建立食品原料、食品添加剂、食品相关产品进货查验制度，并保存相关凭证。记录和凭证保存期不得少于产品保质期满后（　　）；没有明确保质期的，保存期不得少于（　　）。

    A. 3 个月；1 年   B. 6 个月；2 年

    C. 6 个月；1 年   D. 3 个月；2 年

9. 食品企业直接用于食品生产加工的水必须符合（　　）。

    A. 矿泉水标准要求   B. 纯净水标准要求

    C. 生活饮用水卫生标准要求   D. 蒸馏水标准要求

二、填空题

1. 国家对食品生产经营实行许可制度。从事＿＿＿＿＿、＿＿＿＿＿、＿＿＿＿＿，应当依法取得许可。

2. 食品生产者采购食品原料、食品添加剂、食品相关产品，应当查验供货者的＿＿＿＿＿和＿＿＿＿＿；对无法提供合格证明的食品原料，应当＿＿＿＿＿＿＿＿＿。

三、简答题

根据《食品安全法》的规定，禁止生产的食品、食品添加剂和食品相关产品有哪些？

第二章 食品标准及产品合规

学习目标

【知识目标】

1. 掌握食品安全标准的概念；食品标准的分类；产品指标的要求及合规判定方法；食品标签标识的要求及合规判定方法。

2. 熟悉食品产品标准的结构。

【能力目标】

1. 学会根据检测任务，选择合适的检验、判定依据和检验方法，并对产品指标进行合规评定。

2. 能够判定食品标签标识的合规性。

第一节 认识我国食品标准

PPT

标准化是指为了在既定范围内获得最佳秩序，促进共同效益，对现实问题或潜在问题确立共同使用和重复使用的条款以及编制、发布和应用文件的活动。标准是通过标准化活动，按照规定的程序经协商一致制定，为各种活动或其结果提供规则、指南或特性，供共同使用和重复使用的文件。食品标准是食品工业领域各类标准的总和，是食品行业的技术规范，涉及食品生产、加工、流通和消费食品链全过程中的各个方面，规定了食品企业的生产经营活动及其产品品质方面应符合的要求，包括食品管理标准、食品产品标准、食品卫生标准、食品添加剂标准、食品分析方法标准等。食品标准既是企业组织生产的依据，又是食品安全监管部门进行产品质量检验和监督的准则，是国家、行业或地方进行产品统检、监督抽查或仲裁检验的重要判定依据。

一、标准及其级别

我国食品标准的种类按《中华人民共和国标准化法》第二条规定有国家标准、行业标准、地方标准、团体标准和企业标准五大类。

（一）国家标准

对保障人身健康和生命财产安全、国家安全、生态环境安全以及满足经济社会管理基本需要的技术要求，应当制定强制性国家标准。对满足基础通用、与强制性国家标准配套、对各有关行业起引领作用等需要的技术要求，可以制定推荐性国家标准。食品安全标准是强制执行的标准，由国务院卫生行政部门会同国务院食品安全监督管理部门制定、公布，国务院标准化行政部门提供国家标准编号。国家标准的编号由"GB"（强制性标准）或"GB/T"（推荐性标准）和两组数字组成，第一组数字表示标准的顺序号，第二组数字表示标准发布或修订的年代。如《食品安全国家标准 食品中污染限量》

（GB 2762—2022），表示标准顺序为 2762，2022 年发布或修订，为强制性国家标准，具体如图 2-1 所示。

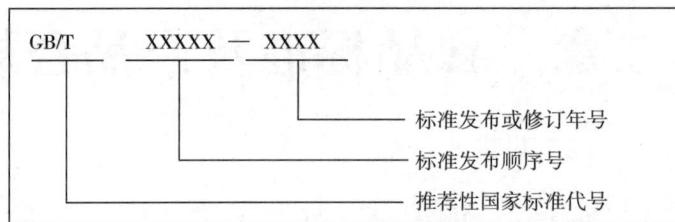

图 2-1　国家标准的编号

（二）行业标准

对没有推荐性国家标准、需要在全国某个行业范围内统一的技术要求，可以制定行业标准。由国务院有关行政主管部门制定，报国务院标准化行政主管部门备案。不同行业的行政主管部门所颁布的标准按标准规定的范围实施。行业标准编号由行业标准代号、标准顺序号和发布或修订的年号组成。部分与食品行业有关的行业标准代号如下：农业-NY，粮食-LS，轻工-QB，水产-SC，商检-SN。

（三）地方标准

为满足地方自然条件、风俗习惯等特殊技术要求，可以制定地方标准。对地方特色食品，没有食品安全国家标准的，省、自治区、直辖市人民政府卫生行政部门可以制定并公布食品安全地方标准，报国务院卫生行政部门备案。食品安全国家标准制定后，该地方标准即行废止。地方标准由省、自治区、直辖市人民政府标准化行政主管部门制定；设区的市级人民政府标准化行政主管部门根据本行政区域的特殊需要，经所在地省、自治区、直辖市人民政府标准化行政主管部门批准，可以制定本行政区域的地方标准。地方标准编号由地方标准代号、标准顺序号和发布年号组成。强制性的地方标准代号由"DB"加省、自治区、直辖市行政区划代码前两位数字、斜线组成，推荐性标准在行政区划代码前两位数字、斜线后面加字母"T"。《浙江省食品安全地方标准　干制铁皮石斛花》（DB 33/3011—2020），为浙江省2020 年发布的食品安全地方标准。市级地方标准代号，由"DB"加上其行政区划代码 4 位数字组成。《地理标志产品　嵊泗贻贝》（DB 3309/T 93—2022）是浙江省舟山市推荐性地方标准。

（四）团体标准

国家鼓励学会、协会、商会、联合会、产业技术联盟等社会团体协调相关市场主体共同制定满足市场和创新需要的团体标准，由本团体成员约定采用或者按照本团体的规定供社会自愿采用。团体标准的技术要求不得低于强制性国家标准的相关技术要求。国务院标准化行政主管部门会同国务院有关行政主管部门对团体标准的制定进行规范、引导和监督。团体标准编号由团体标准代号 T、社会团体代号、团体标准顺序号和年代号组成，具体如图 2-2 所示。

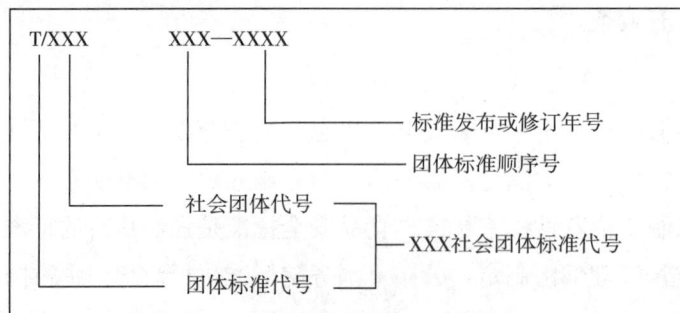

图 2-2　团体标准的编号

（五）企业标准

国家鼓励食品生产企业制定严于食品安全国家标准或者地方标准的企业标准，在本企业适用，并报省、自治区、直辖市人民政府卫生行政部门备案。食品生产企业不得制定低于食品安全国家标准或者地方标准要求的企业标准。备案后的企业标准可以作为监督检查的依据。企业标准一般有以下几种情况：企业生产的产品，没有国家标准、行业标准和地方标准；为提高产品质量和技术进步，制定严于国家标准、行业标准和地方标准的企业产品标准；对国家标准、行业标准的选择或补充的标准；工艺、工装、半成品和方法标准；生产经营过程中的管理标准和工作标准。食品生产企业制定企业标准的，应当公开，供公众免费查阅。企业标准编号一般由"Q"加斜线再加上企业代号组成，具体如图2-3所示。

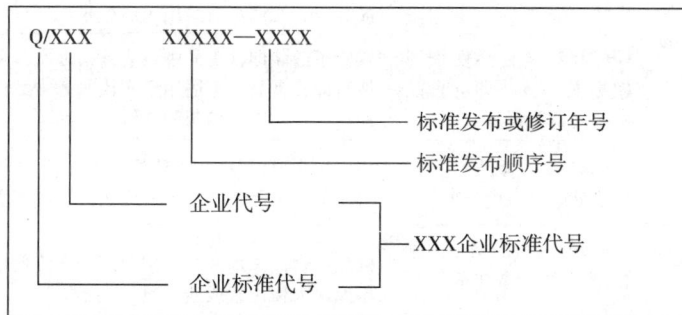

图2-3　企业标准的编号

省级以上人民政府卫生行政部门应当在其网站上公布制定和备案的食品安全国家标准、地方标准和企业标准，供公众免费查阅、下载。对食品安全标准执行过程中的问题，县级以上人民政府卫生行政部门应当会同有关部门及时给予指导、解答。

二、标准分类

（一）按效力分类

我国食品标准的分类按其效力性质可分为强制性标准和非强制性标准两类。

1. 强制性标准　《中华人民共和国标准化法》中规定了"对保障人身健康和生命财产安全、国家安全、生态环境安全以及满足经济社会管理基本需要的技术要求，应当制定强制性国家标准"。食品安全关系到人民群众身体健康、生命安全，食品安全标准是强制性标准。《中华人民共和国食品安全法实施条例》第二十五条：食品安全标准是强制执行的标准。除食品安全标准外，不得制定其他食品强制性标准。食品生产经营应当符合食品安全标准。强制性标准代号为"GB"，字母GB是国标两字汉语拼音首字母的大写。省、自治区和直辖市标准化行政主管部门制定的地方标准中涉及食品安全、卫生要求等，在本地区内是强制性标准。食品安全标准应当包含的项目与对应的主要相关标准如表2-1所示。

表2-1　食品安全标准应当包含的项目与对应的主要相关标准

序号	内容	主要相关标准及标准内容、适用范围	
1	食品、食品添加剂、食品相关产品中的致病性微生物，农药残留、兽药残留、生物毒素、重金属等污染物质以及其他危害人体健康物质的限量规定	GB 2761《食品安全国家标准　食品中真菌毒素限量》	规定了食品中黄曲霉毒素 B_1、黄曲霉毒素 M_1、脱氧雪腐镰刀菌烯醇、展青霉素、赭曲霉毒素 A 及玉米赤霉烯酮的限量指标
		GB 2762《食品安全国家标准　食品中污染物限量》	规定了食品中铅、镉、汞、砷、锡、镍、铬、亚硝酸盐、硝酸盐、苯并［α］芘、N-二甲基亚硝胺、多氯联苯、3-氯-1,2-丙二醇的限量指标

续表

序号	内容	主要相关标准及标准内容、适用范围	
1	食品、食品添加剂、食品相关产品中的致病性微生物，农药残留、兽药残留、生物毒素、重金属等污染物质以及其他危害人体健康物质的限量规定	GB 2763《食品安全国家标准　食品中农药最大残留限量》	规定了食品中 2,4 - 滴丁酸等 564 种农药 10092 项最大残留限量。适用于与限量相关的食品
		GB 31650《食品安全国家标准　食品中兽药最大残留限量》	规定了动物性食品中阿苯达唑等 104 种（类）兽药的最大残留限量；规定了醋酸等 154 种允许用于食品动物，但不需要制定残留限量的兽药；规定了氯丙嗪等 9 种允许作治疗用，但不得在动物性食品中检出的兽药。适用于与最大残留限量相关的动物性食品
		GB 29921《食品安全国家标准　预包装食品中致病菌限量》	规定了预包装食品中致病菌指标及其限量要求和检验方法。适用于该标准中表 1 类别中的预包装食品，不适用于执行商业无菌要求的食品、包装饮用水、饮用天然矿泉水
		GB 31607《食品安全国家标准　散装即食食品中致病菌限量》	规定了散装即食食品中致病菌指标及其限量要求和检验方法。适用于散装即食食品。不适用于餐饮服务中的食品、执行商业无菌要求的食品、未经加工或处理的初级农产品
		GB 14882《食品中放射性物质限制浓度标准》	规定了主要食品中 12 种放射性物质的导出限制浓度。适用于各种粮食、薯类、蔬菜及水果、肉鱼虾类和奶类食品
2	食品添加剂的品种、使用范围、用量	GB 2760《食品安全国家标准　食品添加剂使用标准》	规定了食品添加剂的使用原则、允许使用的食品添加剂品种、使用范围及最大使用量或残留量
3	专供婴幼儿和其他特定人群的主辅食品的营养成分要求	GB 10765《食品安全国家标准　婴儿配方食品》	适用于 0～6 月龄婴儿食用的配方食品
		GB 10766《食品安全国家标准　较大婴儿配方食品》	适用于 6～12 月龄较大婴儿食用的配方食品
		GB 10767《食品安全国家标准　幼儿配方食品》	适用于 12～36 月龄幼儿食用的配方食品
		GB 29922《食品安全国家标准　特殊医学用途配方食品通则》	适用于 1 岁以上人群的特殊医学用途配方食品
4	对与卫生、营养等食品安全要求有关的标签、标志、说明书的要求	GB 7718《食品安全国家标准　预包装食品标签通则》	适用于直接提供给消费者的预包装食品标签和非直接提供给消费者的预包装食品标签。不适用于为预包装食品在储藏运输过程中提供保护的食品储运包装标签、散装食品和现制现售食品的标识
		GB 28050《食品安全国家标准　预包装食品营养标签通则》	适用于预包装食品营养标签上营养信息的描述和说明。不适用于保健食品及预包装特殊膳食用食品的营养标签标示
		GB 13432《食品安全国家标准　预包装特殊膳食用食品标签》	适用于预包装特殊膳食用食品的标签（含营养标签）
		GB 29924《食品安全国家标准　食品添加剂标识通则》	适用于食品添加的标识，食品营养强化剂的标识参照本标准使用。不适用于为食品添加剂在储藏运输过程中提供保护的储运包装标签的标识
5	食品生产经营过程的卫生要求	GB 14881《食品安全国家标准　食品生产通用卫生规范》	规定了食品生产过程中原料采购、加工、包装、贮存和运输等环节的场所、设施、人员的基本要求和管理准则。适用于各类食品的生产，如确有必要制定某类食品生产的专项卫生规范，应当以本标准作为基础
		GB 31621《食品安全国家标准　食品经营过程卫生规范》	规定了食品采购、运输、验收、贮存、分装与包装、销售等经营过程中的食品安全要求。适用于各种类型的食品经营活动。不适用于网络食品交易、餐饮服务、现制现售的食品经营活动

序号	内容	主要相关标准及标准内容、适用范围	
6	与食品安全有关的质量要求	GB 7101《食品安全国家标准　饮料》	适用于饮料，不适用于包装饮用水（含饮用天然矿泉水）
		GB 2716《食品安全国家标准　植物油》	适用于植物原油、食用植物油、食用植物调和油和食品煎炸过程中的各种食用植物油。不适用于食用油脂制品
		GB 19644《食品安全国家标准　乳粉》	适用于全脂、脱脂、部分脱脂乳粉和调制乳粉
7	与食品安全有关的食品检验方法与规程	GB 5009《食品卫生检验方法》系列标准	规定了食品卫生检验方法理化部分的检验方法，包含 GB/T 5009.1 至 GB 5009.299 共 299 个标准。
		GB 4789《食品微生物学检验》系列标准	规定了食品微生物学检验的方法，包含 GB 4789.1 至 GB4789.49 共 49 个标准
8	其他需要制定为食品安全标准的内容	GB 14880《食品安全国家标准　食品营养强化剂使用标准》	规定了食品营养强化的主要目的、使用营养强化剂的要求、可强化食品类别的选择要求以及营养强化剂的使用规定。适用于食品中营养强化剂的使用。国家法律法规和（或）标准另有规定的除外

2. 推荐性标准　强制性标准以外的标准是推荐性标准。推荐性标准是以科学、技术和经验的综合成果为基础，在充分协商一致的基础上形成的。推荐性标准所规定的技术内容和要求具有普遍指导作用，企业则按自愿原则自主决定是否采用。推荐性标准不要求有关各方遵守该标准，但推荐性标准在一定的条件下可以转化为强制性标准，具有强制性标准的作用。如以下几种情况：被行政法规、规章所引用；被合同、协议所引用；被使用者声明其产品符合某项标准，比如在食品标签明确标注采用的标准。字母"T"表示"推荐"的意思。

（二）按标准内容分类

食品标准按内容来分，主要有通用标准，食品、食品添加剂、食品相关产品标准，食品生产经营规范标准及检验方法标准等。

（三）按信息载体分类

标准按信息载体可以分为文件标准和标准样品。

1. 文件标准　是以文字（包括表格、图形等）的形式对食品质量所作的统一规定。大多数食品标准都是文件标准。文件标准在其开本、封面、格式、字体、字号等方面应符合《标准化工作导则　第 1 部分：标准化文件的结构和起草规则》（GB/T 1.1—2020）的有关规定。

根据标准中技术内容的要求程度，食品标准又分为规范、规程和指南，这三类标准对技术内容的要求逐渐降低。

2. 标准样品　是指对某些难以用文字准确表达的技术要求（如色泽、气味、手感等），由标准化主管部门用实物做成与文件标准规定的技术要求完全或部分相同的标准样品，作为文件标准的补充，作为质量检验、鉴定的对比依据，同样是生产、检验等有关方面共同遵守的技术依据。例如粮食、茶叶、羊毛、蚕茧等农副产品，都有分等级的实物标准。实物标准是文件标准的补充，实物标准要经常更新。标准样品作为实物形式的标准，按其权威性和适用范围，可分为内部标准样品和有证标准样品。

第二节 食品产品标准

PPT

食品产品标准是指为了保证食品的食用价值，对食品必须达到的某些或全部要求所作的规定，是食品企业生产产品和检验产品的依据，是衡量产品质量和安全的重要标尺，也是食品监督管理部门落实食品生产厂家以及经营者责任的依据。

食品产品标准的构成见表 2-2。

表 2-2 食品产品标准的构成

	标准的要素	要素的编排
资料性要素	资料性概述要素	封面
		前言
规范性要素	规范性一般要素	标准名称
		范围
		规范性引用文件
	规范性技术性要素	术语与定义
		质量要求
		检验方法
		检验规则
		标签标识
		包装、贮藏及运输
		规范性附录
资料性要素	资料性补充要素	资料性附录
		参考文献、索引

一、封面

封面包括层次（如国家标准为"中华人民共和国国家标准"字样）、标准编号、被替代标准、标准名称、发布日期、实施日期、发布部门，图 2-4 为《大豆》（GB 1352—2023）的封面。标准名称简练并明确的表示出标准的主题，使之与其他标准相区分。食品产品标准的中文名称一般由食品名称或食品类别名称和要规定的技术特征组成。需要特别注意的是实施日期，自新标准实施日期之日起，被该标准取代的标准或其他文件自动作废。例如，《大豆》（GB 1352—2023）实施日期为 2023 年 12 月 1 日，在此之后生产的大豆如果标签仍标注执行 GB 1352—2009 视为标签标注不合格，按 GB 1352—2023 标准的要求进行检测和判定；在此之前生产的大豆执行 GB 1352—2009 标准且在保质期内的，仍按 GB 1352—2009 标准进行检测和判定。

ICS 67.060
CCS B 23

GB

中华人民共和国国家标准

GB 1352—2023
代替GB 1352—2000

大 豆

soya bean

2023–05–23发布　　　　　　　2023–12–01实施

国家市场监督管理总局
国家标准化管理委员会　发布

图 2－4　标准封面

二、前言

前言包括标准的替代情况、主要技术变化、有关专利的说明及归口信息等内容，图 2－5 为《大豆》（GB 1352—2023）的前言。

GB 1352–2023

前　言

本文件按照GB/T 1.1—2020《标准化工作导则　第1部分：标准化文件的结构和起草规则》的规定起草。

本文件代替GB 1352—2009《大豆》，与GB 1352—2009相比，主要技术变化如下：
——更改了标准的适用范围；
——更改了完整粒、高油大豆，高蛋自大豆的定义；
——更改了损伤粒率的要求；
——更改了高蛋白质大豆的质量指标；
——增加了大豆等外级。

请注意本文件的某些内容可能涉及专利。本文件的发布机构不承担识别专利的责任。

本文件由国家粮食和物资储备局提出并归口。

本文件及其所代替文件的历次版本发布情况为：
——GB 1352—1978，GB 1352—1986，GB 1352—2009。

图 2－5　标准封面

三、标准名称

与封面上标准名称一致。

四、范围

范围用来界定标准化对象和所涉及的各个方面，由此指明标准或其特定部分的适用界限。也可以指出标准不适用范围。

五、规范性引用文件

如果标准中有规范性引用的文件，应列出标准中规范性引用的文件清单。规范性引用文件清单应由下述导语引出：

下列文件中的内容通过文中的规范性引用而构成本文必不可少的条款。其中，注日期的引用文件，仅该日期对应的版本适用于本文件。不注日期的引用文件，其最新版本（包括所有的修改单）适用于本文件。

六、术语和定义

通常是为了理解一项技术标准，对其中使用的某些术语尚无统一规定时，给出必要的定义或给出说明。

七、质量要求

要求部分是规范性技术要素中的核心内容，是指标准中表达应遵守的规定的条款，按实施标准的约束力可分为强制性条款和非强制性条款。作为食品，营养性、安全性、可接受性是最基本、最重要的特性。因此，在食品产品标准中，质量要求一般包含：原辅料要求、感官要求、理化指标要求、卫生指标要求等方面。原辅料要求是为保证食品质量和安全要求，在标准中对原辅料质量作出的规定。所用原辅料的质量要求可以引用现行标准，没有或不便引用现行标准的，可作出具体规定。各类食品均有其特有的色、香、味、形等感官特性，食品标准中会作出规定，以保证食品固有的质量品质。理化指标要求是对食品的物理、化学性状作出规定。卫生指标要求是对食品的重金属、生物毒素、农药残留、微生物、食品添加剂等影响食品质量安全的指标作出规定。质量要求一般作为一章列出，以"质量要求"或"技术要求"为标题。当与质量要求对应的实验方法内容较为简单时，可以将"检验方法"要素并入"质量要求"要素中。如表 2-3 为《小麦粉》（GB/T 1355—2021）的"质量要求"中"小麦粉质量指标"示例。

表 2-3 标准的"质量要求"示例

质量指标	类别		
	精制粉	标准粉	普通粉
加工精度	按标准样品或仪器测定值对照检验麸星		
灰分含量（以干基计）/%	≤0.70	≤1.10	≤1.60
脂肪酸值（以湿基，KOH 计）/（mg/100g）	≤80		
水分含量/%	≤14.5		
含砂量/%	≤0.02		
磁性金属物（g/kg）	≤0.003		
色泽、气味	正常		
外观形态	粉状或微粒状，无结块		
湿面筋含量/%	≥22.0		

八、检验方法

对产品的技术要求进行试验、测定和检查的方法统称为检验方法，是测定产品特性值是否符合规定要求的方法，产品感官、理化、卫生等特性值的检测应严格按标准指定的方法进行，如果一个特性值存在多个检测方法，只能选择产品标准中规定的检测方法进行检测。"质量要求"章中的每项要求，均应有相应的检验方法，二者的编排顺序也基本上是一致的。一般应采用现行标准检验方法，如果没有标准检验方法，在产品标准中可以制定检验方法。

检验方法一般会给出以下方法信息：①原理；②试剂和材料；③仪器和设备；④分析步骤；⑤分析结果的表述；⑥精密度；⑦其他，比如方法的检出限及定量限等信息。

九、检验规则

检验规则是根据产品的特点，对全部或部分项目作出全检或抽检的规定，在产品标准中规定检验规则的要求是考核和判定产品质量特性是否符合规定指标而采取的方法和手段，是生产、用户等部门判定产品是否合格的依据。检验规则的内容主要包括：组批、抽样方法、检验分类、检验项目、判定原则和复检原则。检验主要分为出厂检验和型式检验，每批产品均需按照标准的规定进行出厂检验，检验合格后方可出厂；型式检验是依据产品标准进行的全项目检验（必要时，可增加项目），又称例行检验，根据产品不同，一般每半年或一年检验一次，或者生产情况发生变化时进行检验，如《酱卤肉制品质量通则》（GB/T 23586—2022）关于型式检验的要求如图 2 - 6 所示。

9.4 型式检验

9.4.1 每半年应对产品进行一次型式检验，发生下列情况之一的应进行型式检验：

  a）新产品试制鉴定时；

  b）正式生产后，如原料、工艺有较大变化，可能影响产品质量时；

  c）停产半年及以上恢复生产时；

  d）出厂检验结果与上次型式检验结果有较大差异时；

  e）国家有关监管机构提出进行型式检验的要求时。

9.4.2 型式检验项目包含本文件第 6 章规定的全部项目

注：第 6 章为技术要求，包括感官要求、理化指标和净含量等内容。

图 2 - 6　型式检验要求图例

根据检验结果对产品进行判定时需特别注意，感官指标不合格时不必进行理化检验，直接判定为不合格，且一般不得复检；一般微生物指标不合格时，直接判定该批产品不合格，不得复检；其余指标不合格，可在同批产品中对不合格项目进行复检，复检后如仍有一项不合格，则判定该批产品不合格。

十、标签标识

《中华人民共和国食品安全法》第六十七条规定预包装食品的包装上应当有标签。标签是指食品包装上的文字、图形、符号及一切说明物，是为了消费者、用户正确识别并选择适用的产品。在食品的销售包装中，标签应符合《食品安全国家标准　预包装食品标签通则》（GB 7718）、《食品安全国家标准　预包装食品营养标签通则》（GB 28050）及相关法律法规的要求，对有特殊要求的食品，标准中会列出须标注的内容。如《大米》（GB/T 1354—2018）关于标签的要求如图 2 - 7 所示。

> 8.2 标签
>
> 8.2.1 包装大米的标签标识应符合 GB 7718 和 GB 28050 的规定。产品名称应按本标准规定的名称和等级标注。
>
> 8.2.2 外包装物包装储运标识应符合 GB/T 191 的要求。
>
> 8.2.3 标注的净含量应为产品最大允许水分状态下的质量。
>
> 8.2.4 优质大米建议标注最佳食用期（品尝评分值为产品最佳食用期内数值）。

图 2 - 7　产品标签要求

食品标签是根据食品的特点，将有关法律文件和强制性标准的原则要求具体化，其内容主要有：①产品名称；②规格、净含量；③配料表；④生产者的名称、地址、联系方式；⑤生产日期和保质期；⑥执行产品标准代号；⑦贮存条件；⑧生产许可证编号；⑨营养标签；⑩产品标准中要求标注的内容；⑪法律法规或者食品安全标准规定应当标明的其他事项，比如辐照食品标志、转基因食品标志等。专供婴幼儿和其他特定人群的主辅食品，其标签还应当标明主要营养成分及其含量。

第三节　食品检验检测及产品合规管理

食品产品合规包括产品配方合规、产品指标合规、产品标识标签合规和广告合规等方面，本节主要介绍食品产品指标合规、标识标签合规判定依据和判定方法。

一、食品产品指标合规判定依据及判定方法

（一）判定依据

法律法规、食品安全标准、产品标签中标注的执行标准及标签中标注的明示要求等。

（二）判定方法

对食品进行合规判定，首先应明确该产品的类别及其执行标准，确定产品合规指标，然后按照现行的标准方法对指标进行检测，最后确认指标是否符合法律法规、相关食品安全标准、产品执行标准和标签明示要求，判定产品是否合格。

（三）食品检测

食品检验检测是保证食品产业链的全程安全的关键环节之一，也是保证产品质量与安全，判定食品是否合规的保障手段。采用标准的检验方法、利用统一的技术手段才能使检验结果有权威性，便于比较和鉴别产品质量。检验人员应当依照有关法律法规的规定，并按照食品安全标准和检验规范对食品进行检验。

1. 检验方法的选择　食品的检验应严格按照产品标准中规定的方法执行，保障实验结果的真实性和严谨性。与现行强制性国家标准和法律法规规定相冲突的情况除外。标准方法中如有两个以上实验方法，具体实验可根据所具备的条件选择使用，以第一法为仲裁方法；标准方法中根据适用范围设置几个并列方法时，应根据适用范围选择合适的方法，其中第一法跟其他方法属于并列关系，并非仲裁方法。

2. 食品理化检验的一般规则　GB/T 5009.1《食品卫生检验方法　理化部分　总则》对食品理化检

验的原则和基本要求进行了规范。

（1）检验方法的一般要求

1）称取　用天平进行的称量操作，其准确度要求用数值的有效位数表示，如"称取20.0g……"指称量准确至±0.1g；"称取20.00g……"指称量准确至±0.01g。

2）准确称取　用天平进行的称量操作，其准确度为±0.0001g。

3）恒量　在规定的条件下，连续两次干燥或灼烧后称定的质量差异不超过规定的范围。

4）量取　用量筒或量杯取液体物质的操作。

5）吸取　用移液管、刻度吸量管取液体物质的操作。

6）实验中所用的玻璃量器如滴定管、移液管、容量瓶、刻度吸管、比色管等所量取体积的准确度应符合国家标准对该体积玻璃量器的准确度要求。

7）空白试验　除不加样品外，采用完全相同的分析步骤、试剂和用量（滴定法中标准滴定液的用量除外），进行平行操作所得的结果。用于扣除试样中试剂本底和计算检验方法的检出限。

（2）试剂的要求

1）检验方法中所使用的水，未注明其他要求时，系指蒸馏水或去离子水。未指明溶液用何种试剂配制时，均指水溶液。

2）检验方法中未指明具体浓度的硫酸、硝酸、盐酸、氨水时，均指市售试剂规格的浓度。

3）液体的滴　系指蒸馏水自标准滴管流下的一滴的量，在20℃时20滴约相当于1mL。

4）溶液配制的要求　①配制溶液时所使用的的试剂和溶剂的纯度应符合分析项目的要求。应根据分析任务、分析方法、对分析结果准确度的要求等选用不同等级的化学试剂。②试剂瓶使用硬质玻璃。一般碱液和金属溶液用聚乙烯瓶存放，需避光试剂储于棕色瓶中。

（3）样品要求

1）采样应注意样品的生产日期、批号、代表性和均匀性（掺伪样品和食物中毒样品除外）。采集的数量应能反映该食品卫生质量和满足检验项目对样品质量的需要，一般要求一式三份，供检验、复验、备查或仲裁，一般散装样品每份不少于0.5kg。

2）采样容器根据检验项目，采用硬质玻璃瓶或聚乙烯制品。

3）液体、半流体食品如植物油、鲜乳、酒或其他饮料，如用大桶或大罐盛装，应先混合均匀再采样。样品应分别盛放在三个干净容器中。

4）粮食及固体食品应自每批食品的上、中、下层中的不同部位分别采取部分样品，混合后按四分法对角取样，再进行几次混合，最后得到有代表性样品。

5）肉类、水产品等食品应按检验项目要求分别采取不同部位的样品或混合后采样。

6）罐头、瓶装食品或其他小包装食品，应根据批号随机取样，同一批次取样件数，250g以上的包装不得少于6个，250g以下的包装不得少于10个。

7）掺伪样品和食物中毒的样品采集，要具有典型性。

8）检验后的样品保存　一般样品在检验结束后，应保留一个月，以备需要时复检。易变质食品不予保留，保存时应加封并尽量保持原状。检验取样一般系指取可食部分，以所检验的样品计算。

9）感官不合格产品不必进行理化检验，直接判为不合格产品。

（4）检验要求及分析结果的表述

1）应严格按照标准方法中规定的分析步骤进行检验，对试验中不安全因素（中毒、爆炸、腐蚀、烧伤等）应有防护措施。

2）理化检验实验室应实行分析质量控制。

3）检验员应填写好检验记录。

4）测定值运算和有效数字修约应符合 GB/T 8170 等相关标准的规定。

5）结果的表述　报告平行样的测定值的算术平均值，并报告计算结果表示到小数点后的位数或有效位数，测定值的有效数位数应能满足卫生标准的要求。

6）如果分析结果在方法的检出限以下，可以用"未检出"表述分析结果，但应注明检出限数值。

食品感官检验和食品微生物检验的要求在第四章食品感官检验技术和第五章微生物检验讲述。

（四）产品指标的合规性评价程序

收到检测任务后，根据产品和检测目的查阅相关标准，进行检验，将检验得出的分析结果与产品标准、食品安全标准的规定要求进行比较，作出合格与否的判定，出具的书面或其他形式的证明文件，即检验报告。

比如，某第三方检测机构接受委托，检验某市售大米产品是否合格，检验项目为出厂检验项目，该产品标签标注产品标准为 GB/T 1354，产品类别为"优质大米"，稻谷类型"优质粳米"，质量等级"一级"。一般按如下步骤进行检验和判定。

1. 查阅标准　现行有效的标准《大米》（GB/T 1354—2018），根据标准，出厂检验项目及要求如表 2-4 所示。

表 2-4　优质大米质量指标

品种			优质籼米			优质粳米		
等级			一级	二级	三级	一级	二级	三级
碎米	总量/%	≤	10.0	12.5	15.0	5.0	7.5	10.0
	其中：小碎米含量/%	≤	0.2	0.5	1.0	0.1	0.3	0.5
加工精度			精碾	精碾	适碾	精碾	精碾	适碾
垩白度		≤	2.0	5.0	8.0	2.0	4.0	6.0
品尝评分值/分		≥	90	80	70	90	80	70
直链淀粉含量/%			13.0~22.0			13.0~20.0		
水分含量/%		≤	14.5			15.5		
不完善粒含量/%		≤	3.0					
杂质限量	总量/%	≤	0.25					
	其中：无机杂质含量/%	≤	0.02					
黄粒米含量/%		≤	0.5					
互混率/%		≤	5.0					
色泽、气味			正常					

2. 样品检验　根据《大米》（GB/T 1354—2018）第 6 章，检验方法如图 2-8 所示。

1. 平均长度：随机取完整米粒 10 粒，平放于黑色背景的平板上，按照头对头、尾对尾、不重叠、不留隙方式，紧靠直尺排成一行，读出长度。双检验误差不应超过 0.5mm，求其平均值再除以 10 即为大米的平均长度。

2. 碎米含量：按 GB/T 5503 规定的方法执行，在称量碎米、大碎米前将混入其中的长度不小于完整米粒平均长度四分之三的米粒拣出。

3. 加工精度：按 GB/T 5502 规定的方法执行。

4. 杂质、不完善粒含量：按 GB/T 5494 规定的方法执行。

5. 垩白度：按 GB/T 1354 附录 A 规定的方法执行。

6. 水分含量：按 GB 5009.3 规定的方法执行。

7. 黄粒米含量：按 GB/T 5496 或 GB/T 35881 规定的方法执行。

8. 互混率：按 GB/T 5493 规定的方法执行。

9. 色泽、气味：按 GB/T 5492 规定的方法执行。

10. 品尝评分值：按 GB/T 15682 规定的方法执行。

11. 直链淀粉含量：按 GB/T 15683 规定的方法执行。

图 2 - 8 大米检验方法

3. 得出单项评价结果 将检验结果与《大米》（GB/T 1354—2018）标准中优质大米、优质粳米、一级的要求对照，得出检验结论单项评价结果，作为检验报告的附页，一般格式如表 2 - 5 所示。

表 2 - 5 检验报告附页

序号	检验检测项目		单位	技术要求	检验检测结果	单项评价
1	碎米	总量	—	≤5.0%		
		其中：小碎米含量		≤0.1%		
2	加工精度		—	精碾		
3	垩白度		—	≤2.0%		
4	品尝评分值		分	≥90		
5	直链淀粉含量		—	13.0% ~20.0%		
6	水分含量		—	≤15.5%		
7	不完善粒含量		—	≤3.0%		
8	杂质限量	总量	—	≤0.25%		
		其中：无机杂质含量		≤0.02%		
9	黄粒米含量		—	≤0.5%		
10	互混率		—	≤5.0%		
11	色泽、气味		—	正常		
以下空白						

4. 得出检验结论，出具检验报告 根据单项评价结果，依据《大米》（GB/T 1354—2018）第七章的判定规则，得出检验结论。

所检项目全部合格时，一般结论用语为"样品经检验，所检项目符合 GB/T 1354—2018 标准规定的优质粳米一级的要求。检验结果仅对样品负责"。

对于企业内部检验，可以按照标准的要求，对于有检验项目不符合标准规定的要求的产品进行降级、判为非等级品或非食用产品处理。

（1）加工精度不符合要求的，判为非等级产品。

（2）优质大米定等指标中有一项及以上达不到图 2 - 9 优质粳米一级质量要求的，逐级降至符合的等级，低于最低等级指标的，可根据大米质量指标进行判定；不符合大米最低等级指标要求的，作为非等级产品。

（3）当所检项目不符合《食品安全国家标准　粮食》（GB 2715）标准以及国家卫生检验和植物检疫有关规定的产品，判为非食用产品。

在实际工作中，如委托检验产品为预包装产品，已标注产品名称和等级，一般所检指标当中有一项及以上不符合质量要求的，可以复检，复检仍不合格的，判定为不合格。一般结论用语为"样品经检验，×××项目不符合 GB/T 1354—2018 标准规定的优质粳米一级的要求，判该样品不合格。检验结果仅对样品负责"。

二、产品标识标签合规

食品标签是指食品包装上的文字、图形、符号及一切说明物。食品标签是向消费者传递产品信息的载体，可以提供食品的质量等级信息、营养信息、时效信息及食用指导信息等，是消费者选购食品的重要依据。《食品安全法》第六十七条明确规定，预包装食品的包装上应当有标签。并对标签应载明的信息作了规定。

我国现行的食品标签标准为《食品安全国家标准　预包装食品标签通则》（GB 7718—2011）规定了预包装食品标签的基本要求、强制标识内容、强制标识内容的豁免、推荐性标注内容。预包装食品标签除必须符合 GB 7718 标准的要求外，还应标注营养标签，营养标签的标注应符合 GB 28050—2011《食品安全国家标准　预包装食品营养标签通则》。《食品安全国家标准　预包装特殊膳食用食品标签》（GB 13432—2013）规定了预包装特殊膳食用食品的标签（含营养标签）的标识要求。除此之外，很多食品产品标准也会对食品的标签要求作出规定。

（一）食品标签基本要求

1. 应符合法律法规的规定，并符合相应食品安全标准的规定。

2. 应清晰、醒目、持久，应使消费者购买时易于辨认和识读。

3. 应通俗易懂、有科学依据，不得标示封建迷信、色情、贬低其他食品或违背营养科学常识的内容。

4. 应真实、准确，不得以虚假、夸大、使消费者误解或欺骗性的文字、图形等方式介绍食品，也不得利用字号大小或色差误导消费者。

5. 不应直接或以暗示性的语言、图形、符号，误导消费者将购买的食品或食品的某一性质与另一产品混淆。

6. 不应标注或者暗示具有预防、治疗疾病作用的内容，非保健食品不得明示或者暗示具有保健作用。

7. 不应与食品或者其包装物（容器）分离。

8. 应使用规范的汉字（商标除外）。具有装饰作用的各种艺术字，应书写正确，易于辨认。可以同时使用拼音或少数民族文字，拼音不得大于相应汉字。可以同时使用外文，但应与中文有对应关系（商标、进口食品的制造者和地址、国外经销者的名称和地址、网址除外）。所有外文不得大于相应的汉字（商标除外）。

9. 预包装食品包装物或包装容器最大表面面积大于 $35\,cm^2$ 时，强制标示内容的文字、符号、数字的高度不得小于 $1.8\,mm$。

10. 一个销售单元的包装中含有不同品种、多个独立包装可单独销售的食品，每件独立包装的食品标识应当分别标注。

11. 若外包装易于开启识别或透过外包装物能清晰地识别内包装物（容器）上的所有强制标示内容或部分强制标示内容，可不在外包装物上重复标示相应的内容；否则应在外包装物上按要求标示所有强制标示内容。

（二）营养标签基本要求

1. 预包装食品营养标签标示的任何营养信息，应真实、客观，不得标示虚假信息，不得夸大产品的营养作用或其他作用。

2. 预包装食品营养标签应使用中文。如同时使用外文标示的，其内容应当与中文相对应，外文字号不得大于中文字号。

3. 营养成分表应以一个"方框表"的形式表示（特殊情况除外），方框可为任意尺寸，并与包装的基线垂直，表题为"营养成分表"。

4. 食品营养成分含量应以具体数值标示，数值可通过原料计算或产品检测获得。

5. 营养标签应标在向消费者提供的最小销售单元的包装上。

（三）应当标注的内容

直接向消费者提供的预包装食品标签标示应包括食品名称、配料表、净含量和规格、生产者和（或）经销者的名称、地址和联系方式、生产日期和保质期、贮存条件、食品生产许可证编号、产品标准代号、营养标签及其他需要标示的内容。

1. 食品名称　应清晰醒目，反映食品的真实属性。反映食品真实属性的专用名称通常是指国家标准、行业标准、地方标准中规定的食品名称或食品分类名称。不得使用引起消费者误解或混淆的名称。比如《巧克力及巧克力制品、代可可脂巧克力及代可可脂巧克力制品》（GB/T 19343—2016）标准规定，代可可脂添加量超过 5%（按原始配料计算）的产品应命名为"代可可脂巧克力"；巧克力成分含量不足 25% 的制品不应命名为巧克力制品。

2. 配料表　配料表的各种配料应标注具体名称，各种配料应按制造或加工食品时加入量的递减顺序一一排列；加入量不超过 2% 的配料可以不按递减顺序排列。

复合配料添加量应在配料表中标示复合配料的名称，随后将复合配料的原始配料在括号内按加入量的递减顺序标示（当某种复合配料已有国家标准、行业标准或地方标准，且其加入量小于食品总量的 25% 时，不需要标示复合配料的原始配料）。

食品添加剂应标示其在《食品安全国家标准　食品添加剂使用标准》（GB 2760—2024）中的通用名称。可以选择以下三种形式之一标示：一是全部标示食品添加剂的具体名称；二是全部标示食品添加剂的功能类别名称以及国际编码（INS 号）；三是全部标示食品添加剂的功能类别名称，同时标示具体名称。比如，食品添加剂"丙二醇"可以选择标示为：①丙二醇；②增稠剂（1520）；③增稠剂（丙二醇）。若符合 GB 2760 规定的带入原则且在最终产品中不起工艺作用的，不需要标示。

如果在食品标签或说明书上强调含有某种或多种有价值、有特性的配料或成分，应同时标示其添加量或在成品中的含量；如果在食品标签上强调某种或多种配料或成分含量较低或无时，应同时标示其在终产品中的含量，比如，高钙饼干，应标注出食品中的钙含量。

3. 净含量和规格　净含量的标示应由净含量、数字和法定计量单位组成。

（1）法定计量单位

1）液态食品　用体积升（L）（l）、毫升（mL）（ml），或用质量克（g）、千克（kg）。

2）固态食品　用质量克（g）、千克（kg）。

3）半固态或黏性食品　用质量克（g）、千克（kg）或体积升（L）（l）、毫升（mL）（ml）。

（2）净含量计量单位的标示方式如表 2-6 所示

表 2-6　净含量计量单位的标示方式

计量方式	净含量（Q）的范围	计量单位
体积	Q < 1000mL Q ≥ 1000mL	毫升（mL）（ml） 升（L）（l）
质量	Q < 1000g Q ≥ 1000g	克（g） 千克（kg）

4. 生产者和（或）经销者的名称、地址和联系方式　生产者名称和地址应当是依法登记注册、能够承担产品安全质量责任的生产者的名称、地址。

5. 生产日期和保质期　应清晰标示预包装食品的生产日期和保质期。日期标示不得另外加贴、补印或篡改。

6. 贮存条件　标示满足保质期的贮存条件。

7. 食品生产许可证编号　食品生产许可证编号由 SC（"生产"的汉语拼音字母缩写）和 14 位阿拉伯数字组成。数字从左至右依次为：3 位食品类别编码、2 位省（自治区、直辖市）代码、2 位市（地）代码、2 位县（区）代码、4 位顺序码、1 位校验码。

8. 产品标准代号　在国内生产并在国内销售的预包装食品（不包括进口预包装食品）应标示产品所执行的标准号。标准号应为现行有效的产品标准，一般可不标注年代号。食品所执行的相应产品标准已明确规定质量（品质）等级的，应标示质量（品质）等级。

9. 营养标签　直接提供给消费者的预包装食品，应按照 GB 28050 规定标示营养标签（豁免标示的食品除外）；非直接提供给消费者的预包装食品，可参照本标准执行，也可按企业双方约定或合同要求标注或提供有关营养信息。

所有预包装食品营养标签强制标示的内容包括能量、核心营养素的含量值及其占营养素参考值（NRV）的百分比，核心营养素是指蛋白质、脂肪、碳水化合物和钠。标示格式如表 2-7 所示。

表 2-7　仅标示能量和核心营养素的格式

项目	每 100 克（g）或 100 毫升（mL）或每份	营养素参考值% 或 NRV%
能量	千焦（kJ）	%
蛋白质	克（g）	%
脂肪	克（g）	%
碳水化合物	克（g）	%
钠	毫克（mg）	%

当标示其他成分时，应采取适当形式使能量和核心营养素的标示更加醒目，格式如表 2-8 所示。

表2-8 标注更多营养成分的营养标签格式

项目	每100克（g）或100毫升（mL）或每份	营养素参考值%或NRV%
能量	千焦（kJ）	%
蛋白质	克（g）	%
脂肪	克（g）	%
——饱和脂肪	克（g）	%
胆固醇	毫克（mg）	%
碳水化合物	克（g）	%
——糖	克（g）	%
膳食纤维	克（g）	%
钠	毫克（mg）	%
维生素A	微克视黄醇当量（μg RAE）	%
钙	毫克（mg）	%

对除能量和核心营养素外的其他营养成分进行营养声称或营养成分功能声称时，在营养成分表中还应标示出该营养成分的含量及其占营养素参考值（NRV）的百分比。使用了营养强化剂的预包装食品，在营养成分表中还应标示强化后食品中该营养成分的含量值及其占营养素参考值（NRV）的百分比。

食品配料含有或生产过程中使用了氢化和（或）部分氢化油脂时，在营养成分表中还应标示出反式脂肪（酸）的含量。未规定营养素参考值（NRV）的营养成分仅需标示含量。

10. 其他需要标示的内容 辐照食品、转基因食品、质量（品质）等级，以及产品标准中规定的其他需要标示的内容。《巧克力及巧克力制品、代可可脂巧克力及代可可脂巧克力制品》（GB/T 19343—2016）需要在标签上标示产品的类别或类型，黑巧克力、牛奶巧克力应标注总可可固形物含量百分含量。

《食品召回管理办法》第十二条规定，标签、标识存在虚假标注的食品，食品生产者应当在知悉食品安全风险后72小时内启动召回，并向县级以上地方市场监督管理部门报告召回计划。标签、标识存在瑕疵，食用后不会造成健康损害的食品，食品生产者应当改正，可以自愿召回。第二十五条，对因标签、标识或说明书不符合食品安全标准而被召回的食品，应采取能保证食品安全且便于重新销售时向消费者明示的补救措施。

目标检测

答案解析

一、单选题

1. 对保障人身健康和生命财产安全、国家安全、生态环境安全以及满足经济社会管理基本需要的技术要求，应当制定（ ）。
   A. 强制性国家标准　　　　B. 推荐性标准
   C. 引导性标准　　　　　　D. 以上都不对

2. 分析实验室常规用水要求中一般分析实验室应该用（ ）
   A. 一级水　　　　　　　　B. 二级水
   C. 三级水　　　　　　　　D. 自来水

3. 准确称取是指用天平进行的称量操作，其准确度为（　　）。

    A. ±0.1g

    B. ±0.01g

    C. ±0.001g

    D. ±0.0001g

4. 下面选项中（　　）为食品标签通用标准推荐标注内容。

    A. 产品标准号

    B. 批号

    C. 配料表

    D. 保质期或保存期

5. 对因标签、标识或者说明书不符合食品安全标准而被召回的食品，食品生产者在采取补救措施且能保证食品安全的情况下（　　）；销售时应当向消费者明示补救措施。

    A. 可以继续销售

    B. 不得继续销售

    C. 食品生产经营者自行决定

    D. 销毁

二、填空题

1. 标准代码"GB"是指_____，"GB/T"又是指_____。

2. 推荐性国家标准、行业标准、地方标准、团体标准、企业标准的技术要求不得_____强制性国家标准的相关技术要求。

3. 采集样品的数量应能反映该食品卫生质量和满足检验项目对样品量的需要，一般要求一式三份，供_____、_____、_____。

三、简答题

1. 根据《食品安全法》的规定，食品安全标准应当包括哪些内容？

2. 检验及分析结果的表述有哪些要求？

3. 简述食品指标的合规性评价程序。

4. 我国现行有效的针对我国预包装食品标签的标准主要是哪两个（写出标准号和标准名称）？根据相关法规和标准我国预包装食品标签应该包含哪些内容？

第三章　食品检验检测基础知识

学习目标

【知识目标】

1. 掌握食品检验检测的目的和任务；食品检验的分类及食品检验工作程序；食品样品的采集和常用的前处理方法；电子天平的使用方法；检验原始记录与检验报告的书写规范；数据处理及分析结果表述的要求；食品理化检验结果质量保证的措施和方法。

2. 熟悉常用玻璃量器、移液器的用途、使用方法及注意事项。

3. 了解食品检验检测人员的工作职责，树立"民以食为天，食以安为先"的食品安全观。

【能力目标】

1. 能树立食品检验检测人员的职业道德观，具有高度的社会责任感和食品安全卫士的使命感。

2. 能根据检验目的选择合适的检验方法、样品前处理方法。

3. 会正确使用电子天平、常用玻璃量器和移液器。

4. 能正确填写检验原始记录及正确出具检验报告。

第一节　食品检验检测概述

PPT

食品是指各种供人食用或者饮用的成品和原料以及按照传统既是食品又是中药材的物品，但是不包括以治疗为目的的物品。食品应当无毒、无害，符合应当有的营养要求，具有相应的色、香、味等感官性状，即安全性、营养性、可接受性是食品的三大基本属性。食品检验检测是研究和评定食品质量及其变化的一门学科。食品检验检测在保证食品的营养、卫生与安全，防止食物中毒及食源性疾病，控制食品污染，以及研究食品污染的来源与途径方面具有十分重要的意义。

一、食品检验检测的任务

食品检验检测的任务是依据物理、化学、生物化学等学科的基本理论和相关食品检验检测方法标准，运用现代科学技术和分析手段，对食品原辅料、半成品和成品的质量和安全指标进行检验，对食品的品质、营养及安全等方面作出评价，对食品生产的工艺过程进行监控，以掌握生产情况，保障生产出的食品质量合格；同时，为食品新资源和新产品的开发、新技术和新工艺的研究和应用提供可靠的依据。

二、食品检验检测的内容

食品检验检测的指标主要有如下。

1. 感官　形状、色泽、组织状态、滋味、气味等。

2. 微生物　菌落总数、霉菌、酵母菌、致病菌（沙门菌、志贺菌、金黄色葡萄球菌等）、乳酸菌等。

3. 一般理化指标　蛋白质、脂肪、碳水化合物（总糖、蔗糖、淀粉、纤维素等）、水分、酸度等。

4. 食品添加剂　着色剂、甜味剂、酸味剂、防腐剂等。

5. 矿物质　常量元素（钾、钠、钙等）、微量元素（铁、铜、锰、锌、硒、碘、氟等）、有害元素（铅、砷、汞、镉等）。

6. 农药残留　有机磷农药、有机氯农药、氨基甲酸酯类农药、菊酯类农药等。

7. 兽药残留　抗生素类、激素类、磺胺类、呋喃类等。

8. 真菌毒素　黄曲霉毒素、展青霉素、赭曲霉素等。

在食品检验检测过程中，根据被检样品及项目的特性，每一项指标的检验对应相应的检验方法。食品检测常用的方法有感官检验法、微生物检验法、化学分析法、仪器分析法和酶分析法等。

近年来，仪器分析法逐渐成为食品理化检验检测的主要手段，包括紫外 – 可见分光光度法、原子吸收光谱法、原子荧光光谱法、电化学法、气相色谱法、高效液相色谱法、色质联用技术等。

三、食品检验的分类

检验是指对符合规定要求的确认，检验的结果可表明合格、不合格或合格的程度。食品检验是保证食品安全的重要措施。我国针对食品质量与安全进行的检验主要包括出厂检验、型式检验、监督抽检、风险监测等。

（一）出厂检验

出厂检验是《产品质量法》《食品安全法》规定的、企业应当承担的保证食品质量的义务之一。在食品出厂前依据相关食品产品标准和《食品生产许可证审查细则》中规定的出厂检验项目进行逐项检验，经检验合格方可出厂销售。考虑到我国食品生产企业的实际情况，便于企业组织生产，《食品安全法》第八十九条规定，食品生产企业可以自行对所生产的食品进行检验，或者委托有资质的食品检验机构检验。企业应制定包括原辅料、过程、出厂检验的检验管理制度，确保产品符合食品安全标准要求。

（二）型式检验

型式检验，对食品产品的全面考核，即对产品标准中规定的技术要求全部进行检验（必要时，可增加检验项目），又称例行检验。型式检验主要适用于产品定型鉴定和评定产品质量是否全面地达到标准和设计要求。很多产品的标准中，都有明确规定型式检验的条件和规则等内容。

（三）试制食品检验

根据《食品生产许可审查通则》第二十三条，对首次申请许可或者增加食品类别变更食品生产许可的，应当按照相应审查细则和执行标准的要求，核查试制食品的检验报告。试制产品检验报告通常跟型式检验的项目一致。试制产品检验合格报告可以由申请人自行检验，或委托有资质的食品检验机构出具。

（四）监督抽检

监督抽检是对监督抽检样品的检验，是政府为加强食品质量安全监督所采取的一种行政行为，食品生产经营企业应当积极配合，不得拒绝检查。食品安全监督管理部门根据食品安全风险监测、风险评估结果和食品安全状况等，确定监督管理的重点、方式和频次。检验项目一般按照总局出台的《食品安全监督抽检实施细则》执行。为保障人民的食品安全和饮食健康，国家市场监督管理总局每年都会组织相关机构专家，根据近年来的食品安全监督抽检结果，制定新一年的《食品安全监督抽检实施细则》，以指导和规范全国范围内的食品和食用农产品的监督抽检工作。

检验应当严格依据标准检验方法或经确认的非标准检验方法进行，确保方法中相关要求的有效实施（《食品检验工作规范》第十六条）。一般食品产品标准中有指定检验方法的，按照标准中指定的方法执行。自行检验或部分自行检验的，企业应具备与所检项目相适应的检验室、检验仪器设备和检验试剂。检验室应布局合理，检验仪器设备的数量、性能、精度应满足相应的检验需求，检验仪器设备应按期检定或校准。

四、食品检验员职业素养

检验检测数据的准确性、公正性及客观性对食品安全监管部门的决策及食品企业的生存具有重要影响，同时会直接影响流通入市场的食品的安全性。因此，强化食品检验人员的职业道德、职业能力就显得十分重要。

（一）职业能力

1. 熟悉相关的法律法规、标准 《食品安全法》第八十五条规定，检验人应当依照有关法律法规的规定，并按照食品安全标准和检验规范对食品进行检验。标准主要有食品安全国家标准、食品产品标准、食品检验方法标准等；与食品检验有关的法律法规有《食品安全法》《食品安全法实施条例》《食品生产许可管理办法》《食品检验工作规范》《食品安全抽样检验管理办法》等。

2. 熟练掌握食品分析检测理论知识和实操技能 检验人员应当具备与食品检验相适应的检验能力和水平，具备扎实的分析化学、微生物基础知识及检验操作技能，能够很好地理解食品产品标准、检测方法标准和食品安全标准，还要熟悉食品生产基础知识，熟悉关键工艺基本流程。具备根据检测目的，查找检测方法，并根据实验室条件选择适宜的检测方法，依照国标方法对食品进行检测和合规评定的能力，知其然知其所以然，具备一定的知识迁移能力，能够举一反三，触类旁通，能够独立解决食品检验检测工作中遇到的问题。

（二）职业道德

1. 敬畏生命 民以食为天，加强食品安全工作，关系我国人民身体健康和生命安全，必须抓得紧而又紧。《食品安全法》明确规定食品生产经营者对其生产经营食品的安全负责。作为食品从业者，必须坚持法治思维、坚守法规底线，要永远对食品安全怀有敬畏之心，将食品营养和安全放在首位，肩负起食品人的历史使命和责任担当，确保食品的安全。食品检验是确保食品安全的一道屏障，作为食品检验员，应保持严谨的工作态度，加强专业知识和技能学习，强化责任担当意识，把好食品安全的第一关，守护好人民群众"舌尖上的安全"。

2. 依法依标检测 《食品安全法》第八十五条规定检验人应当依照有关法律法规的规定，并按照食品安全标准和检验规范对食品进行检验，尊重科学，恪守职业道德，保证出具的检验数据和结论客观、公正，不得出具虚假检验报告。食品生产企业可以自行对所生产的食品进行检验，也可以委托符合本法规定的食品检验机构进行检验。检验机构应在许可或认定的检验范围内检验，不超范围检验。

食品安全标准是强制执行的标准，食品生产经营应当符合食品安全标准。食品安全国家标准由国务院卫生行政部门会同国务院食品安全监督管理部门制定、公布，国务院标准化行政部门提供国家标准编号。食品中农药残留、兽药残留的限量规定及其检验方法与规程由国务院卫生行政部门、国务院农业行政部门会同国务院食品安全监督管理部门制定。屠宰畜、禽的检验规程由国务院农业行政部门会同国务院卫生行政部门制定（《食品安全法》第二十七条）。

国家鼓励食品生产企业制定严于食品安全国家标准或者地方标准的企业标准，在本企业适用，并报省、自治区、直辖市人民政府卫生行政部门备案（《食品安全法》第三十条）。

3. 诚实守信　食品检验人员严格遵守食品检验的相关规范，本着依据标准科学、程序规范、方法合理和结果准确四项要素开展检验工作，确保得到准确、客观和公正的检验数据和结论。确保检验过程、数据和结果真实、准确、可靠、可验证和可追溯。食品检验人员应严格遵守食品检验的纪律要求，不能参与任何影响检验判定的独立性和公正性的活动，不得出具虚假或者不实数据和结果的检验报告。

五、食品检验的一般程序

食品种类繁多，成分复杂，来源不一，分析的目的，项目和要求也不尽相同，但无论哪种对象，一般都按一个共同程序进行，如图 3-1 所示。

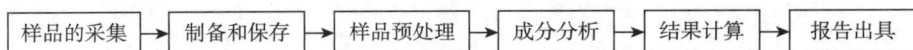

样品的采集 → 制备和保存 → 样品预处理 → 成分分析 → 结果计算 → 报告出具

图 3-1　食品检验的一般程序

第二节　样品的采集、制备及保存

PPT

一、样品的采集

样品的采集简称为采样，是为了进行检验而从大量的分析对象中抽取一定数量具有代表性的样品作为分析材料的过程。所抽取的分析材料称为样品或试样。

（一）食品采样的原则

1. 采集的样品要均匀、具有代表性，能反映全部被检食品的组成、质量和卫生状况。
2. 采样中避免成分逸散或引入杂质，保持原有的理化指标。

（二）采样的一般步骤

采样数量应能反映该食品的卫生质量和满足检验项目对取样量的要求。采样一般可分为三步，如图 3-2 所示。

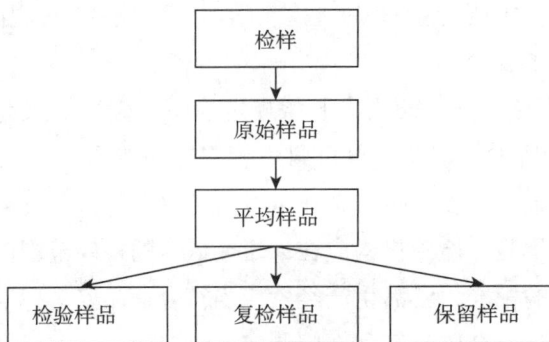

检样

原始样品

平均样品

检验样品　　复检样品　　保留样品

图 3-2　采样步骤

1. 检验样 由整批待检食品的各个部分抽取的少量样品称为检样。

2. 原始样品 把多份检样混合在一起，构成能代表该批食品的原始样品。

3. 平均样品 原始样品经过处理再抽取其中一部分作检验用，称为平均样品。

4. 将平均样品分为三份，即检验样品、复检样品和保留样品

（1）检验样品 用于全部项目检验的样品。

（2）复检样品 对检验结果有异议时，可根据具体情况进行复检，故必须有复检样品。

（3）保留样品 对某些样品，需封存保留一段时间，以备再次验证或被检方对检验结果有异议时仲裁使用。

5. 填写采样记录 包括采样的单位、地址、日期、样品名称、样品批号、采样条件、采样时的包装情况、采样数量、检验项目、采样人等。

（三）采样的一般方法

样品的采集通常有随机抽样和代表性抽样两种方法。

随机抽样是按照随机的原则，从分析的整批物料中抽取出一部分样品。随机抽样时，要求使整批物料的各个部分都有被抽到的机会。操作时，可用多点取样法，从被检食品的不同部位、不同区域、不同深度，上、下、左、右、前、后多个地方采样，使所有的物料的各个部分都有机会被抽到。

代表性取样，是用系统抽样法进行采样，即已经了解样品随空间（位置）和时间变化的规律，按此规律进行取样，以便采集的样品能代表其相应部分的组成和质量状况。如分层采样、依生产程序流动定时采样、按批次或件数采样、定期抽取货架上陈列的食品采样等。

（四）采样的注意事项

1. 采样用具、容器须清洁，必要时需要灭菌处理。

2. 样品包装应严密。运输和贮存条件应符合样品贮运要求。

3. 样品采集后，应尽快分析。

4. 盛放样品的器具应贴标签，注明样品的名称、批号、采样地点、日期、检验项目、采样人及样品编号等。

二、样品的制备

食品的种类繁多，许多食品各个部位的组成都有差异。样品制备是指对采集的样品进行粉碎、混匀、缩分，目的是保证样品的均匀性，取任何部分都能代表全部样品的质量状况。

样品的制备一般要先去除不可食部分，再根据食品本身特性的差异和法规标准要求的不同采用不同的制备方法。制备过程中，应注意防止易挥发性成分的逸散和避免样品组成成分及理化性质发生变化。

（一）液体、浆体或悬浮液体

一般是将样品充分混匀。样品可摇匀或用工具搅拌均匀。常用的工具有玻璃棒、电动搅拌器、液体采样器。

（二）互不相溶的液体

如油与水的混合物，分离后分别采样。

（三）固体样品

应先粉碎或切分、捣碎、研磨或用其他方法研细、捣匀。常用工具有粉碎机、绞肉机、研钵、组织捣碎机等。然后用四分法采取制备好的均匀样品进行检测。

（四）水果罐头

在捣碎之前须去除果核，肉、鱼类罐头应先去除骨头、调味料（葱、姜、辣椒等），常用高速组织捣碎机等。

三、样品的保存

采取的样品，为了防止其水分或挥发性成分散失以及其他待测成分含量的变化（如光解、高温分解、发酵等），应尽快分析，否则应妥善保存。制备好的样品应放在密封洁净的容器内，置于阴暗处保存；易腐败变质的样品应保存在 $0 \sim 5℃$ 的冰箱里；胡萝卜素、黄曲霉毒素 B_1、维生素 B_2 等，容易发生光解，以这些成分作为分析项目的样品须避光保存；特殊情况下，样品中可加入适量不影响分析结果的防腐剂，或将样品置于超低温冰箱中冷冻保存。存放的样品要按日期、批号、编号摆放以便查找。

四、样品的前处理技术

食品样品基质复杂，样品中的共存组分可能会干扰被测组分的分析，因此在分析检测之前需进行样品前处理操作。样品前处理是指对样品待测组分进行提取、净化、浓缩的过程。目的一是消除基质干扰，保护仪器；二是提高方法的准确度、选择性和灵敏度。

样品前处理的方法主要有以下几种。

（一）有机物破坏法

当测定食品中的无机元素时，共存的有机物会干扰待测组分的测定。有机物破坏法是指在高温下经长时间处理，将样品中的有机物分解呈气态逸散，释放或保留被测组分。常用于食品中金属或某些非金属元素（如硫、氮、磷等）含量的测定。有机物破坏法根据具体操作不同分为干法灰化和湿法消解。

1. 干法灰化　是通过高温灼烧将有机物破坏。该法操作简单，有机物分解彻底，基本不用试剂或试剂用量少，但温度过高会造成挥发性元素的逸散，影响分析结果的准确性。因此，除汞外大多数金属元素和部分非金属元素的测定均可采用此法。将适量样品置于坩埚中，于电炉上炭化，使其中的有机物脱水、分解、氧化，再置高温电炉中于 $500 \sim 600℃$ 灼烧灰化，直至残灰为白色或灰色为止。所得残渣即为无机成分，可供测试用。

2. 湿法消解　在酸性溶液中，向样品中加入硫酸、硝酸、高氯酸、过氧化氢等强氧化剂，并加热消煮，使样品中的有机物质完全分解、氧化，呈气态逸出，待测组分转化为无机状态存在于消化液中，供分析使用。

湿法消解的特点是加热温度比干法灰化低，减少了待测元素的挥发逸散损失，尤其是一些快速、高通量消解仪器如微波消解仪等仪器的普及，其在食品分析检测中被广泛使用。但在消化过程中易产生大量有害气体，需在通风橱或通风条件较好的地方进行。由于操作中试剂用量较大，空白值偏高，需做空白试验。

微波消解法是将样品置于微波消解炉中，利用微波加热使样品消解。微波消解法具有快速、高通量、易挥发元素损失少、污染小、操作简单、消解完全等特点，测定结果的精密度和准确度较好，特别适合于挥发性元素测定，是近年来兴起的一种样品预处理方法。

（二）溶剂提取法

溶剂提取法是利用样品各组分在某一溶剂中溶解度的不同而将各组分完全或部分分离，也可用于被检测组分的富集。常用的方法包括浸提法（振荡浸渍法、捣碎法、索氏提取法）和萃取法。常用的提取剂有水、稀酸、稀碱等无机溶剂，乙醇、乙醚、石油醚、正己烷等有机溶剂。

（三）蒸馏法

蒸馏法是利用液体混合物中各种组分挥发度的不同而将其分离。既可用于去除干扰组分，也可用于被测组分的提取。蒸馏方式有常压蒸馏、减压蒸馏、水蒸气蒸馏等。

（四）化学分离法

1. 磺化法和皂化法　用来除去样品中脂肪或处理油脂中其他成分，使本来憎水性油脂变成亲水性化合物，从样品中分离出去。

（1）磺化法　是用浓硫酸处理样品，引入典型的极性官能团—SO_3使脂肪、色素、蜡质等干扰物质变成极性较大，能溶于水和酸的化合物，与那些溶于有机溶剂的待测成分分开。主要用于强酸介质中稳定的农药（有机氯农药残留物）的测定。

（2）皂化法　是指利用热碱溶液处理提取液，通过 KOH 乙醇溶液、NaOH 水溶液或 NaOH 乙醇溶液将脂肪等杂质皂化除去，达到净化的目的。用于白酒中总酯、油脂皂化价、食品中维生素 A、维生素 E 等脂溶性维生素含量的测定。

2. 沉淀分离法　是利用沉淀反应进行分离。在试样中加入适当的沉淀剂，使被测组分或干扰组分沉淀下来，再经过滤或离心把沉淀和母液分开。常用的沉淀剂有碱性硫酸铜、碱性醋酸铅、乙酸锌和亚铁氰化钾溶液等。

3. 掩蔽法　是向样品中加入一种掩蔽剂使干扰成分仍在溶液中，而失去了干扰作用，该方法不必对干扰成分进行分离，简单易操作，在食品分析中广泛用于金属元素的测定。

（五）色层分离法

色层分离法又称色谱分离、色层分析、层析、层离法，是在载体上进行物质分离的一系列方法的总称。根据分离原理不同，可分为吸附色谱分离、分配色谱分离、凝胶色谱分离、离子交换色谱分离等。该类方法分离效果好，效率高，在食品分析检测中应用越来越广泛。

（六）浓缩

为了提高待测组分的浓度，常对样品提取液进行浓缩。常用的方法包括常压浓缩法、减压浓缩法等。常用的仪器有氮吹仪、旋转蒸发仪等。

第三节　常用玻璃容量器具

PPT

实验室的玻璃器皿是化学分析工作的必备工具，玻璃具有良好的化学稳定性、热稳定性，很好的透明度、一定的机械强度、良好的绝缘性等。分为量器和非量器。

一、常用玻璃量器

常用玻璃量器包括滴定管、吸量管、容量瓶、量筒和量杯等。按操作类型又可分为量入式（容量瓶、量筒、量杯等，常标有"In"标识）和量出式（滴定管、吸量管，常标有"Ex"标识）。量器的计量单位一般为毫升（mL），标准温度为20℃。

准确度规格级别常用 A、B 表示，较高级的标准为"A"，较低级的为"B"，如实验室常用的滴定管管口通常有 A 或 B 标志，通常在配制标准溶液、基准试液和定量稀释或进行高精度和仲裁分析时，应选用 A 级移液管。对使用有规定等待时间的量器，如滴定管，常标有等待时间，如"Ex + 15s"。读数时视线应与弯月面下缘实线的最低点相切，初读数与终读数应用同一标准。

量器一般不能直接加热；不能在烘箱中烘干。常用玻璃仪器量器如表 3-1 所示。

表 3-1　常用玻璃仪器量器

名称	规格	主要用途	注意事项
量筒、量杯	以总容量（mL）表示，上口大、下口小的叫量杯	粗略地量取一定体积的液体	不能在其中配溶液；不能盛热溶液；操作时要沿壁加入或倒出溶液
容量瓶	一定温度下的容量（mL），一般是 20℃	配制准确体积的标准溶液或被测溶液	溶质需在烧杯内全部溶解后，移入容量瓶；使用前要试漏，漏液的不能用；容量瓶的体积一般记录四位有效数字；不能烘烤与直接加热，可用水浴加热
滴定管	分酸式、碱式两种，以容量（mL）表示；管身颜色为棕色或无色	容量分析滴定操作	使用前要试漏，漏液不能使用；滴定管要洁净，液体下流时，管壁不得有水珠悬挂，全管不得留有气泡；不能存放碱液；酸式、碱式管不能混用
移液管、直管吸量管	以总容量（mL）表示，有完全流出式和不完全流出式	准确地移取溶液	移液管使用时要垂直；放液时要靠壁；放液时，管尖端剩余的液体不得吹出，如刻有"吹"字的要把剩余部分吹出

二、玻璃量器的检定方法

为保证计量器具的量值的准确一致及计量结果的溯源性，需要对玻璃量器进行计量检定，检定方法按照 JJG 196 规定的方法执行，容量标示值的检定方法通常有衡量法、容量比较法，衡量法为仲裁检定方法。

（一）衡量法

1. 取一只容量大于被检玻璃量器的洁净有盖称量杯，称得空杯质量（m_0，g）。

2. 将被检玻璃量器内的纯水放入称量杯，称重（m，g）。

3. 调整被检玻璃量器液面的同时，应观察测温桶内的水温，读数精确至 0.1℃。

4. 标准量器在标准温度 20℃时的实际容量按下式计算。

$$V_{20} = \frac{(m - m_0) \times (\rho_B - \rho_A)}{\rho_B \times (\rho_W - \rho_A)} \times [1 + \beta \times (20 - t)]$$

式中，V_{20} 为标准温度 20℃时的实际容量，mL；m 为称量杯 + 纯水重量，g；m_0 为称量杯重量，g；ρ_B 为砝码密度，取 8.0g/cm³；ρ_A 为测量时实验室内的空气密度，取 0.0012g/cm³；ρ_W 为纯水 t℃时的密度，g/cm³；β 为被检玻璃量器的体胀系数，℃⁻¹；t 为检定时纯水的温度，℃。

为简便计算过程，可将上式简化为下式。

$$V_{20} = (m - m_0) \times K(t)$$

$$其中 K(t) = \frac{(\rho_B - \rho_A)}{\rho_B \times (\rho_W - \rho_A)} \times [1 + \beta \times (20 - t)]$$

$K(t)$ 可在 JJG 196 附录 B 中查找。

（二）容量比较法

1. 将标准玻璃量器洗净，使标准玻璃量器无积水现象，液面与器壁能形成正常的弯月面。

2. 将被检定玻璃量器和标准玻璃量器安装到容量比较法检定装置上。

3. 排除检定装置内的空气，检查活塞是否漏液，调整标准玻璃量器的流出时间和零点，使检定装置处于正常工作状态。

4. 将被检定玻璃量器的容量与标准玻璃量器的容量进行比较，观察被检定玻璃量器的容量示值是否在允许范围内。

（三）检定结果的处理

1. 经检定合格的玻璃量器，贴检定合格证或出具检定证书。

2. 经检定不合格的玻璃量器出具检定结果通知书，并注明不合格项目。

（四）检定周期

玻璃量器的检定周期为 3 年，其中无塞（碱式）滴定管检定周期为 1 年。

三、玻璃仪器的洗涤方法

仪器洗涤是否符合要求，对分析结果的准确度和精密度均有影响。不同的分析工作，有不同的仪器洗涤要求。一般化学分析要求洗净的仪器倒置时，水流出后器壁上不挂水珠，这一点对滴定管等量器尤为重要。洗涤液的使用要考虑能有效地除去污染物，且不引进新的干扰物。

（一）常用洗涤方法

玻璃器皿的清洗需要根据被测物质及基质的理化特性来选择合适的洗涤方法。

1. 水洗法 这是最简单也是最常用的一种洗涤方法，即用水冲洗掉玻璃器皿可溶物及其表面的灰尘。在玻璃器皿内加入三分之一体积的水，用力震荡后倒出，反复数次即可。此法适用于水溶性好的物质。

2. 刷洗法 当玻璃器皿内附着有难溶性物质时，可用毛刷进行刷洗，必要时，可用毛刷蘸上洗衣粉或洗涤液进行刷洗。因去污粉里含有细砂等固体摩擦物，有损玻璃，在刷洗时不能使用去污粉。

3. 洗涤剂洗涤法 对于难以洗掉的不溶物，需要用洗涤剂洗涤。分析实验室中常用的洁净剂有稀硝酸、盐酸、氢氧化钠溶液、氢氧化钾溶液、铬酸洗液等。可以直接刷洗其内外表面，必要时把洗涤剂先加热，并用超声波清洗（或浸泡一段时间），洗涤效果更好。

（1）铬酸洗液 具有很强的氧化能力，且对玻璃的腐蚀作用非常小，过去应用非常广泛。但是，六价铬毒性较大，对人体有害，容易对环境造成污染，所以现在一般不用。必须使用时，注意不要让其溅在身上。并且，最好在容器内壁干燥的情况下将洗液倒入，用过的洗液仍倒回原瓶。

（2）盐酸、硝酸及其溶液 用于除去微量的离子，通常将待洗涤仪器浸泡于纯酸洗液中24小时。光谱法测定金属离子时，所用器皿必须用酸溶液浸泡。

（3）碱性洗液 氢氧化钠或氢氧化钾水溶液。加热（可煮沸）使用，去油效果较好，但是，煮的时间太长会腐蚀玻璃。一般强碱性洗液不应在玻璃器皿中停留超过20分钟，以免腐蚀玻璃。

（二）清洗方法验证

清洗后的玻璃器皿表面应干净无残留，不挂水珠。

（三）玻璃仪器的干燥

在日常的检验工作中，不同的实验对仪器的干燥有不同的要求。根据实验的要求和玻璃器皿本身的特点选择干燥方法。

1. 晾干　将洗净的器皿置于实验柜或器皿架上晾干，也可在无尘处倒置控去水分。常用于不急于使用的玻璃器皿的干燥。

2. 烘干　将洗净的器皿放进干燥箱中105～120℃烘干，一般20分钟左右即可烘干玻璃器皿。玻璃量器不能烘干，以免引起容积变化。

3. 吹干　急需干燥又不便于烘干的玻璃仪器如滴定管、移液管等，可用电吹风吹干。用少量乙醇或丙酮润洗已洗净的器皿内壁，倒出控净溶剂后，用电吹风吹干。开始用冷风，然后吹入热风至干燥，最后再用冷风吹去残余的溶剂蒸汽。此法要求通风好，避免中毒，并避免接触明火。

四、移液器

移液器是具有一定的量程范围，可将液体由容器内吸出，移入另一容器的计量器具。常用的有移液枪、加液器等，下面重点介绍移液枪。

移液枪是实验室常用的准确转移一定体积液体的量出仪器。移液枪的实质是活塞式吸管，利用空气排放原理进行工作，以活塞套内移动的距离确定移液枪的容量，量程有固定和可调之分，其型式分为单头型和多头型，实验室常用的移液枪多为小容量移取液体的单头微量移液器。由于其操作快捷、方便，移液精准，近年来，在食品检测中的应用越来越广泛。

（一）移液枪的使用方法

根据需移取的液体的体积选择合适量程的移液枪，设定移取体积，握紧枪身，安装好枪头，可采用正向方式（即第1档位定量吸液、第2档位彻底排液）和反向方式（即第2档位超量吸液、第1档位定量注液）2种方式中的任意一种进行移液操作，以正向方式较为常用。吸液时，用拇指缓缓按压按钮，然后将枪头尖端垂直浸入液面1～10mm，缓慢放松对按钮的按压，吸取样液后，稍停片刻再让枪头离开液面，靠壁去除枪头外壁的样液；放液时，首先确认枪头液体内无气泡，将枪头尖轻靠壁，用拇指缓缓按压至放液位置（正向方式第2档，反向方式第1档），放液完毕后稍等片刻，移开移液枪。

（二）注意事项

1. 优先选择最大量程接近目标移液量的移液枪。

2. 在设定目标体积时，尤其是从低刻度向高刻度设定时需遵从动作轻缓、过量回调的原则，这样操作可排除枪体内部机械结构间隙不匀产生的影响。

3. 为追求良好的密封性，需将枪体垂直插入枪头盒，插入吸头后，左右转动或前后摇动用力上紧。

4. 对移液枪1、2档的手感需充分熟悉。

5. 移液前润洗枪头2～3次。

6. 吸液过程要缓慢、尽量保证匀速进行。过快的吸液速度容易造成样品进入套柄，带来活塞和密封圈的损伤以及样品的交叉污染。吸液完毕后，枪头应在液面下稍作停留。

第四节　电子天平的使用及维护

PPT

一、称量原理

电磁力平衡原理。

二、电子天平的使用方法

（一）使用注意事项

1. 天平室的温度应保持稳定，室温应在 15～30℃，湿度保持在 55%～75%。

2. 天平室要注意清洁、防尘。周围无振动和无强磁场。

3. 天平载重不得超过最大负荷。

4. 经常对电子天平进行自校或定期外校，保证其处于最佳状态。

5. 取放样品须轻缓。

6. 挥发性、腐蚀性、吸潮性的物体必须放在加盖的容器中称量（液体样品称量时也应加盖）。

7. 不得将过热或过冷的物体放在天平上称量。

（二）称量方法

常用的称量方法为直接称量法和减量称量法。称量方法和适用范围如表 3-2 所示。

表 3-2　称量方法

项目	直接称量法	减量称量法
称量方法	天平置零后，将称量容器或称量纸置于天平盘上，记录重量为 m_1，将需称量的样品加入称量容器或称量纸中，记录重量 m_2，$m_2 - m_1$ 即为称取样品重量；也可先去皮（将称量容器或称量纸重量置零）后再称量，记录重量 m 即为样品重量	天平置零后，将样品放于称量瓶中，置于天平盘上，记录重量为 m_1，然后取出所需的样品量，再称量剩余样品和称量瓶重量，记录为 m_2，$m_1 - m_2$ 即为称取样品重量。若取出样品前天平已置零，则最后显示的负数即为称取样品重量
适用范围	用于粉末状或不宜吸潮的样品的称取	用于因样品性质不方便用增量法称取的样品，如易吸潮、易挥发等的样品称取；或对重量要求较高的场合，如配制标准溶液时称量标准品
注意事项	选择合适的称量容器，容器加上所称样品的重量必须在天平的称量范围内	称取易吸潮、易挥发或腐蚀性样品，应加盖且尽量快速，注意不要将被称样品洒落在天平盘上

（三）操作步骤

1. 水平调节：水泡应位于水平仪中心。

2. 检查天平盘、称量室上是否清洁。如有灰尘应用毛刷扫净。

3. 接通电源，预热 30 分钟后开启显示器。

4. 称量

（1）置容器或称量纸于秤盘上，关上防风门，显示稳定后读取容器或称量纸质量。

（2）按"去皮"键后，显示为零，即已去皮重。

（3）将被称物置物于容器中或称量纸上，关上防风门，待数字稳定，该数字即为被称物的质量值。

（4）称量完毕，取出被称物，关好防风门，将天平置零。

5. 关闭显示器，盖上防尘罩，进行登记（如短时间内需再次使用，可将天平读数归零，不关闭显示器）。

第五节　原始记录与检验报告

PPT

一、原始记录

原始记录是指检验人员在试验过程中记录的原始数据和信息，是出具检验报告的依据，要做到记录原始、数据真实、字迹清晰、资料完整。一般有基本信息、实验过程描述、实验结果、结果分析和相关人员签字等要素组成，格式如表 3 – 3 所示。

表 3 – 3　小麦粉检测检验原始记录表格

样品编号：　　　　　　　　　　　　　　　　　　　　　　　　　　表单编号：

样品名称		规格型号		样品状态		样品数量	
检验依据	□GB/T 5492—2008 □GB/T 20571—2006 附录 A □GB/T 5504—2011	检验地点		环境温度		环境湿度	
检验		复核		复核时间			
气味口味							
样品前处理及流程	气味：分取适量试样，放在手掌中用摩擦的方法，提高样品的温度后，立即嗅其气味。 口味：按照标准要求，把样品制成馒头，进行品评。						
结果表示	气味： 口味：						
报出结果							
初检时间				终检时间			
检验说明	——						

（一）基本信息

1. 表单编号　原始记录作为受控文件，一般按样品种类或检验项目对原始记录进行编号，以便实验员选择，且确保其不会被误用。

2. 记录标题　记录应有清晰的标题，标明记录所涉及的检验内容。

3. 环境条件　环境条件会对实验结果产生影响，因此有必要对实验进行时的环境条件包括温、湿度以及会影响实验结果的其他必要条件进行记录，以保证实验的重现性。

4. 实验日期　是进行数据完整性及数据溯源性的必要条件，需按年月日的顺序记录实验日期。

5. 样品基本信息　包括样品名称、样品状态以及在实验室内部的唯一标识号等。

6. 仪器设备　包括仪器名称、型号、在实验室内部的标识号、量程、精度等，以及运行状态等。仪器的精度应与实验依据中方法要求的精度相一致。

7. 实验依据　食品检验应当严格依据标准检验方法或经确认的非标准检验方法，确保方法中相关要求的有效实施。明确检验所使用的的依据有助于实验结果的判定。

（二）实验过程描述

1. 实验过程　对实验过程进行简略的描述，以保证实验可以重现。

2. 实验仪器参数　以常见的气相色谱为例，包括色谱柱、检测器、流动相、流动相流速、分流比、进样口温度、柱温、检测器温度等关键信息，以保证实验可以重现。

（三）实验结果

准确及时记录实验过程中观察到的现象和数据。对实验数据做必要的数据处理和分析，进行数据分析时应注意有效数字的位数及其修约。

（四）结果分析

根据实验结果及实验依据中的相关要求，给出检验结论（合格或不合格）。

（五）相关人员签字

检验人员和复核人员均应在实验记录上签字。复核过程中如果发现错误，由检验人员进行更正，并签注姓名和日期，必要时应当说明更改的理由。

二、原始记录要求

（一）记录记载

原始记录应直接记载于规定的记录文件上，不得通过非受控的载体暂写或转录，以表明记录的原始性。

（二）记录更改

原始记录形成过程中如有错误，应采用杠改方式，使原记录仍清晰可见，能追溯原记录，并将更正后的数据填写在杠改处。实施改动的人员及检验报告批准人应在更改处签名和注明日期，必要时应当说明更改的理由。

三、数据处理和分析结果

食品检验中直接或间接测定的量，一般用实验数据表示，称为有效数字，再经过一定的运算才能得到分析结果。要得到准确的分析结果，不仅要求正确的选用实验方法和实验仪器测定各数据的数值，而且要正确地记录和运算。实验所得的数据，不仅代表量的大小，还能反映测量这个量的仪器器皿的精度。在实验数据记录和结果计算时，数据记录正确与否，直接关系到最终的分析结果，因此，保留几位数字不能随意增减。

（一）有效数字

有效数字是实际能够测量到的数字，包括所有准确数字和最后一位可疑数字，除特殊规定外，一般可疑数字表示末尾 1 个单位的误差。如 20.80mL 是 4 位有效数字，体积为 20.80mL，绝对误差 ±0.01mL。分析天平测得试样的质量为 0.5100g，其中 0.510 是准确的，最后一位"0"是可疑的，这不仅表明试样的质量为 0.5100，还表明称量的绝对误差为 ±0.0001g 之内。数字前面的"0"只起定位作用，不是有效数字，数字之间的"0"和小数末尾的"0"都是有效数字。pH 为氢离子浓度的负对数，所以 pH 的小数部分才是有效数字。现将食品分析中经常遇到的几类数据举例如表 3-4 所示。

表 3 – 4 食品分析中经常遇到的几类数据

序号	名称	数据	有效数字位数	仪器或器皿
1	试样的质量	0.5100g	4	精度 ±0.0001g 天平
2	试样的质量	0.51g	2	精度 ±0.01g 天平
3	溶液体积	20.80mL	4	普通滴定管
4	溶液体积	25.00mL	4	移液管或容量瓶
5	溶液体积	25mL	2	量筒
6	溶液浓度	0.5mol/L	1	—
7	标准溶液浓度	0.1000mol/L	4	—
8	水分含量	10.34g/100g	4	—
9	pH	3.86	2	—

（二）有效数字的处理规则

直接测量值（原始数据）应保留一位可疑值，记录原始数据也只有最后一位是可疑的。比如普通滴定管读数应读到 $0.0 \times$ mL，准确称取要用精度为 ±0.0001g 天平进行称取，记录到 $0.000 \times$ g。

加减运算时，计算结果的有效数字应与参加运算各数中小数点后位数最少的相同。

$$11.57 + 1.792 - 0.0321 = 13.3299 \longrightarrow 13.33$$

数字乘除时，计算结果的有效数字应与参加运算各数中有效数字位数最少的相同。

（三）分析结果

分析结果的数据应与技术要求（产品标准）中量值的有效位数一致。方法测定中按其仪器、器皿的准确度确定了有效数字的位数后，先进行运算，运算后的数据再修约。修约时应按"四舍六入五成双"的原则，即尾数 ≤4 时舍去，尾数 ≥6 时进位；当尾数为 5 而后面数为 0 或者没有数时，若 5 的前一位奇数则进位，是偶数则舍去；若 5 后面还有不是 0 的任何数则进位。

四、检验报告

食品检验报告是依据标准、技术规范、抽查方案/细则等有效文件对食品进行的部分项目或全部项目检验，将得出的检验结果与规定要求进行比较、并作出合格与否判定后，出具的书面或其他形式的证明文件，是对食品质量作出的技术鉴定。检验报告应准确、清晰、明确、客观。

食品检验报告的内容应包括：①检验报告的标题；②检验检测机构的名称和地址，检验检测的地点；③检验报告的唯一性标识（检验报告编号）和每一页上的标识（页码/总页码），以确保能识别该页是属于检验报告的一部分，以及表明检验报告结束的清晰标识；④检品描述（如产品名称、规格、生产日期、批号、数量、样品状态、生产商等）；⑤检验项目；⑥判定依据；⑦技术要求、检验结果及结论（合格/不合格）；对于"未检出"的检验结果，需同时提供相应检验方法的检出限；⑧检验员、复核人员及批准人；⑨检验日期及签发日期；⑩标注资质认定标志，加盖检验专用章（适用时）；⑪其他相关信息，如检验结果仅与被检样品有关的声明。

第六节 提高分析精准度的方法

PPT

食品定量分析中的误差，按其来源和性质可分为系统误差和随机误差。

系统误差又叫可测误差，是由某些固定的原因产生的，在重复测定时会重复出现，其显著特点是朝一个方向偏离。造成系统误差的原因可能是试剂不纯、测量仪器不准、方法本身不完善、分析者操作不符合要求等。

随机误差又叫偶然误差，是测定值受各种因素的随机变动而引起的误差，比如，实验环境温度、湿度和气压的波动，仪器性能微小变化等都会产生随机误差。

消除和减少误差，可以提高分析结果的准确度。通常采用下列方法。

一、选择合适的分析方法

食品的检验应严格按照法律法规和标准中规定的方法执行，标准方法中如有两个以上实验方法，具体实验可根据所具备的条件选择使用。选择检测方法时，应根据样品的性质特点、待测组分的含量多少、干扰组分的情况、分析成本及现有实验条件等采取最适宜的分析方法，既要简便又要准确快速。

（一）样品的特性

各类食品待测组分的含量和形态不同，食品样品基质不同，干扰组分也各不相同。要根据样品的特性选择样品前处理方法和检测方法。

（二）分析要求的准确度和精密度

不同的分析方法灵敏度、选择性、准确度和精密度不同，要根据样品中待测组分含量和分析结果要求的准确度、精密度选择适当的方法。

（三）分析成本

不同分析方法操作步骤的简繁程度和所需时间及所用试剂各不相同，因此分析成本也不同，要根据待测样品的量、检测项目、干扰组分、要求得到分析结果的时间和试剂成本等选择适当的方法。同一样品需要检测几种成分时，应尽可能选用同一份样品处理液同时测定该几种成分的方法，以便达到快速、高效的目的。

（四）现有实验条件

要根据实验室现有仪器设备条件，选择分析方法。

（五）其他

还应考虑试剂的环境友好，尽量选用易获取、毒性低、对环境污染小的分析方法。

二、实验用水的要求

检验方法中所使用的水，未注明其他要求时，系指蒸馏水或去离子水。未指明溶液用何种试剂配制时，均值水溶液。在仪器分析中，由于方法的灵敏度更高，对水的要求也更高，在实际生产中，实验用水要符合检测方法标准的要求。

三、对试剂、仪器进行校正

化学试剂分为优级纯（GR）、分析纯（AR），化学纯（CP）、实验试剂（LR）四个等级。实验所用试剂的纯度应符合相关标准的要求。标准溶液应标定，且应在规定的期限内使用，以保证试剂的浓度和质量。仪器分析中的标准溶液配制所需标准品纯度应符合相关标准的要求，或者直接购买经国家认证并授予标准物质证书的标准溶液。

四、样品管理及样品量

样品的代表性、有效性、完整性和可追溯性直接影响检验结果的准确性，因此在样品采集、贮藏、前处理、检验和处置等各环节均应实施有效的控制，保证样品的稳定性和一致性。

取样量的大小对分析结果的准确性也有很大影响，比如常量分析中，滴定量或样品质量过大或过小都会使检测误差增大。

五、增加测定次数

平行测定即重复性试验，是指在重复性条件下，进行的两次或多次测定。增加平行测定次数，可以减小随机误差。同一试样，一般要求平行测定 2～4 次，报告平行测定值的算术平均值。

六、空白、对照试验

空白试验是指除不加样品外，采用与待测样品相同的分析步骤、试剂和用量（滴定法中标准滴定液的用量除外）进行定量分析，获得分析结果的过程。所得结果称为空白值，空白值一般反映测试系统的本底，需在样品的分析结果中扣除，才能得到最终结果。通过这种扣除，可以消除由于试剂不纯或试剂干扰等造成的系统误差。

对照实验是将已知准确含量的标准样品，按照待测试样同样的方法进行分析，所得结果与标准值比较，得出分析误差的实验。是检验系统误差的有效方法，用此误差校正待测试样的测定值，可使测定结果更接近真值。

七、回收率试验

样品中加入已知质量或浓度的被测物质，用给定的方法测定其回收率。回收率试验结果可反映检验方法的系统误差，可以检验方法的准确性，通常，回收率越接近 100%，表明该方法定量分析结果的准确度越高，是化学分析中最重要的质量控制手段之一。

目标检测

答案解析

1. 食品检验的工作程序是什么？
2. 采样的原则是什么？采样的步骤包括哪几步？
3. 食品样品的前处理总的原则是什么？
4. 检测奶粉中钙、铁、锌等无机元素含量，需采用什么样品前处理方法？为什么？
5. 哪些玻璃器具不可高温烘干？为什么？
6. 提高分析精准度的方法有哪些？
7. 在检测工作中，如何选择合适的分析方法？

第四章 食品感官检验技术

学习目标

【知识目标】
1. 掌握食品感官检验的方法、基本原理。
2. 熟悉感官检验的重要性。
3. 了解食品感官的评价方法。

【能力目标】

能正确对食品进行感官检验。

第一节 感官检验基础知识

一、感官检验的意义

感官检验也叫感官分析，是用感觉器官对产品特性进行评价的科学，具体地讲就是通过人的感觉，如味觉、嗅觉、视觉、触觉、听觉等，对食品的质量状况作出客观的评价。食品质量的优劣最直接地表现在感官性状上，各种食品都具有其自身的感官特征。对食品而言，无论其营养价值、组成成分如何，其可接受性最终往往是由感官检验结果决定的。因此各类食品产品标准中第一项内容一般都是感官指标。

通过对食品感官性状的综合性检查，可以及时、准确地检测出食品质量有无异常，便于提早发现问题并进行处理，避免对人造成危害。感官检验方法不仅能直接发现食品感官性状在宏观上出现的异常现象，而且当食品感官性状发生细微变化时也能敏锐地觉察到。感官检验方法直观，简便易行，而且非常灵敏，不需要借助精密仪器。因此，感官检验是食品生产、销售、管理人员所必须掌握的一门技能。

二、影响感官检验的因素

感官检验作为一种主观对客观的反映，评价结果不仅受客观条件的影响，也受主观条件的影响。因此，在进行感官评价实验时，检验员、环境条件和样品制备是感官评价得以顺利并获得理想结果的三大必备要素。

（一）检验员

参加感官检验的检验人员需具有一定的分析检验基础知识，有正常的感觉敏锐性，身体健康，牙齿和卫生状况良好等。在进行感官检验期间，检验员若处于饥饿或过饱状态，感官评价结果会有很大偏差，因此：

1. 饭后 1 小时内不能进行感官检验，距离三餐 1.5 ~ 2 小时进行感官检验最为合适。

2. 检验员在感官检验时身上不应带有气味，比如香水、化妆品等。

3. 在检验样品前 1 小时内不可抽烟，不应进食或嚼口香糖，在检验前 0.5 小时内不要喝有浓重气味的饮料等。

4. 检验员的精神状态也会影响检验结果，应尽量避免感官疲劳。

（二）环境条件

感官检验员身处的温度、湿度、灯光舒适度、气味等都会对检验结果产生影响，因此食品感官检验室应与样品制备室分开，温度、光照舒适，通风良好，无异味。检验过程中不应进行与检验无关的活动。

（三）样品制备

检验样品采样时应符合被检样品相关的标准，被检样品应具有代表性。样品的数量应确保三次以上的品尝，样品温度通常由饮食习惯而定，容器应洁净无异味，颜色、大小一致。

三、感官检验的基本方法

感官检验的基本方法，实质就是依靠视觉、嗅觉、味觉、触觉和听觉等来鉴定食品的外观、组织状态、色泽、气味、滋味和硬度（黏稠度）。不论对何种食品进行感官评价，上述方法总是不可缺少的，且通常在理化和微生物检验方法之前进行。《食品卫生检验方法 理化部分 总则》（GB/T 5009.1）第 8 章第 9 条明确规定，感官不合格产品不必进行理化检验，直接判为不合格产品。

（一）视觉检验及注意事项

通过食品作用于视觉器官所引起的反应对食品进行评价的方法称为视觉检验。视觉检验是判断食品质量的一个重要感官手段。食品的外观、组织形态和色泽对于评价食品的新鲜程度，食品是否有不良改变以及蔬菜、水果的成熟度等有重要意义。视觉检验应在白昼的散射光线下进行，以免灯光隐色发生错觉。检验时应注意整体外观、大小、形态、块形完整程度、清洁程度，表面有无光泽、颜色的深浅色调等。在检验液态食品时，应注入无色的玻璃器皿中，透过光线来观察，也可将样品颠倒过来，观察其中有无夹杂物下沉或絮状物悬浮。检验有包装物的商品时应从外往里检验，如罐装食品有无鼓罐或凹罐；软包装食品有无胀袋等，再检验内容物，最后再给予评价。

（二）嗅觉检验及注意事项

嗅觉是指食品中含有挥发性物质的微粒子浮游于空气中，经鼻孔刺激嗅觉神经所引起的感觉。人的嗅觉比较复杂，亦很敏感，甚至用仪器分析的方法也不一定能检查出来极轻微的变化，用嗅觉检验却能够发现。当食品发生轻微的腐败变质时，就会有异味产生。如坚果类食品中的油脂酸败而有哈喇味，西瓜变质会带有馊味等。

食品的气味是一些具有挥发性的物质形成的，同样的气味，因个人的嗅觉反应不同，故感受喜爱与厌恶的程度也不同。同时嗅觉易受周围环境的影响，如温度、湿度、气压等对嗅觉的敏感度都有一定的影响。所以在进行嗅觉检验时常需微微加热，但最好在 15~25℃ 的常温下进行，因为食品中的气味挥发性物质常随温度的高低而增减。在检验食品时，液态食品可滴在清洁的手掌上摩擦，以增加气味的挥发。

人的嗅觉适应性特别强，即对一种气味较长时间的刺激很容易嗅觉疲劳。食品嗅觉检验的顺序应当是先识别气味淡的，后检验气味浓的以免影响嗅觉的灵敏度。在检验前禁止吸烟。

（三）味觉检验及注意事项

感官检验中的味觉对于辨别食品品质的优劣是非常重要的一环。味觉是由舌面和口腔内味觉细胞（味蕾）产生的，基本味觉有酸、甜、苦、咸四种，其余味觉是由基本味觉组成的混合味觉。味觉器官不但能品尝到食品的滋味如何，而且对于食品中极轻微的变化也能敏感地察觉。做好的米饭存放到尚未变馊时，其味道即有相应的变化。

食品温度对味蕾灵敏度影响较大，一般来说，味觉检验的最佳温度为 20～40℃，温度过高会使味蕾麻木，温度过低也会降低味蕾的灵敏度。舌头的不同部位味觉的灵敏度是不同的。舌的两侧边缘是酸味的敏感区，舌根对苦味较为敏感，舌尖对甜味和咸味较敏感，但这些不是绝对的，在感官评价食品的品质时，应通过舌的全面品尝方可决定。从刺激味觉感受器到出现味觉，一般需 0.15～0.4 秒。其中咸味的感觉最快，苦味的感觉最慢。味觉的强度与呈味物质的水溶性有关，只有溶解于水中的物质才能刺激味觉神经产生味觉，完全不溶于水的物质实际上是无味的，水溶性好的物质味觉产生快，消失也快；水溶性差的物质，味觉产生慢，但维持时间长。

味觉检验前不要吸烟和吃刺激性较强的食物，以免降低味觉器官的灵敏度。检验时取少量样品放入口中，细心品尝，然后吐出（不要咽下），用温水漱口。几种不同味道的食品在进行感官评价时，应按照刺激性由弱到强的顺序，最后检验味道强烈的食品。在进行大量样品检验时，中间必须休息，每检验一种食品之后必须用温水漱口。

（四）触觉检验及注意事项

触觉检验主要借助手、皮肤等器官的触觉神经来检验食品的弹性、松软、稠度等，以鉴别其质量，是常用的感官检验方法之一。如，根据肉类的硬度和弹性，可以判断其新鲜程度，评价动物油脂的品质时，常须检验其稠度等。在感官检验食品硬度（稠度）时，因温度的升降会影响到食品状态的改变，要求温度在 15～20℃。

进行感官检验时，通常先进行视觉检验，然后进行嗅觉检验，最后进行味觉和触觉检验。

四、感官检验分类

最常用的感官检验方法分为三类：差别检验、类别检验和描述性检验。根据检验目的选择合适的检验方法。

（一）差别检验

通常用于确定样品间差异或相似的可能性。差别检验中常用的方法有两点检验法（成对比较法）、三点检验法、二－三点检验法等。

1. 两点检验法（成对比较法）　以随机的方式同时提供给检验员两个样品，要求检验人员对两个样品进行比较，判定两个样品间是否存在差别、差别方向如何，或是否偏爱两个样品中的某一种；或判定样品的某一特征强度顺序的一种检验方法，如甜度、色度、易碎度等。

2. 三点检验法　同时提供三个样品，其中两个是相同的，要求检验员挑选出单个样品的检验方法称为三点检验法。适用于鉴评两个样品间的微小差别。为使三个样品的排列次序、出现的概率相等，可采用以下 BAA、ABA、AAB、ABB、BAB、BBA 等 6 组组合，在试验中，6 组出现的概率也应相等。

两点检验法和三点检验法常用于生产过程中工艺条件的检查与控制、半成品的检验。

3. 二－三点检验法　首先提供标准品（参比样），然后提供两个样品，其中一个与参比样相同，要求检验员识别出此样品的一种差别检验。二－三点检验法用于确定一个给定样品与参比样品之间是否存在感官差异或相似性。该方法尤其适用于检验员对参比样比较熟知的情况，比如，正常生产的样品。如果样品有后味，则宜采用成对比较法检验。

（二）类别检验

类别检验是检验员对两个以上样品进行评价，得出差异和差异方向，或者样品应归属的类别或等级。主要有分类、评分、排序等。

1. 分类　分类检验法是检验员评定样品后，划出样品应属的预先定义类别。分类检验法适用于欲将样品划归到无特定次序的最适合的类别中的情形。比如，鱼可按所属种分类、样品可按所具缺陷类型分类。

2. 排序　是将系列样品按某一指定特性（甜度、酸度、咸度、风味、喜爱程度等）强度或程度次序进行排列的一种分类方法。该方法只排出秩序，不评价样品间的差异大小。该法可用于消费者接受性调查及确定消费者嗜好顺序，也可用于筛选产品。

3. 评估和评分　评估是将每个样品定位于顺序标度上某一位置的一种分类方法。标度可以是数字、文字、图示或者他们的组合，可能有多个样品位于相同的标度点上。如果标度是数字，这个过程就叫评分。评估可以用于评价样品间一个或多个特性的强度或偏爱程度。该方法使用特别广泛，尤其用于评价新产品和市场调查。检验前首先要确定所使用的标度类型，使评价员对每一个评分点所代表的意义有共同的认知。

（三）描述性检验

描述性检验是检验人员用合理的文字、术语和数据对食品的某些指标做准确的描述，以评价食品质量的方法。指标通常有色泽、外观、组织状态、滋气味等。描述分析实验是检验员对产品的一个或多个品质特征进行定性、定量的分析和描述评价。检验员除具备人体感知食品品质特征和次序能力外，还需具备描述食品品质特征的专有名词的定义与其在食品中的实质含义的能力，及总体印象或总体风味强度和总体差异分析能力。最常用的是简单描述检验，是用适合样品的描述性词汇对样品特性作出评价，是食品产品检验的感官检验项目最常用的检验方法。表4-1是《食品安全国家标准　茶叶》（GB 31608—2023）标准中的感官要求及检验方法。

表4-1　茶叶感官要求及检验方法

项目	要求	检验方法
外形	具有正常的外形和色泽，符合所属茶类应有的品质特征，无劣变，无霉变	取适量试样置于洁净的白色样盘中，在自然光下观察形态和色泽。称取混匀样品3~10g置带盖审评杯中，按照茶水比1∶50（质量比）加入沸水，浸泡5分钟后，将茶汤沥入品茶碗中，嗅茶底香气，用温开水漱口，品尝茶汤滋味
内质	具有正常的汤色、香气和滋味，符合所属茶类应有的品质特征，无异气，无异味	

第二节　食品感官检验

一、食品感官检验及判定依据

感官检验食品的质量时，要着眼于食品各方面的指标进行综合性考评，尤其要注意感官检验的结果，必要时参考检验数据，做全面分析，以期得出合理、客观、公正的结论。感官质量是消费者感知到的产品质量，是食品质量的重要构成部分，也是影响消费者购买食品产品的第一驱动力。感官指标也是一般食品产品标准中技术要求部分的第一部分，所以食品产品标准是感官检验及判定的主要依据。

《食品安全法》第三十四条规定了禁止生产经营的食品，其中第六款有："腐败变质、油脂酸败、霉变生虫、污秽不洁、混有异物、掺假掺杂或者感官性状异常的食品、食品添加剂"，这里的"感官性状异常"指食品失去了正常的感官性状，而出现的理化性质异常或微生物污染等在感官方面的体现，或是食品发生不良改变或污染的外在警示。同样，"感官性状异常"不单单是判定食品感官性状的专用术语，而且是法律规定的内容和要求。《食品安全法》，国务院有关部委，省、市卫生行政部门、市场监管部门颁布的食品法规、规章和规范性文件，相关食品安全标准也是感官检验和判定的依据。

二、食品感官检验程序

（一）查找相应的产品标准

一般在食品产品标准检验方法章节，会规定该食品感官检验的方法。

（二）检验

按照产品标准规定的要求，对样品进行感官检验。在实际工作中一般采用描述性实验，用合理的文字、术语和数据对食品的某些指标作准确的描述，以评价食品质量的方法。指标通常有色泽、外观、组织状态、滋气味等。

（三）结果判定

将检验结果与产品标准中的感官技术指标要求相对比，符合即为合格，反之为不合格。

目标检测

答案解析

1. 影响感官评定结果的三大要素是什么？
2. 食品感官检验时，对检验员有何要求？
3. 影响味觉的主要因素有哪些？

第五章　微生物检验

学习目标

【知识目标】

1. 掌握食品微生物学检验的范围、常用指标及检验结果评价。

2. 熟悉微生物检验的指标、方法标准。

3. 了解食品微生物实验室的基本操作技术要求。

【能力目标】

1. 能快速、准确查阅微生物检验方法相关标准。

2. 能按照食品微生物实验室基本操作技术检验食品。

3. 能解读食品中菌落总数检测的国家标准：GB 4789.2，熟练地检测食品中菌落总数。

4. 学会国标法霉菌和酵母菌计数的方法和技能。

5. 学会国标法大肠菌群 MPN 法的方法和技能。

6. 能熟练地检测食品中的金黄色葡萄球菌。

7. 能对检验结果进行准确的判断与报告。

第一节　食品微生物检验基础知识

PPT

一、食品微生物检验

食品微生物检验是应用微生物学的理论与方法，研究外界环境和食品中微生物的种类、数量、特征及生长规律，对人类健康的影响及检验方法的一门科学，是一门应用性强的学科。微生物与食品之间关系复杂，既有有益的一面，也有有害的一面。食品微生物检验，侧重于有害方面，重点研究食品的微生物污染、检测范围、卫生指标、检验方法等。

食品微生物检验的目的就是要为生产出安全、卫生、符合标准的食品提供科学依据。要使生产工序的各个环节得到及时控制，不合格的食品原料不能投入生产，不合格的成品不能投放市场，更不能被消费者接受，因而对食品进行微生物检验至关重要。

二、食品微生物检验的范围

食品微生物检验的范围主要包括以下四个方面。

1. 生产环境的检验　包括车间用水、空气、地面、墙壁等的检验。

2. 原辅料的检验　包括食品原料、辅料、食品添加剂等的检验。

3. 食品加工过程、储运、销售等环节的检验　包括从业人员的健康及卫生状况、工器具、运输车辆、包装材料等的检验。

4. 食品的检验　包括对出厂食品、可疑食品及食物中毒食品的检验，这是食品微生物检验的重点范围。

三、食品微生物检验的指标

我国卫生健康委员会和国家市场监督管理总局联合颁布的食品微生物检验指标有菌落总数、大肠菌群、霉菌和酵母、致病菌等检测项目。具体检验的主要项目如下。

（一）菌落总数

食品检样经过处理，在一定条件下（如培养基、培养温度和培养时间等）培养后，所得每克（毫升）检样中形成的微生物菌落总数。它可以反映食品的新鲜程度、食品是否变质及食品生产的卫生状况等。因此，它是判断食品卫生质量的重要依据之一。

（二）大肠菌群

大肠菌群是指一群在（36±1）℃条件下培养24～48小时能发酵产生乳糖、产酸产气的需氧和兼性厌氧革兰阴性无芽孢杆菌。该菌群主要来源于人畜粪便，因此，可根据食品中大肠菌群数来判断食品被粪便污染的程度，进而推断食品被肠道致病菌污染的可能。食品中大肠菌群数常以每1g（mL）检样中大肠菌群最可能数（MPN）来表示。

（三）霉菌和酵母

霉菌和酵母菌会造成食品发霉变质，散发出难闻的气味，有些霉菌还可以产生毒素，从而使产品失去食用或使用价值，甚至造成真菌毒素中毒症。因此，常用霉菌和酵母菌数作为一些食品的卫生质量的评价指标。食品中霉菌和酵母菌数常以每1g（mL）检样中霉菌和酵母菌菌落数来表示。

（四）致病菌

致病菌是指能引起人们发病或能产生毒素并引起食物中毒的细菌。一般食品中不允许有致病菌存在，它是评价食品卫生质量的极其重要而必不可少的指标。由于致病菌种类繁多以及食品的加工、贮藏条件各异，故其污染致病菌种类也各异。因此，不同的食品应选择一定的指示菌进行检验。例如，速冻面类食品以金黄色葡萄球菌作为指示菌。

四、食品微生物检验的基本程序

食品中的微生物非常复杂，食品微生物检验主要针对食品卫生与食品安全的相关指标进行，检验项目主要包括菌落总数、大肠菌群、霉菌和酵母菌、致病菌。通常，食品微生物检验的目的与要求、食品的种类与特点、致病菌的特性等各异，其检验指标的选择和检验程序会有一定的差异，但基本程序大致相同，食品微生物检验的基本程序图5-1。

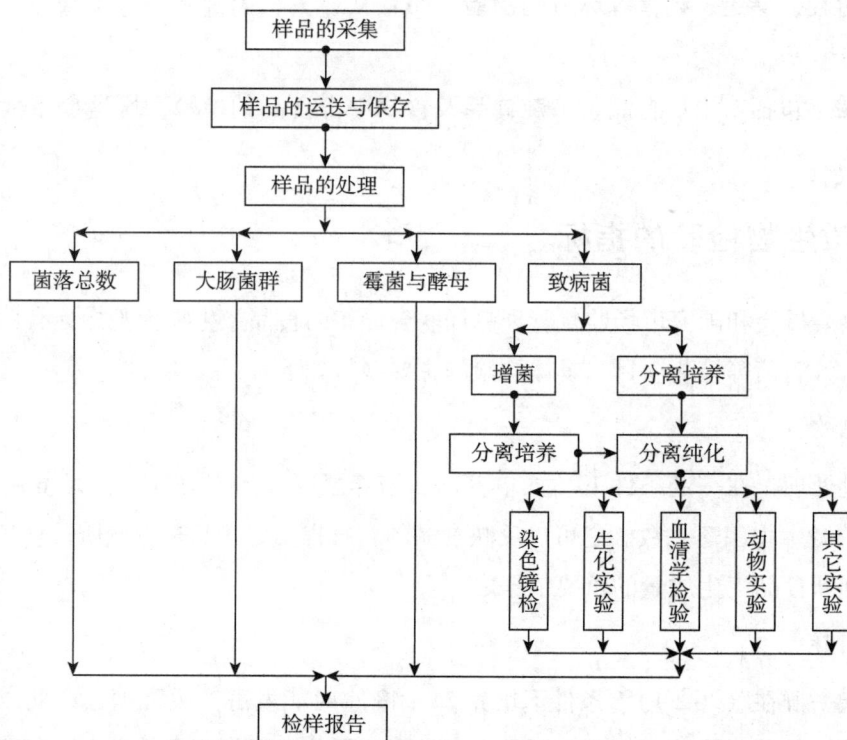

图 5 - 1　食品微生物检验的基本程序

五、食品微生物检验室基本操作技术

食品微生物检验室以质量管理、卫生监督、监控危害分析和关键控制点计划的有效性进行评价为目的，进行检测、鉴定或描述食品中致病微生物存在与否的实验室。由于微生物特殊生物学特性，对致病性微生物的检测必须在特定的食品微生物检验室内进行。食品检验相关专业人员除了要对微生物检验室的规划设计、建设、布局，实验室安全管理和使用有全面的了解和认识，还要掌握实验室基本操作技术，从而才能确保食品微生物检测结果的科学有效。

(一) 器材消毒灭菌

微生物检验用器材及场所必须进行灭菌或消毒处理，不同的对象采用不同的处理方法。

1. 高压蒸汽灭菌　工作服、口罩、稀释液等置高压杀菌锅内，121℃灭菌 30 分钟。当然，不同的培养基有不同的灭菌要求，应分别处理。

2. 火焰灭菌　接种针、接种环等可直接火焰灭菌。

3. 高温干燥灭菌　玻璃器皿、吸管等，置于干燥箱中 160～170℃灭菌 2 小时。

4. 一般消毒　试管架、天平、离心机、待检物容器或包装等均可采用 2% 石炭酸或来苏尔溶液或 70% 乙醇溶液擦拭消毒，工作人员的手也用此法进行消毒。

(二) 实验场所消毒灭菌

1. 每 2～3 周用 2% 石炭酸溶液擦拭工作台、门、窗、桌、椅及地面，然后用甲醛加热或喷雾灭菌，最后紫外灯杀菌 30 分钟。

2. 无菌室应每月检查菌落数。在超净工作台开启的状态下，取内径 90mm 的无菌培养皿若干，无菌操作分别注入融化且冷却至约 50℃ 的营养琼脂培养基约 15mL，凝固后倒置于 36℃ 培养箱中培养 48 小时，证明无菌后，取 3 或 5 个平板，分别放置工作位置的左中右等处，开盖暴露 30 分钟后，倒置于 36℃培养箱中培养 48 小时，取出检查。100 级洁净区平板杂菌数平均不得超过 1 个菌落，10000 级洁净室平均不得超过 3 个菌落。若超过限度值，应对无菌室进行彻底消毒，直至重复检查合格为止。

3. 无菌室杀菌前，应将所用物品全部置于超净工作台上（除待检样），然后开启超净工作台紫外灯，再打开无菌室的紫外灯，30 分钟后关闭紫外灯。随后，开启日光灯，打开超净工作台风机。操作完毕，应及时清理无菌室和超净工作台，再用紫外灯辐照灭菌 30 分钟。

（三）无菌操作技术

1. 进入无菌室前，须用肥皂或消毒液洗手消毒，然后在缓冲间更换专用工作服、鞋、帽子、口罩和手套，方可进入无菌室进行操作。

2. 带入无菌室使用的仪器、器械、平皿等一切物品，均应包扎严密，并应经过适宜的方法灭菌。

3. 接种环、接种针等金属器材使用前后均需灼烧，灼烧时先通过内焰，使残物烘干后再灼烧灭菌。使用封闭式微型电加热器消毒接种环，能够避免在明火上加热所引起的感染性物质爆溅。最好使用不需要再进行消毒的一次性接种环。

4. 操作应在火焰周围 10cm 范围内进行。操作过程中少说话，不喧哗，保持环境无菌状态；动作要轻，不能太快，以免扰动空气增加污染；玻璃器皿也应轻取轻放，以免破损污染环境。为了避免感染性物质从移液管中滴出而扩散，在操作台面上应放置一块浸有消毒液的抹布，使用后将其按感染性废弃物处理。

5. 使用吸管时，切勿用嘴直接吸、吹吸管，而必须用洗耳球操作。不能向含感染性物质的溶液中吹入气体。

6. 观察平板时勿打开皿盖，如欲挑取菌落检查时，须靠近火焰区操作，皿盖也不能大开，而是打开适当的缝。

7. 可疑致病菌染色时，应使用夹子夹持载玻片，切勿用手直接拿载玻片，以免造成污染，用过的载玻片也应置于消毒液中浸泡消毒，然后再洗涤。

8. 操作完毕，应及时清理工作台和无菌室，然后用消毒液（含 1% 有效氯溶液或 3% 过氧化氢溶液）擦拭工作台，再用紫外灯辐照无菌室 30 分钟。

（四）有毒有害污染物处理要求

微生物检验所用实验器材、培养物等未经消毒处理，一律不得带出实验室。

1. 经培养的材料及废弃物应放在严密的容器或铁丝筐内，并集中存放在指定地点，统一进行高压灭菌。

2. 被微生物污染的培养物，须经 121℃ 高压灭菌 30 分钟。

3. 已染菌的吸管放入 5% 来苏尔溶液或石炭酸液中，浸泡 24 小时后再经 121℃ 高压灭菌 30 分钟。

4. 在涂片染色冲洗载玻片时，一般菌的冲洗液可直接冲入下水道，而烈性菌的冲洗液须冲入烧杯中，经高压灭菌后方可倒入下水道，染色的载玻片放入 5% 来苏尔溶液中浸泡 24 小时后，煮沸洗涤。做凝集试验用的载玻片或平皿，必须高压灭菌后洗涤。

5. 打碎的培养物，立即用 5% 来苏尔溶液或石炭酸液喷洒和浸泡被污染部位，浸泡 30 分钟后再擦拭干净。

6. 污染的工作服或进行烈性菌实验所穿的工作服、帽、口罩等，应放入专用消毒袋内，经高压灭菌后方可洗涤。

7. 所有污染废物应 121℃ 高压灭菌 45 分钟以上。污染废物的最终弃置应符合相关要求（GB 19489）。

（五）培养基制备要求

培养基的质量将直接影响微生物生长。因为各种微生物对其营养要求不完全相同，培养目的也不同，各种培养基制备要求如下。

1. 新购买的脱水培养基需用标准菌株进行生长试验或生化反应观察，相应菌株生长试验良好后方可应用。需根据产品说明书用量和方法进行培养基的配制。

2. 培养基 pH 的测定要在其冷至室温时进行，用 1mol/L NaOH 或 HCl 溶液调 pH，勿将 pH 调过头，以免离子浓度的改变而影响微生物的生长。高压灭菌后，一般培养基的 pH 会下降 0.2～0.3 个单位，故将培养基的初始 pH 调高 0.2～0.3 个单位。同时，培养基不宜灭菌压力过高或次数太多，以免影响培养基的质量。

3. 培养基需保持澄清，便于观察细菌的生长情况，培养基加热煮沸后，可用脱脂棉或绒布过滤，以除去沉淀物。

4. 培养基不宜用铁、铜等容器盛装，应以洗净的中性硬质玻璃容器为好。

5. 培养基的灭菌既要达到完全灭菌目的，又要注意不因加热而降低其营养价值，一般采用 121℃ 高压灭菌 15 分钟，若含有不耐高热物质的培养基如糖类、血清、明胶等，则应采用低温灭菌或间歇式灭菌，一些不能加热的试剂如亚碲酸钾、卵黄、TTC、抗生素等，待基础琼脂高压灭菌后冷却至 50℃ 左右再加入。

6. 每批培养基制备好后，应做无菌生长试验及所检菌株生长试验。如果是生化培养基，使用标准菌株接种培养，观察生化反应结果，应呈正常反应。培养基应贮存阴凉处，且放置时间不宜超过一周。

7. 每批培养基配制所用的试剂、灭菌情况、菌株生长试验结果、制作人员等应做好记录，以备查询。

第二节　生活饮用水中菌落总数的检验

PPT

菌落（colony）是指单个微生物在适宜的固体培养基表面或内部生长繁殖到一定程度，形成的肉眼可见的微生物群落。菌落形成单位数（colony forming unit，CFU）是指单位质量或体积样品在培养基上形成的菌落数。

菌落总数（aerobic plate count）是指食品检样经过处理，在一定条件下（如培养基、培养温度和培养时间等）培养后，所得每克（毫升）检样中形成的微生物菌落总数，通常以 CFU/g（mL）表示。菌落总数主要用于判定样品受污染的程度、微生物生长存活动态，对样品进行综合卫生学评价。反映食品被细菌污染的程度，预测食品耐放程度和时间，估测食品腐败状况。

一、原理

标准平板活菌计数法（standard plate count，SPC 法）又称平板菌落计数法，是最常用的一种活菌计数法。它是根据微生物在高度稀释条件下于平板计数琼脂（plate count agar，PCA）培养基上所形成的单个菌落，是由一个单细胞繁殖而成，这一培养特征设计的计数方法，即一个菌落代表一个单细胞。计数时，根据待检样品的污染程度，做 10 倍递增系列稀释，制成均匀的系列稀释液，尽量使样品中的微生物细胞分散开，使之呈单个细胞存在（否则一个菌落就不只是代表一个细胞），选择其中2～3个稀释度，使至少有一个稀释度的平均菌落数在30～300CFU，再取一定量的稀释液接种到培养皿中，使其均匀分布于平皿中的培养基内，经恒温培养后，由单个细胞生长繁殖形成菌落，统计菌落数，根据其稀释倍数和取样接种量即可换算出样品中的活菌数。

二、培养基和试剂

（1）PCA培养基。

（2）无菌磷酸盐缓冲液。

（3）无菌生理氯化钠溶液。

三、设备与材料

培养皿、1mL移液管、25mL移液管、250mL三角瓶、500mL三角瓶、10mL试管、电子天平（感量为0.1g）、涡旋混合器、拍打式均质器及均质袋、电炉、高压蒸汽灭菌锅、生化培养箱、菌落计数器、pH计或精密pH试纸等。

四、检验预备

（一）玻璃器皿的洗涤

1. 新购置的培养皿、三角瓶、烧杯、试管用2%的盐酸溶液或洗涤液浸泡数小时后，自来水冲洗干净，晾干或烘干备用。

2. 用过的培养皿、三角瓶、烧杯、试管先用洗衣粉刷洗，再自来水冲洗干净，晾干或烘干备用。

3. 用过的移液管，从浸泡数小时的消毒液（如0.5%苯扎溴铵）内取出，去掉棉塞，自来水冲洗干净，晾干备用。

（二）玻璃器皿的包扎

1. 培养皿包扎　8～10个干燥培养皿朝向一致地排齐，从双层报纸宽的一侧开始包扎，边卷边将报纸多余部分向内折，最后将多余报纸塞入折内。或者将培养皿直接放入不锈钢培养皿灭菌桶内。

2. 移液管包扎　取适量脱脂棉，轻轻捅入移液管口1～1.5cm，松紧适中，外露脱脂棉用打火机烧去。用6～8cm宽的报纸条，一侧折2cm长的双层报纸，管尖斜放于双层报纸上，先将吸管尖端包起，再逐步向上卷，最后把管口端的纸卷捏扁并打结。或者将塞好棉花的吸管直接放入不锈钢吸管灭菌桶内。

（三）玻璃器皿的灭菌

已包扎的玻璃器皿于160～170℃干热灭菌1～2小时。已灭菌的玻璃器皿放入专用柜，备用。

（四）无菌生理氯化钠溶液配制

制备流程：称量→溶解→分装→包扎→灭菌。

1. 称量、溶解　称取8.5g氯化钠，溶解于1000mL蒸馏水中。

2. 分装　每小组需1只500mL三角瓶和2支10mL试管，每瓶分装225mL生理氯化钠溶液（加几粒玻璃珠），每试管分装9mL生理氯化钠溶液。

3. 包扎标记　塞好硅胶塞，包上一层牛皮纸，用皮筋或棉线系好。

4. 灭菌   121℃高压蒸汽灭菌15分钟。

（五）PCA培养基配制

制备流程：称量→煮沸溶解→分装→包扎、标记→灭菌。

（1）称量、溶解   按PCA培养基的用法称取一定量PCA培养基，溶于1000mL蒸馏水中，煮沸溶解。

（2）分装、包扎   每组需1只250mL三角瓶，每瓶分装150mL PCA培养基。塞好硅胶塞，包上一层牛皮纸，用皮筋或棉线系好。在三角瓶上标明培养基名称、组别和日期等。

（3）灭菌   121℃高压蒸汽灭菌15分钟。待培养基冷却至室温，放入生化培养箱中，（36±1）℃培养（48±2）小时，若无微生物生长则可备用。

五、菌落总数检验

检验程序：前期准备→样品稀释→接种→倒平板→培养→菌落计数。

（一）前期准备

除样品外，其他已灭菌的检验用品摆放于超净工作台内，紫外灭菌30分钟（超净台和洁净室）。手部消毒后戴上无菌手套，8个皿盖上均标记组号和日期，分别标记稀释度10^0、10^{-1}、10^{-2}和空白（每2个皿盖为相同标记）。在250mL三角瓶标记稀释度10^{-1}，在2支10mL试管上分别标记稀释度10^{-2}和空白。

（二）样品稀释

1. 抽样袋用酒精棉消毒后打开，吸取25mL水样置于盛有225mL无菌生理氯化钠溶液的三角瓶内，充分振荡摇匀，制成1∶10的样品匀液。

2. 用1mL无菌移液管吸取1∶10的样品匀液1mL，沿管壁缓慢注入盛有9mL稀释液的无菌试管中（注意吸管或吸头尖端不要触及稀释液面），在振荡器上振荡混匀，制成1∶100的样品匀液。每递增稀释一次，换用1支1mL无菌移液管。

（三）接种

吸取1mL样品及稀释液于相应稀释度标记的无菌培养皿内，每个稀释度做两个培养皿。同时，分别吸取1mL空白稀释液加入两个无菌培养皿内作空白对照。

（四）倒平板

及时将15~20mL冷却至46~50℃的PCA培养基［可放置于（48±2）℃恒温装置中保温］倾注培养皿，并转动培养皿使其混合均匀。从制备样品稀释液至样品稀释液接种完毕，全过程不得超过15分钟。

（五）培养

待琼脂凝固后，将平板翻转，（36±1）℃培养（48±2）小时。

（六）菌落计数

1. 若空白上有菌落生长，则此次检测结果无效；若无菌落生长，则结果有效，进行样品的菌落计数。

2. 选取菌落数在30~300CFU、无蔓延菌落生长的平板计数菌落总数。

3. 同一稀释度，一个平板有较大片状菌落生长时，则不宜采用，而应以无较大片状菌落生长的平板作为该稀释度的菌落数。

4. 若片状菌落不到平板的一半，而其余一半中菌落分布又很均匀，可计算半个平板后乘以 2，代表一个平板菌落数。

5. 当平板上出现菌落间无明显界线的链状生长时，则将每条单链作为一个菌落计数。

六、菌落总数的计算

1. 挑选菌落数在 30～300CFU 的平板作为菌落数的计数标准。

2. 若只有一个稀释度平板上的菌落数符合计数标准，计算 2 个平板菌落数的平均值，再乘稀释倍数，作为每克样品中的菌落总数。

3. 若有两个稀释度，其生长的菌落数均在 30～300，则视两者之比值来决定，若其比值小于 2，应报告两者的平均数，若大于或等于 2，则报告其中稀释度较小的菌落总数。

4. 若所有稀释度的平板菌落数均大于 300CFU，则应按最高稀释度的平均菌落数乘以稀释倍数计算。

5. 若所有稀释度的平板菌落数均小于 30CFU，则应按低稀释度的平均菌落数乘以稀释倍数计算。

6. 若所有稀释度平板均无菌落生长，则以未检出报告结果。

7. 若所有稀释度菌落数均不在 30～300CFU，则应以最接近 300CFU 或 30CFU 的平均菌落数乘以稀释倍数计算。

8. 若一个平板在 30～300CFU，另一个平板不在 30～300CFU，则仅用在 30～300CFU 的平板菌落数计算。

9. 若所有平板上都菌落密布，则在稀释度最大的平板上，任意计数其中 2 个平板 $1cm^2$ 中的菌落数，除 2 求出每平方厘米平均菌落数，乘以皿底面积 $63.6cm^2$，再乘以其稀释倍数报告结果。

七、菌落总数的报告

1. 菌落数小于 100CFU 时，按实有数报告。

2. 菌落数大于或等于 100CFU 时，第三位数字采用"四舍五入"原则修约后，采用两位有效数字，后面用 0 代替位数；也可用 10 的指数形式来表示，按"四舍五入"原则修约后，采用两位有效数字。

3. 若空白对照上有菌落生长，则此次检测结果无效。

4. 结果以 CFU/mL 为单位报告。

八、原始记录与检验结果

（一）菌落计数原始记录

稀释度	10^0		10^{-1}		10^{-2}		空白对照	
培养皿编号	1	2	1	2	1	2	1	2
菌落数（CFU/皿）								
平均菌落数（CFU/皿）								

（二）计算

根据原始记录，按照上述第六、七步骤进行菌落总数的计算和报告。

九、检验结果判定

判定依据	GB 5749—2022			
检验检测项目	单位	技术要求	检验检测结果	单项评价
菌落总数	CFU/mL	≤100		

十、实验废弃物处理

计数完成后废弃平板等需进行高压蒸汽灭菌，无害化处理后才可进行清洗。

十一、注意事项

1. 整个检验过程需无菌操作。

2. 梯度稀释时，已接触过高浓度样液的移液管管尖不能再触及低浓度试管中的液面，每稀释一个梯度均需更换一支干净的无菌吸管。

3. 培养基冷却至 45～50℃方可倒平板时，以防温度太高，将菌烫死。倒平板后及时旋转平皿使其混匀，待凝固后方可移动。

4. 用玻棒边搅拌边加入培养基，加热过程中要不断搅拌直至完全融化，以免黏底烧糊。

5. 调 pH 时要耐心，不要调过头，避免回调而影响培养基内的离子浓度。

6. 学生可先在普通实验室进行模拟练习，待熟练规范后再到无菌室进行实操，提高实验质量与效率。

PPT

第三节   面包中霉菌和酵母菌的检验

霉菌（mold）是丝状真菌的通称，凡是在营养基质上能形成绒毛状、网状或絮状菌丝体的真菌（除少数外），统称为霉菌。酵母菌（yeast）是指能发酵糖类的各种单细胞真菌，是一种典型的兼性厌氧微生物。

霉菌和酵母菌广泛分布于自然界。由于霉菌和酵母菌营养要求较低，存活力强，在 pH、湿度、温度偏低；含盐、含糖量高；以及含抗生素的环境中均可生长。可引起食品及其原辅料、药品和其他日常用品发霉变质，从而使产品失去食用或使用价值，甚至有些霉菌产生毒素，造成真菌毒素的中毒。因此，将霉菌和酵母菌作为评价检样卫生质量的指标菌，并以霉菌和酵母菌总数作为判断检样被霉菌和酵母菌污染程度的标志，同时制定了相关检样的霉菌和酵母菌总数限量标准。

一、原理

与菌落总数测定类似，选用标准平板活菌计数法，即检样经过处理，在一定条件下培养后，所得 1g或 1mL 检样中所含的霉菌和酵母菌的菌落数。本方法根据霉菌和酵母菌特有的形态和培养特性，在马铃薯葡萄糖琼脂或孟加拉红琼脂培养基上，置（28±1）℃培养 5 天，对霉菌和酵母菌菌落计数。

二、培养基和试剂

（1）孟加拉红培养基。

（2）无菌生理氯化钠溶液。

（3）氯霉素（USP 级）。

（4）无水乙醇（分析纯）。

三、设备与材料

培养皿、1mL 移液管、25mL 移液管、250mL 三角瓶、500mL 三角瓶、10mL 试管、天平（感量为 0.1g）、涡旋混合器、拍打式均质器及均质袋、电炉、高压蒸汽灭菌锅、霉菌培养箱、菌落计数器、pH 计或精密 pH 试纸等。

四、检验预备

（一）玻璃器皿的洗涤、包扎和灭菌

同菌落总数测定操作，包扎的玻璃器皿于 160～170℃ 干热灭菌 1～2 小时。已灭菌的玻璃器皿放入专用柜，备用。

（二）无菌生理氯化钠溶液配制

同菌落总数测定操作，每组需已灭菌的 1 只盛 225mL 生理氯化钠溶液的三角瓶（内加几粒玻璃珠）和 2 支盛 9mL 生理氯化钠溶液的试管。

（三）孟加拉红培养基配制

制备流程：称量→煮沸溶解→分装→包扎、标记→灭菌。

1. 称量、溶解　按孟加拉红培养基的用法称取一定量培养基，溶于 1000mL 蒸馏水中，加热溶解，补足蒸馏水至 1000mL。

2. 分装、包扎　每小组需 1 只 250mL 三角瓶，每瓶分装 150mL 孟加拉红培养基。塞好硅胶塞，包上一层牛皮纸，用皮筋或棉线系好。在三角瓶上标明培养基名称、组别和日期等。

3. 灭菌　121℃ 高压蒸汽灭菌 15 分钟。

（四）无菌氯霉素溶液配制

称取 1.5g 氯霉素，溶解于 100mL 无水乙醇溶液，超净台内 0.22μm 膜过滤除菌，备用。

五、霉菌和酵母平板计数法检验

检验程序：前期准备→样品稀释→接种→倒平板→培养→菌落计数。

（一）前期准备

除样品外，其他已灭菌的检验用品摆放于超净工作台内，紫外线灭菌 30 分钟（超净台和洁净室）。手部消毒后戴上无菌手套，8 个皿盖上均标记组号和日期，再分别标记稀释度 10^{-1}、10^{-2}、10^{-3} 和空白（每 2 个皿盖标记相同）。在 250mL 三角瓶标记稀释度 10^{-1}，2 支 10mL 试管上分别标记稀释度 10^{-2}、10^{-3} 和空白。

（二）稀释与接种

1. 抽样袋用酒精棉消毒后打开，称取 25g 样品置于盛有 225mL 无菌生理氯化钠溶液的三角瓶内，充分振荡摇匀，制成稀释度 10^{-1} 的样液。

2. 用 1mL 无菌移液管吸取稀释度 10^{-1} 的样液 1mL，沿管壁缓慢注入标记稀释度 10^{-2} 的盛有 9mL 稀释液的试管中（移液管的外壁和尖端不要接触试管内壁和液面），振荡混匀，制成稀释度 10^{-2} 的样液。同时，各吸取 1mL 稀释度 10^{-1} 的样液于标记稀释度 10^{-1} 的 2 个无菌培养皿内。

3. 按上述操作，制备稀释度 10^{-3} 的样液，并各吸取 1mL 稀释度 10^{-2} 的样液于标记稀释度 10^{-2} 的 2 个无菌培养皿内（注意：不同稀释度的样液要用不同的无菌移液管移液）。

4. 各吸取 1mL 稀释度 10^{-3} 的样液于标记稀释度 10^{-3} 的 2 个无菌培养皿内。同时，各吸取 1mL 空白稀释液于标记空白对照的 2 个无菌培养皿内（空白对照）。

（三）加抗生素与倒平板

待孟加拉红培养基［可放置于 $(48\pm2)℃$ 恒温装置中保温］冷却至 $46\sim50℃$ 后，用 1mL 无菌移液管吸取 1mL 无菌氯霉素溶液加至培养基中，混匀。及时向培养皿倾注 $15\sim20$ mL 培养基，并转动培养皿使其混合均匀。从制备样品稀释液至样品稀释液接种完毕，全过程不得超过 15 分钟。

（四）培养

琼脂凝固后，倒置平板，于 $(28\pm1)℃$ 培养箱内培养 5 天，观察并记录。

（五）菌落计数

1. 若空白上有菌落生长，则此次检测结果无效；若无菌落生长，则结果有效，进行样品的菌落计数。

2. 选取菌落数在 $10\sim150$ CFU 的平板计数菌落总数。

3. 霉菌蔓延生长覆盖整个平板的可记录为"菌落蔓延"。

六、计算

1. 挑选菌落数在 $10\sim150$ CFU 平板作为霉菌和酵母菌数的计数标准。

2. 若只有一个稀释度平板上的菌落数符合计数标准，计算 2 个平板菌落数的平均值，再乘稀释倍数，作为每克样品中的菌落总数。

3. 若 2 个连续稀释度的平板菌落数符合计数标准，按 $n = \dfrac{\sum C}{(n_1 + 0.1n_2)d}$ 计算。其中，$\sum C$ 为 4 个平板菌落数之和；n_1 为低稀释倍数的平板个数；n_2 为高稀释倍数平板个数；d 为稀释因子（第一稀释度）。

4. 若所有稀释度的平板菌落数均大于 150CFU，则应按最高稀释度的平均菌落数乘以稀释倍数计算。

5. 若所有稀释度的平板菌落数均小于 10CFU，则应按低稀释度的平均菌落数乘以稀释倍数计算。

6. 若所有稀释度平板均无菌落生长，则以小于 1 乘以最低稀释倍数计数。

7. 若所有稀释度菌落数均不在 $10\sim150$ CFU，则应以最接近 10CFU 或 150CFU 的平均菌落数乘以稀释倍数计算。

8. 若一个平板在 $10\sim150$ CFU，另一个平板不在 $10\sim150$ CFU，则仅用在 $10\sim150$ CFU 的平板菌落数计算。

七、报告

1. 菌落数在 10CFU 以内时，采用一位有效数字报告。

2. 菌落数在 10～100CFU，采用两位有效数字报告。

3. 菌落数大于或等于 100CFU 时，第 3 位数字采用"四舍五入"原则修约后，取前 2 位有效数字，后面用 0 代替位数；也可用 10 的指数形式来表示，按"四舍五入"原则修约后，采用 2 位有效数字。

4. 若空白对照上有菌落生长，则此次检测结果无效。

5. 结果以 CFU/g 为单位报告。

八、原始记录与检验结果

（一）菌落计数原始记录

稀释度	10^{-1}		10^{-2}		10^{-3}		空白对照	
培养皿编号	1	2	1	2	1	2	1	2
菌落数（CFU/皿）								
平均菌落数（CFU/皿）								

（二）计算

根据原始记录，按照上述第六、七步骤进行霉菌和酵母菌落数的计算和报告。

九、检验结果判定

判定依据	GB 7099—2015			
检验检测项目	单位	技术要求	检验检测结果	单项评价
霉菌	CFU/g	≤150		

十、实验废弃物处理

计数完成后废弃平板等需进行高压蒸汽灭菌，无害化处理后才可进行清洗。

十一、注意事项

1. 整个检验过程需无菌操作。

2. 梯度稀释时，要充分打散稀释液使霉菌孢子充分散开。

3. 实验过程中防止霉菌孢子污染实验室。

4. 及时观察，动作要轻，第 3 日不生长时要继续培养到第 5 日。

5. 在培养基的不同位置，酵母菌呈现多种菌落形态。

第四节　食品接触面上大肠菌群的检验

大肠菌群是指一群在 37℃、24 小时能发酵乳糖、产酸、产气，需氧和兼性厌氧的革兰阴性无芽孢杆菌。大肠菌群并非细菌学分类命名，而是卫生细菌领域的用语，指的是一组与粪便污染有关的细菌，主要是由肠杆菌科中埃希菌属、枸橼酸杆菌属、肠杆菌属及克雷伯菌属的一部分及沙门菌属的第Ⅲ亚属（能发酵乳糖）的细菌所组成。

大肠菌群主要来源于人和动物的粪便。凡被粪便污染的食品，就有可能受到肠道致病菌的污染。如果食品中检出大肠菌群，并且超出食品卫生国家标准，说明食品被粪便污染及食品中可能有肠道致病菌的存在，故以大肠菌群数作为食品被粪便污染的指标，来评价食品的卫生质量，具有广泛的卫生学意义。

一、原理

食品安全国家标准（GB 4789.3）规定了食品中大肠菌群计数的方法。该标准第一法为最大可能数（most probable number，MPN）法，是统计学和微生物学相结合的一种定量检测法。大肠菌群检测原理根据大肠菌群特性，即利用它们能发酵乳糖产酸、产气的特性而设计的初发酵试验；初发酵阳性管再进行复发酵，产气者计为大肠菌群阳性管。根据证实为大肠菌群的阳性管数，查 MPN 检索表，报告每克（毫升）检样中大肠菌群的 MPN 值。最可能数是表示样品中活菌密度的估计。

二、培养基和试剂

1. 月桂基硫酸盐胰蛋白胨（lauryl sulfate tryptose，LST）肉汤。
2. 煌绿乳糖胆盐（brilliant green lactose bile，BGLB）肉汤。
3. 无菌生理氯化钠溶液。

三、设备与材料

15×150mm 试管、1mL 移液管、杜氏小导管、天平（感量为 0.1g）、涡旋混合器、拍打式均质器及均质袋、电炉、高压蒸汽灭菌锅、生化培养箱、pH 计或精密 pH 试纸等。

四、检验预备

（一）无菌生理氯化钠溶液配制

同菌落总数测定操作，每组需已灭菌的 1 只盛 225mL 生理氯化钠溶液的三角瓶（内加几粒玻璃珠）和 2 支盛 9mL 生理氯化钠溶液的试管。

（二）培养基制备

制备流程：称量→煮沸溶解→分装→包扎、标记→灭菌。

1. 称量、溶解　按 LST 肉汤的用法称取一定量培养基，溶于 1000mL 蒸馏水中，加热溶解，补足蒸馏水至 1000mL。

2. 分装、包扎　每小组需 10 只 25mL 试管，每支试管分装 9mL LST 肉汤培养基。塞好硅胶塞，包上一层牛皮纸，用皮筋或棉线系好。标明培养基名称、组别和日期等。

3. 灭菌　121℃高压蒸汽灭菌 15 分钟。

4. BGLB 肉汤制备　方法同 LST 肉汤。

五、大肠菌群 MPN 法检验

检验程序：样品采集→前期准备→样品稀释→接种→初发酵试验→复发酵试验→结果报告。

（一）样品采集

1. 工作台，将经灭菌的内径为 5cm×5cm 的灭菌规格板放在被检物体表面，用一浸有灭菌生理氯化钠溶液的棉签在其内涂抹 10 次，然后剪去手接触部分棉棒，将棉签放入含 10mL 灭菌生理氯化钠溶液的采样管内送检。

2. 工人手部，被检人五指并拢，用一浸湿生理氯化钠溶液的棉签在右手指曲面，从指尖到指端来回涂擦 10 次，然后剪去手接触部分棉棒，将棉签放入含 10mL 灭菌生理氯化钠溶液的采样管内送检。

（二）前期准备

除样品外，其他已灭菌的检验用品摆放于超净工作台内，紫外线灭菌 30 分钟（超净台和洁净室）。手部消毒后戴上无菌手套，10 支盛 9mL LST 肉汤试管上均标记组号和日期，再分别标记稀释度 10^{-1}、10^{-2}、10^{-3} 和空白（每个稀释度 3 支、空白 1 支）。3 支盛 9mL 灭菌生理氯化钠溶液的试管上分别标记稀释度 10^{-2}、10^{-3} 和空白。

（三）稀释与接种

1. 将放有棉签的采样管充分振摇，此液为稀释度 10^{-1} 的样液。

2. 采样管用酒精棉消毒后打开，用 1mL 无菌移液管吸取稀释度 10^{-1} 的样液 1mL，沿管壁缓慢注于标记稀释度 10^{-2} 的盛有 9mL 无菌生理氯化钠溶液的试管中（移液管的外壁和尖端不要接触试管内壁和液面），振荡混匀，制成稀释度 10^{-2} 的样液。同时，各吸取 1mL 稀释度 10^{-1} 的样液于标记稀释度 10^{-1} 的 3 支 LST 肉汤试管内。

3. 按上述操作，制备稀释度 10^{-3} 的样液，并各吸取 1mL 稀释度 10^{-2} 的样液于标记稀释度 10^{-2} 的 3 支 LST 肉汤试管内（注意：不同稀释度的样液要用不同的无菌移液管移液）。

4. 各吸取 1mL 稀释度 10^{-3} 的样液于标记稀释度 10^{-3} 的 3 支 LST 肉汤试管内。同时，吸取 1mL 空白稀释液于标记空白对照的 1 支 LST 肉汤试管内（空白对照）。从制备样品稀释液至样品稀释液接种完毕，全过程不得超过 15 分钟。

（四）初发酵试验

LST 肉汤发酵管置于（36±1）℃ 培养箱内培养（24±2）小时，观察导管内是否有气泡产生，（24±2）小时产气者进行复发酵试验（证实试验），如未产气则继续培养至（48±2）小时，产气者进行复发酵试验。未产气者为大肠菌群阴性。

（五）复发酵试验（证实试验）

用接种环从产气的 LST 肉汤管中分别取培养物 1 环，移种于煌绿乳糖胆盐肉汤（BGLB）管中（36±1）℃ 培养（48±2）小时，观察产气情况。产气者，计为大肠菌群阳性管。

六、原始记录与检验结果

（一）台面检验原始记录

稀释度	10^{-1}	10^{-2}	10^{-3}	空白对照
初发酵试验				
复发酵试验				
证实阳性管数				

（二）手部检验原始记录

稀释度	10^{-1}	10^{-2}	10^{-3}	空白对照
初发酵试验				
复发酵试验				
证实阳性管数				

（三）查 MPN 表

按步骤五中的（五）复发酵试验确证的大肠杆菌 LST 阳性管数，查 MPN 表（章末附表），报告每克（毫升）大肠菌群的 MPN 值。

七、检验结果判定

判定依据				
检验检测项目	单位	技术要求	检验检测结果	单项评价
大肠菌群	CFU/g 或 CFU/mL			

八、实验废弃物处理

计数完成后废弃试管等需进行高压蒸汽灭菌，无害化处理后才可进行清洗。

九、注意事项

1. 整个检验过程需无菌操作。

2. 梯度稀释时，要充分打散稀释液使细菌充分散开。

3. 应根据样品实际污染程度决定最高稀释度。

4. 初发酵和复发酵阳性管的主要判定依据是产气，有时在小导管中很难看到，需轻轻敲动试管，若有大量小气泡从底部升上来，并有逐渐增多的趋势，可判定为阳性。

第五节　乳清蛋白粉中金黄色葡萄球菌的检验

金黄色葡萄球菌（*Staphylococcus aureus*）细胞呈球形，直径为 0.5 - 1.0μm，显微镜下呈葡萄串状排列，在液体培养基中呈单个、成双或成短链排列。该菌不形成芽孢，无鞭毛，大多数无荚膜，为兼性厌氧的 G$^+$ 菌，当菌体衰老或死亡时可呈革兰阴性。金黄色葡萄球菌具有较强的抵抗力，对磺胺类药物敏感性低，但对青霉素、红霉素等高度敏感。

本菌对营养要求不高，在普通培养基上生长良好。需氧或兼性厌氧，最适生长温度为 37℃，最适 pH 为 7.4，菌落厚、有光泽、圆形凸起，直径 1～2mm，能产生金黄色脂溶性色素，使平板菌落呈金黄色。耐盐性强，在含 10%～15% 氯化钠的培养基中能生长。在含 20%～30% 二氧化碳的环境中，可产生大量的毒素。

普通肉汤：37℃培养 24 小时，呈均匀混浊生长。培养 2～3 天后，能形成菌膜，管底则形成多量黏稠沉淀。

普通琼脂：培养 24～48 小时后，可形成圆形、凸起、边缘整齐、表面光滑、湿润、有光泽、不透明、直径为 1～2mm 的菌落，但也有大致 4～5mm 的菌落。不同的菌株能产生不同的脂溶性色素（如金黄色、白色及柠檬色），而使菌落呈不同的颜色。

血琼脂平板：菌落较大，多数致病性葡萄球菌可产生溶血毒素，在菌落周围形成明显的溶血环（β 溶血），非致病性葡萄球菌则无此溶血现象。

Baird-Parker 培养基：菌落为圆形、光滑、凸起、湿润、直径 2～3mm，颜色呈灰色到黑色，边缘为淡色，菌落周围有一混浊带，在其外层有一透明带。长期保存的冷冻或干燥食品中所分离的菌落比典型菌落产生的黑色较淡些，外观可能粗糙并干燥。

本属细菌大多能分解葡萄糖、乳糖、麦芽糖、蔗糖产酸不产气，致病菌株多能分解甘露醇产酸，不产生靛基质，能使硝酸盐还原为亚硝酸盐，凝固牛乳（有时被陈化），MR 阳性。V-P 试验不定，能产生氨和少量硫化氢。

一、原理

致病性金黄色葡萄球菌在肉汤中生长时能产生血浆凝固酶，使含有枸橼酸钠和葡萄糖的兔血浆凝固；多数菌株能产生溶血毒素，使血琼脂平板菌落周围出现大而透明的溶血圈；在 Baird-Parker 平板上生长时，因将亚碲酸钾氧化成碲酸钾使菌落呈灰黑色，又因产生脂肪酶使菌落周围有一混浊带，而在其外层因产生蛋白水解酶有一透明带。这些均是鉴定金黄色葡萄球菌的重要指标。

二、培养基和试剂

（1）7.5% 氯化钠肉汤。
（2）豆粉琼脂培养基。
（3）无菌脱纤维羊血。
（4）Baird-Parker 琼脂培养基。
（5）卵黄亚碲酸钾增菌剂。
（6）营养琼脂。
（7）脑心浸出肉汤。
（8）兔血浆。
（9）金黄色葡萄球菌标准株。
（10）表皮葡萄球菌标准株。

三、设备与材料

培养皿、250mL 三角瓶、500mL 三角瓶、15mm×150mm 试管、10mL 试管、1mL 移液枪及移液枪头、电子天平（感量为 0.1g）、均质器、电炉、高压蒸汽灭菌锅、生化培养箱、pH 计或精密 pH 试纸等。

四、检验预备

（一）培养基制备

制备流程：称量→煮沸溶解→分装→包扎、标记→灭菌。

1. 称量、溶解　按豆粉琼脂的用法称取一定量培养基，溶于 1000mL 蒸馏水中，加热溶解，补足蒸馏水至 1000mL。

2. 分装、包扎　每组需 1 瓶盛 95mL 豆粉琼脂三角瓶，塞好硅胶塞，包上一层牛皮纸，用皮筋或棉线系好。标明培养基名称、组别和日期等。

3. 灭菌　121℃高压蒸汽灭菌 15 分钟。

4. Baird – Parker 琼脂、营养琼脂、BHI 肉汤制备方法　同豆粉琼脂，其中，营养琼脂分装 3~4mL 于试管内（斜面高度为试管高度的 1/4~1/3），BHI 肉汤分装 5mL 于试管内。

（二）血平板和 Baird – Parker 平板制备

豆粉琼脂和 Baird – Parker 琼脂加热溶解后，在超净工作台内分别加入 5mL 无菌脱纤维羊血和卵黄亚碲酸钾增菌剂，混匀后倒平板，待凝固即可。

五、金黄色葡萄球菌定性检验

检验程序：增菌→分离→初步鉴定→确证鉴定→结果报告。

（一）增菌

称取 25g 样品至盛有 225mL 7.5% 氯化钠肉汤的无菌均质杯，8000~10000r/min 均质 1~2 分钟，将上述样品匀液于（36±1）℃培养 18~24 小时。金黄色葡萄球菌在 7.5% 氯化钠肉汤中呈混浊生长。

（二）分离

将增菌后的培养物，分别划线接种到 Baird – Parker 平板和血平板，血平板（36±1）℃培养 18~24 小时，Baird – Parker 平板（36±1）℃培养 24~48 小时。

（三）初步鉴定

金黄色葡萄球菌在 Baird – Parker 平板上呈圆形，表面光滑、凸起、湿润、菌落直径为 2~3mm，颜色呈灰黑色至黑色，有光泽，常有浅色（非白色）的边缘，周围绕以不透明圈（沉淀），其外常有一清晰带。当用接种针触及菌落时具有黄油样黏稠感。有时可见到不分解脂肪的菌株，除没有不透明圈和清晰带外，其他外观基本相同。从长期贮存的冷冻或脱水食品中分离的菌落，其黑色常较典型菌落浅些，且外观可能较粗糙，质地较干燥。在血平板上，形成菌落较大，圆形、光滑凸起、湿润、金黄色（有时为白色），菌落周围可见完全透明溶血圈。挑取上述可疑菌落进行革兰染色镜检及血浆凝固酶试验。

（四）确证鉴定

1. 染色镜检　金黄色葡萄球菌为革兰氏阳性球菌，排列呈葡萄球状，无芽孢，无荚膜，直径约为

0.5~1μm。

2. 血浆凝固酶试验 挑取 Baird – Parker 平板或血平板上至少 5 个可疑菌落（小于 5 个全选），分别接种到 5mL BHI 肉汤和营养琼脂小斜面，（36±1）℃培养 18~24 小时。取新鲜配制兔血浆 0.5mL，放入小试管中，再加入 BHI 培养物 0.2~0.3mL，振荡摇匀，置（36±1）℃温箱或水浴箱内，每半小时观察一次，观察 6 小时，如呈现凝固（即将试管倾斜或倒置时，呈现凝块）或凝固体积大于原体积的一半，被判定为阳性结果。同时以血浆凝固酶试验阳性和阴性葡萄球菌菌株的 BHI 肉汤培养物作为对照。结果如可疑，挑取营养琼脂小斜面的菌落到 5mL BHI 肉汤，（36±1）℃培养 18~48 小时，重复试验。

六、原始记录与检验结果

（一）实验原始记录

项目	增菌液	Baird – Parker 平板	血平板	血浆凝固酶	染色镜检
样品					
金黄色葡萄球菌标准株					
表皮葡萄球菌标准株					

注："＋"为阳性结果或可疑菌落，"－"为阴性结果或无可疑菌落

（二）结果判断

符合步骤五（三）（四），可判定为金黄色葡萄球菌。

七、检验结果判定

判定依据				
检验检测项目	单位	技术要求	检验检测结果	单项评价
金黄色葡萄球菌	CFU/g			

八、实验废弃物处理

实验完成后废弃平板等需进行高压蒸汽灭菌，无害化处理后才可进行清洗。

九、注意事项

（1）整个检验过程需无菌操作。

（2）制作 Baird – Parker 平板和血平板时，卵黄亚碲酸钾增菌剂和无菌脱纤维羊血加入时，培养基的温度不能太高。

（3）实验过程中防止培养液飞溅而污染实验室。

（4）金黄色葡萄球菌在 Baird – Parker 平板上具有"双环"菌落，即一圈混浊环，外侧有一透明圈的菌落特征。

（5）血浆凝固试验应每半小时观察一次，不可直接观察第 6 小时后的结果。

（6）观察凝固情况时，采用将西林瓶缓慢倾斜或倒置的方式，切不可用摇晃的方式观察。

目标检测

答案解析

1. 如果 PCA 培养基表面存在弥漫生长的菌落，需采取什么解决措施？

2. 如果使平板菌落计数准确，需严格控制哪些关键步骤？为什么？

3. 实际试验中采用的样品稀释度与 MPN 表中稀释度不一致，如何报告？

4. 血浆凝固酶试验时，若可疑菌凝固现象不明显，可采用哪些方法进一步确证？

附表　大肠菌群最可能数（MPN）检索表（源自 GB 4789.3）

阳性管数			MPN	95% 可信限		阳性管数			MPN	95% 可信限	
0.10	0.01	0.001		下限	上限	0.10	0.01	0.001		下限	上限
0	0	0	<3.0	—	9.5	2	2	0	21	4.5	42
0	0	1	3.0	0.15	9.6	2	2	1	28	8.7	94
0	1	0	3.0	0.15	11	2	2	2	35	8.7	94
0	1	1	6.1	1.2	18	2	3	0	29	8.7	94
0	2	0	6.2	1.2	18	2	3	1	36	8.7	94
0	3	0	9.4	3.6	38	3	0	0	23	4.6	94
1	0	0	3.6	0.17	18	3	0	1	38	8.7	110
1	0	1	7.2	1.3	18	3	0	2	64	17	180
1	0	2	11	3.6	38	3	1	0	43	9	180
1	1	0	7.4	1.3	20	3	1	1	75	17	200
1	1	1	11	3.6	38	3	1	2	120	37	420
1	2	0	11	3.6	42	3	1	3	160	40	420
1	2	1	15	4.5	42	3	2	0	93	18	420
1	3	0	16	4.5	42	3	2	1	150	37	420
2	0	0	9.2	1.4	38	3	2	2	210	40	430
2	0	1	14	3.6	42	3	2	3	290	90	1000
2	0	2	20	4.5	42	3	3	0	240	42	1000
2	1	0	15	3.7	42	3	3	1	460	90	2000
2	1	1	20	4.5	42	3	3	2	1100	180	4100
2	1	2	27	8.7	94	3	3	3	>1100	420	—

第六章　食品理化检验

学习目标

【知识目标】

1. 掌握水分、灰分、脂肪、总酸、还原糖、二氧化硫、蛋白质测定的原理和测定方法。

2. 熟悉重量分析法和滴定分析法的种类及仪器设备。

【能力目标】

能按照食品检测方法标准，正确检测水分、灰分、脂肪、总酸、还原糖、二氧化硫、蛋白质指标，获得并记录原始数据，准确计算食品中的相关组分含量，能对检验结果进行准确的判断与报告。

第一节　重量分析概述

PPT

重量分析法是通过物理手段或化学反应使试样中的待测组分以单质或化合物的形式与其他组分分离，然后用称量方式测定该组分含量。由此可知，重量法是直接通过称量而得到分析结果，不需要与标准试样或基准物质进行比较，所以其准确度较高。但是，重量分析又因手续繁琐、费时。且难以测定微量成分等原因，已逐渐为其他分析方法所替代。不过对于某些常量元素（如硅、硫、钨等）以及水分、灰分、挥发物等的测定仍沿用重量法。在校对其他分析方法的准确度时，也常用重量法的测定结果作为标准。目前食品中水分、灰分、粗脂肪等组分的测定即使用该法。

根据分离方式的不同，重量分析法可分为挥发法、萃取法和沉淀法三类。

一、挥发法

挥发法是利用物质的挥发性通过加热或其他方法使试样中待测组分挥发逸出，然后根据试样减少的质量计算待测组分含量。根据称量对象不同，挥发法又可分为直接法和间接法。

（一）直接法

待测组分与其他组分分离后，如果称量的是待测组分或其衍生物，通常称为直接法。例如在进行碳酸盐测定时，加入盐酸与碳酸盐反应放出二氧化碳气体，采用石棉与烧碱的混合物吸收，后者所提高的质量就是二氧化碳的质量，据此可求得碳酸盐含量。

食品中灰分测定即属于该类方法。

（二）间接法

待测组分与其他组分分离后，通过称量其他组分以测定样品减失的重量，从而求得待测组分含量，此法称为间接法。具体操作步骤是：精密称取适量样品，在一定条件下加热干燥至恒重（所谓恒重是指样品连续两次干燥或灼烧后称得的质量之差在一定范围内，如水分测定一般 < 2mg，灰分测定 < 0.5mg），用减失的质量和取样量相比来计算干燥失重（包括水分和挥发组分）。

实际应用中，间接法常用于测定样品中的水分。样品中水分挥发的难易，与环境的干燥程度和水在样品中存在的状态有关。通常，存在于物质中的水分，主要有吸湿水和结晶水两种形式。吸湿水是物质从空气中吸收的水，其含量与空气的相对湿度和物质的粉碎程度有关。环境湿度越大，吸湿量越大；物质颗粒越细小（表面积大），则吸湿量也越大。不过，吸湿水一般在不太高的温度下即可除去。结晶水是水合物内部的水，具有固定的量，可在化学式中表示出来。例如 $CuSO_4 \cdot 5H_2O$、$Na_2S_2O_3 \cdot 5H_2O$ 等。

二、萃取法

萃取法，又称提取重量法，利用被测组分在两种互不相容的溶剂中的溶解度不同。将被测组分从一种溶剂萃取到另一种溶剂中来。然后将萃取液中溶剂蒸去，干燥至恒重，称量萃取出的干燥物质量。根据萃取物的质量，计算被测组分的含量。

分析化学中应用的溶剂萃取主要是液 – 液萃取，这是一种简单快速、应用范围相当广泛的分离方法。

三、沉淀法

沉淀法是利用沉淀反应将被测组分转化成微溶化合物形式沉淀出来，然后将沉淀、过滤、洗涤、干燥或灼烧。最后称重并计算被测组分含量，沉淀法是重量分析法中的主要方法，但在目前食品的测试项目中应用较少。

第二节　容量分析概述

PPT

容量分析法，又称滴定分析法，是一种重要的定量分析方法。此法是将一种已知准确浓度的试剂溶液（标准溶液）加到被测物质溶液中，直至所加试剂与被测物质按化学计算定量反应为止。然后根据试剂溶液的浓度和用量，计算被测物质的含量。容量分析所用的仪器简单，还具有方便、快速、准确（可准确至0.1%）等优点，特别适用于常量组分（被测组分含量在1%以上）和大批样品的例行分析。

容量分析中滴加标准溶液的过程称为滴定。滴定的标准滴定溶液与待测组分恰好反应完全这一点，称为化学计量点。在化学计量点时，反应往往不能显现出令人易于察觉的外部特征，因此需要通过物理化学性质（如电位）的突变，或是指示剂颜色的突变，来判断化学计量点的到达。通常在电位突变或指示剂颜色突变时停止，这一点即为滴定终点。实际分析操作中，滴定终点与理论上的化学计量点不能恰好符合，它们之间往往存在很小的差别，由此而引起的误差称为滴定误差。滴定误差的大小，取决于滴定反应和指示剂的性能与用量。因此，选择适当的指示剂是容量分析的一个重要环节。

根据反应类型的不同，滴定分析法主要分为酸碱滴定法、络合滴定法、氧化还原滴定法和沉淀滴定法四大类，各有优点和局限性。对于同种物质，有时可用几种不同的方法进行测定。因此选择分析方法时，应根据被测物质的性质、含量、试样组分和对准确度的要求来定。

容量分析常用的滴定方式有以下四种。

一、直接滴定法

凡能够满足滴定分析对化学反应要求的一类反应，都可以用标准溶液直接滴定被测物质，这类滴定方式称为直接滴定法。例如以盐酸滴定氢氧化钠、以高锰酸钾标准溶液滴定二价铁离子等，都属于直接滴定法。直接滴定法是分析中最常用和最基本的滴定方式。当标准溶液与被测物质之间的反应不符合滴定分析对化学反应的要求时，无法直接滴定，可采用下述几种方式进行滴定。

二、返滴定法

当试液中被测物质与滴定剂反应速率较慢，或者由于缺乏合适的指示剂等原因不能采用直接滴定方式时，可采用返滴定。即先向被测物质溶液中准确地加入已知量且过量的标准溶液，与被测物质反应，在反应完全后，再用另一种标准溶液滴定剩余的第一种标准溶液。这种滴定方式主要用于滴定反应速率较慢或反应物是固体，加入符合计量关系的标准滴定溶液后，反应常常不能立即完成的情况。例如 Al^{3+} 与 EDTA 的配位反应速率很慢，测定 Al^{3+} 时不宜采用直接的方式。但可以先加入过量的 EDTA 标准溶液，待反应完全后剩余的 EDTA 再用 Zn^{2+} 标准溶液返滴定。根据两种标准溶液的体积和浓度，就可以求出待测物 Al^{3+} 的含量。有时返滴定法也可用于没有合适指示剂的情况，如在酸性溶液中，用 $AgNO_3$ 标准溶液滴定 Cl^- 时，若缺乏合适的指示剂，可先加过量的 $AgNO_3$ 标准溶液，再以三价铁盐作指示剂，用标准溶液返滴定过量的 Ag^+，出现 $Fe(SCN)^{2+}$ 的淡红色即为终点。

三、置换滴定法

对于不按确定的反应式进行（伴有副反应）的反应，可以不直接滴定被测物质，而是先用适当试剂与被测物质起反应，使其定量置换出另一生成物，再用标准溶液滴定此生成物，然后由滴定剂的消耗量、反应生成的物质与待测组分等的物质的量的关系，计算出待测组分的含量。此方式主要用于因滴定反应没有定量关系或伴有副反应而无法直接滴定的测定。例如，用 $K_2Cr_2O_7$ 标定 $Na_2S_2O_3$ 溶液的浓度时，就是以一定量的 $K_2Cr_2O_7$ 在酸性溶液中与过量的 KI 作用。析出相当量的 I_2，以淀粉为指示剂，用 $Na_2S_2O_3$ 溶液滴定析出的 I_2，进而求得 $Na_2S_2O_3$ 溶液的浓度。

四、间接滴定法

当被测物不能直接与标准溶液作用，但却能和另一种可以与标准溶液直接作用的物质起反应时，便可采用间接滴定法进行滴定。例如 Ca^{2+} 既不能直接用酸或碱滴定，也不能直接用氧化剂或这个还原剂滴定，但可采用间接滴定法测定。先利用 $C_2O_4^{2-}$ 使其沉淀为 CaC_2O_4，再加 H_2SO_4 溶解沉淀，便得到与 Ca^{2+} 等物质的量的草酸。最后用 $KMnO_4$ 标准溶液滴定生成的草酸，以间接测定 Ca^{2+} 含量。

第三节 水分的测定

水分含量是食品的一项重要质量指标。控制食品的水分含量，对于保持食品良好的感官性状，维持食品中其他组分的平衡关系，保证食品具有一定的保质期具有重要意义。从含水量来讲，食品含水量高低会直接影响食品风味、腐败和发霉情况，在食品的鲜度、软硬性、流动性、呈味性、保藏性、加工性等许多方面起着至关重要的作用。水分还是食品的一项重要的经济指标，食品工厂可按原料中的水分含量进行物料衡算。因此，测定食品水分含量，不但能掌握食品的基础数据，而且增加了其他测定项目的数据的可比性。

食品中水有三种主要的存在形态，即游离水、结合水和化合水。游离水是存在于动植物细胞外各种毛细管和腔体中的自由水，包括吸附于食品表面的吸附水；结合水是形成食品胶体状态的水，如蛋白质、淀粉的水合作用和膨润吸收的水分，及糖类、盐类等形成的结晶水。游离水易于分离，后两种形态的水分不易分离。如果不考虑各形态水分的蒸发条件，不加限制地长时间加热干燥食品，必然会使其变质，影响最终的分析结果。所以要在一定温度、一定时间和规定的操作条件下进行测定。测定食品中水分含量的国家标准方法有直接干燥法、减压干燥法、蒸馏法和卡尔·费休法。

本节介绍《食品安全国家标准　食品中水分的测定》（GB 5009.3）中的第一法，直接干燥法。

一、原理

利用食品中水分的物理性质，在101.3kPa（一个大气压），温度101~105℃下采用挥发方法测定样品中干燥减失的重量，包括吸湿水、部分结晶水和该条件下能挥发的物质，再通过干燥前后的称量数值计算出水分的含量。

二、试剂和材料

除非另有说明，本方法所用试剂均为分析纯，水为GB/T 6682规定的三级水。

（一）试剂

1. 氢氧化钠（NaOH）。
2. 盐酸（HCl）。
3. 海砂。

（二）试剂配制

1. **盐酸溶液（6mol/L）**　量取50mL盐酸，加水稀释至100mL。
2. **氢氧化钠溶液（6mol/L）**　称取24g氢氧化钠，加水溶解并溶并稀释至100mL。
3. **海砂**　取用水洗去泥土的海砂、河沙、石英砂或类似物，先用盐酸溶液（6mol/L）煮沸0.5小时，用水洗至中性，再用氢氧化钠溶液（6mol/L）煮沸0.5小时，用水洗至中性，经105℃干燥备用。

三、仪器和设备

扁形铝制或玻璃制称量瓶、电热恒温干燥箱、干燥器（内附有效干燥剂）、天平（感量为0.1mg）。

四、分析步骤

（一）固体试样

取洁净铝制或玻璃制的扁形称量瓶，置于101~105℃干燥箱中，瓶盖斜支于瓶边，加热1.0小时，取出盖好，置干燥器内冷却0.5小时，称量，并重复干燥至前后两次质量差不超过2mg，即为恒重。将混合均匀的试样迅速磨细至颗粒小于2mm，不易研磨的样品应尽可能切碎，称取2~10g试样（精确至0.0001g），放入此称量瓶中，试样厚度不超过5mm，如为疏松试样，厚度不超过10mm，加盖，精密称量后，置于101~105℃干燥箱中，瓶盖斜支于瓶边，干燥2~4小时后，盖好取出，放入干燥器内冷却0.5小时后称量。然后再放入101~105℃干燥箱中干燥1小时左右，取出，放入干燥器内冷却0.5小时后称量。并重复以上操作至前后两次质量差不超过2mg，即为恒重。

注：两次恒重值在最后计算中取质量较小的一次称量值。

（二）半固体或液体试样

取洁净的称量瓶，内加 10g 海砂（实验过程中可根据需要适当提高海砂的质量）及一根小玻璃棒，置于 101~105℃ 干燥箱中，干燥 1.0 小时后取出，放入干燥器内冷却 0.5 小时后称量，并重复干燥至恒重。然后称取 5~10g 试样（精确至 0.0001g），置于称量瓶中，用小玻璃棒搅匀放在沸水浴上蒸干，并随时搅拌，擦去瓶底的水滴，置于 101~105℃ 干燥箱中干燥 4 小时后盖好取出，放入干燥器内冷却 0.5 小时后称量。然后再放入 101~105℃ 干燥箱中干燥 1 小时左右，取出，放入干燥器内冷却 0.5 小时后称量。并重复以上操作至前后两次质量差不超过 2mg，即为恒重。

实践总结

本方法适用于在 101~105℃ 下不含或含其他挥发性物质甚微的谷物及其制品、水产品、豆制品、乳制品、肉制品及卤菜制品等食品中水分的测定，不适用于水分含量小于 0.5g/100g 的样品。

称量器皿的选择　测定水分的称量器皿通常有玻璃称量瓶和铝制称量皿两种。玻璃称量瓶能耐酸耐碱，不受样品性质的限制，易碎是其缺点；铝制称量皿质量轻，导热性强，但对酸性食品不适宜（如醋等）。

样品的制备　在研磨固体样品的过程中，动作要迅速，防止样品中水分含量变化。黏稠态样品（如果酱、糖浆等）在直接加热干燥时，表面易结壳焦化，导致内部水分的蒸发受阻，在测定前可加入精制海砂混匀，增大水分的蒸发面积。海砂使用前先干燥至恒重。液体样品含水量较多，应先低温再高温烘烤，避免样品溅出。

水果、蔬菜样品，要先用自来水冲洗泥沙，然后用蒸馏水冲洗，最后用洁净纱布吸干表面水分。

样品称量、干燥及冷却　样品称量后应均匀铺平。在干燥过程中应防止铁锈、灰尘等异物落入样品中。称量皿从烘箱中取出后，应迅速放入干燥器中进行冷却，否则，不易达到恒重。

果糖含量较高的样品，如蜂蜜、水果制品等，在高温（>70℃）下长时间加热，果糖会发生氧化分解，宜采用减压干燥法。

含有较多氨基酸、蛋白质及羰基化合物的样品，长时间加热则会发生羰氨反应析出水分，宜用其他方法测定水分。

变色硅胶做干燥剂，吸湿后从蓝色变为红色，需在 135℃ 条件下烘 2~3 小时使其再生。

测定水分后的样品，可供测脂肪、灰分含量用。

五、原始记录及数据处理

（一）数据记录

样品名称		
检验依据	GB 5009.3	
	仪器设备名称	规格型号
仪器设备		
检验员		
检验日期		

续表

空称量瓶及瓶盖编号		
空称量瓶的质量，m_0（g）		
称量瓶加上切碎磨细的样品质量，m_1（g）		
称量瓶加上样品烘干 2~4 小时后的质量，m_2（g）		
称量瓶加上样品再烘干 1 小时后的质量，m_3（g）		
称量瓶加上样品达到恒重时的质量，m_4（g）		

（二）结果计算

$$X = \frac{m_1 - m_4}{m_1 - m_0} \times 100$$

式中，X 为试样中水分的含量，g/100g；m_1 为称量瓶（加海沙、玻璃棒）和试样的质量，g；m_0 为称量瓶（加海沙、玻璃棒）的质量，g；m_4 为称量瓶（加海沙、玻璃棒）和试样干燥后的质量，g；100 为单位换算系数。

水分含量≥1g/100g 时，计算结果保留三位有效数字；水分含量＜1g/100g 时，计算保留两位有效数字。

（三）精密度

在重复性条件下获得的两次独立测定结果的绝对差值不得超过算术平均值的 10%。

六、检验结果判定

判定依据				
检验检测项目	单位	技术要求	检验检测结果	单项评价
水分	g/100g			

第四节　灰分的测定

食品经高温灼烧后，所含有有机物及挥发物质逸散，无机成分（无机盐和氧化物）残留下来，此残留物即为灰分。它是标志食品中无机成分总量的一项指标。测定食品中灰分具有十分重要的意义，可作为营养评估分析的一项指标。对于某种食品，当其所用原料、加工方法及测定条件确定后，灰分含量常在一定范围内。如果灰分含量超出正常范围，就说明食品在生产中可能使用了不合乎卫生标准要求的原料或食品添加剂，或食品在加工、贮运过程中受到污染。因此，测定灰分可以判断食品受污染的程度。再者，通过灰分含量还可以评价食品的加工精度和食品的品质，是食品质量控制的重要指标。如面粉加工中常以总灰分含量评定面粉等级。总灰分在牛奶中的含量是恒定的，一般在 0.68%~0.74%，平均值接近 0.70%，因此通过测定牛奶中总灰分来判断牛奶是否掺假，若掺水，灰分将降低。

本节介绍《食品安全国家标准　食品中灰分的测定》（GB 5009.4）中的第一法，食品中总灰分的测定。

一、原理

食品经灼烧后所残留的无机物质称为灰分。灰分数值系用灼烧、称重后计算得出。

二、试剂和材料

除非另有说明，本方法所用试剂均为分析纯，水为 GB/T 6682 规定的三级水。

（一）试剂

1. 乙酸镁 $[(CH_3COO)_2Mg \cdot 4H_2O]$。

2. 浓盐酸（HCl）。

（二）试剂配制

1. **乙酸镁溶液（80g/L）**　称取 8.0g 乙酸镁加水溶解并定容至 100mL，混匀。

2. **乙酸镁溶液（240g/L）**　称取 24.0g 乙酸镁加水溶解并定容至 100mL，混匀。

3. **10%盐酸溶液**　量取 24mL，分析纯浓盐酸用蒸馏水稀释至 100mL。

三、仪器和设备

高温炉（最高使用温度≥950℃）、分析天平（感量分别为 0.1mg、1mg、0.1g）、石英坩埚或瓷坩埚、干燥器（内附有效干燥剂）、电热板、恒温水浴锅（控温精度 ±2℃）。

四、分析步骤

（一）坩埚预处理

1. **含磷量较高的食品和其他食品**　取大小适宜的石英坩埚或瓷坩埚置高温炉中，在 550℃ ±25℃下灼烧 30 分钟，冷却至 200℃ 左右，取出，放入干燥器中冷却 30 分钟，准确称量。重复灼烧至前后两次称量相差不超过 0.5mg 为恒重。

2. **淀粉类食品**　用沸腾的稀盐酸洗涤，再用大量自来水洗涤，最后用蒸馏水冲洗。将洗净的坩埚置于高温炉内，在 900℃ ±25℃下灼烧 30 分钟，并在干燥器内冷却至室温，称重，精确至 0.0001g。

（二）称样

含磷量较高的食品和其他食品：灰分大于或等于 10g/100g 的试样称取 2～3g（精确至 0.0001g）；灰分小于或等于 10g/100g 的试样称取 3～10g（精确至 0.0001g，对于灰分含量更低的样品可适当增加称样量）。淀粉类食品：迅速称取样品 2～10g（马铃薯淀粉、小麦淀粉以及大米淀粉至少称 5g，玉米淀粉和木薯淀粉称 10g），精确至 0.0001g。当样品均匀分布在坩埚内，不要压紧。

（三）测定

1. **含磷量较高的豆类及其制品、肉禽及其制品、蛋及其制品、水产及其制品、乳及乳制品**

（1）称取试样后，加入 1.00mL 乙酸镁溶液（240g/L）或 3.00mL 乙酸镁溶液（80g/L），使试样完全润湿。放置 10 分钟后，在水浴上将水分蒸干，在电热板上以小火加热使试样充分炭化至无烟，然后置于高温炉中。在 550℃ ±25℃灼烧 4 小时。冷却至 200℃ 左右，取出，放入干燥器中冷却 30 分钟，称量前如发现灼烧残渣有炭粒时，应向试样中滴入少许水润湿，使结块松散，蒸干水分再次灼烧至无炭粒即表示灰化完全，方可称量。重复灼烧至前后两次称量相差不超过 0.5mg 为恒重。

（2）吸取 3 份与（1）相同浓度和体积的乙酸镁溶液，做 3 次试剂空白试验。当 3 次试验结果的标准偏差小于0.003g时，取算术平均值为空白值。若标准偏差大于或等于0.003g时，应重新做空白值试验。

2. 淀粉类食品　将坩埚置于高温炉口或电热板上，半盖坩埚盖，小心加热使样品在通气情况下完全炭化至无烟，即刻将坩埚放入高温炉内，将温度升高至900℃±25℃，保持温度直至剩余的炭全部消失为止，一般1小时可灰化完毕，冷却至200℃左右，取出，放入干燥器中冷却30分钟，称量前如发现灼烧残渣有炭粒时，应向试样中滴入少许水润湿，使结块松散，蒸干水分再次灼烧至无炭粒即表示灰化完全，方可称量。重复灼烧至前后两次称量相差不超过0.5mg为恒重。

3. 其他食品　液体和半固体试样应先在沸水浴上蒸干。固体或蒸干后的试样，先在电热板上以小火加热使试样充分炭化至无烟，然后置于高温炉中，在550℃±25℃灼烧4小时。冷却至200℃左右，取出，放入干燥器中冷却30分钟，称量前如发现灼烧残渣有炭粒时，应向试样中滴入少许水润湿，使结块松散，蒸干水分再次灼烧至无炭粒即表示灰化完全，方可称量。重复灼烧至前后两次称量相差不超过0.5mg为恒重。

实践总结

淀粉类灰分的方法适用于灰分质量分数不大于2%的淀粉和变性淀粉。

样品炭化时要注意热源强度，防止产生大量泡沫溢出坩埚；炭化完全，即不冒烟后才能放入高温电炉中。灼烧空坩埚与灼烧样品的条件应尽量一致，以消除系统误差。

把坩埚放入高温炉或从炉中取出时，要在炉口停留片刻，使坩埚预热或冷却。防止因温度剧变而使坩埚破裂；灼烧后的坩埚应冷却到200℃以下再移入干燥器中，否则因过热产生对流作用，易造成残灰飞散，且冷却速度慢，冷却后干燥器内也易形成较大真空，盖子打不开。

对于含糖分、淀粉、蛋白质较高的样品，为防止其发泡溢出，炭化前可加数滴辛醇或纯植物油。

新坩埚在使用前须在体积分数为20%的盐酸溶液中煮沸1~2小时，然后用自来水和蒸馏水分别冲洗干净并烘干。用过的旧坩埚经初步清洗后，可用废盐酸浸泡20分钟左右，再用水冲洗干净。

反复灼烧至恒重是判断灰化是否完全最可靠的方法。因为有些样品即使灰化完全，残留也不一定是白色或灰白色。例如铁含量高的食品，残灰呈褐色；锰、铜含量高的食品，残灰呈蓝绿色。

灰化温度的高低和时间对灰分测定结果影响很大。由于各种食品中无机成分的组成、性质及含量各不相同，灰化的温度和时间通常有所不同。对于鱼类及海产品、谷类及其制品、乳制品，灰化温度控制为≤550℃；果蔬及其制品、砂糖及其制品、肉制品为525℃；谷类饲料样品可达到575℃。总之，灼烧温度不应超过600℃，灰化温度过高，将引起钾、钠、氯等元素的挥发损失，而且磷酸盐、硅酸盐也会熔融、包裹炭粒，使之难以被氧化；灰化温度过低，则时间长，灰化不完全。因此需根据食品的种类和性状，控制合适的灰化温度和时间。

含磷较多的谷物及其制品，灰化过程中磷酸盐会熔融而包裹炭粒，难以完全灰化而达到恒重。通常可采用下述方法加速灰化：①样品经重复灼烧后，取出冷却，从容器边缘慢慢加入少量去离子水，使水溶性盐类溶解，被包裹着的炭粒暴露出来，在水浴上慢慢蒸发至干涸置于120℃烘箱中充分干燥（防止灼烧时残灰飞散），再灼烧至恒重。②加入几滴硝酸或双氧水，加速炭粒氧化，蒸干后再灼烧至恒重。也可以加入10%碳酸铵等疏松剂，在灼烧时分解为气体逸出，使灰分松散，促进炭粒灰化。

五、原始记录及数据处理

以加了乙酸镁溶液的固体试样为例。

（一）数据记录

样品名称		
检验依据	GB 5009.4	
仪器设备	仪器设备名称	规格型号
检验员		
检验日期		
坩埚及坩埚盖编号		
恒重后坩埚的质量，m_0（g）		
坩埚和试样的质量，m_1（g）		
坩埚和恒重后灰分的质量，m_2（g）		
氧化镁（乙酸镁灼烧后生成物）的质量，m_3（g）		

（二）结果计算

$$X = \frac{m_2 - m_0 - m_3}{m_1 - m_0} \times 100$$

式中，X 为加了乙酸镁溶液试样中灰分的含量，g/100g；m_0 为坩埚的质量，g；m_1 为坩埚和试样的质量，g；m_2 为坩埚和灰分的质量，g；m_3 为氧化镁（乙酸镁灼烧后生成物）的质量，g；100 为单位换算系数。

试样中灰分含量 ≥10g/100g 时，计算结果保留三位有效数字；试样中灰分含量 <10g/100g 时，保留两位有效数字。

（三）精密度

在重复性条件下获得的两次独立测定结果的绝对差值不得超过算术平均值的5%。

六、检验结果判定

判定依据				
检验检测项目	单位	技术要求	检验检测结果	单项评价
灰分	g/100g			

第五节　脂肪的测定

脂肪是重要的营养成分之一，是人体组织细胞的一种重要成分，是人体热能的主要来源，有助于脂溶性维生素的吸收。与蛋白质结合生成脂蛋白，在调节人体生理功能，完成生化反应方面具有重要的作用。因此各种食品脂肪含量是食品的重要指标之一。食品中脂肪主要有两种存在形式，即游离脂肪和结合脂肪。通常，脂类不溶于水，易溶于有机溶剂，所以测定时用低沸点有机溶剂进行萃取。常用的有机溶剂有乙醚、石油醚、三氯甲烷－甲醇混合溶剂。GB 5009.6 中规定的食品中脂肪的测定方法，第一法为索氏抽提法。

一、原理

脂肪易溶于有机溶剂。试样直接用无水乙醚或石油醚等溶剂抽提后，蒸发除去溶剂，干燥，得到游离态脂肪的含量。

二、试剂和材料

除非另有说明，本方法所用试剂均为分析纯，水为 GB/T 6682 规定的三级水。

（一）试剂

1. 无水乙醚（$C_4H_{10}O$）。

2. 石油醚：石油醚沸程为 30～60℃。

（二）材料

1. 石英砂。

2. 脱脂棉。

三、仪器和设备

索氏抽提器、恒温水浴锅、分析天平（感量 0.001g 和 0.0001g）、电热鼓风干燥箱、干燥器（内装有效干燥剂，如硅胶）、滤纸筒、蒸发皿。

四、分析步骤

（一）试样处理

1. **固体试样** 称取充分混匀后的试样 2～5g，准确至 0.001g，全部移入滤纸筒内。

2. **液体或半固体试样** 称取混匀后的试样 5～10g，准确至 0.001g，置于蒸发皿中，加入约 20g 石英砂，于沸水浴上蒸干后，在电热鼓风干燥箱中于 100℃±5℃ 干燥 30 分钟后，取出，研细，全部移入滤纸筒内。蒸发皿及黏有试样的玻璃棒，均用沾有乙醚的脱脂棉擦净，并将棉花放入滤纸筒内。

（二）抽提

将滤纸筒放入索氏提取器的抽提筒内，连接已干燥至恒重的接收瓶，由抽提器冷凝管上端加入无水乙醚或石油醚至瓶内容积的三分之二处，于水浴上加热，使无水乙醚或石油醚不断回流抽提（6～8 次/小时），一般抽提 6～10 小时。提取结束时，用磨砂玻璃棒接取一滴提取液，磨砂玻璃棒上无油斑表明提取完毕。

（三）称量

取下接收瓶，回收无水乙醚或石油醚，待接收瓶内溶剂剩余 1～2mL 时在水浴上蒸干，再于100℃±5℃干燥 1 小时，放干燥器内冷却 0.5 小时后称量。重复以上操作直至恒重（直至两次称量的差不超过 2mg）。

实践总结

本法适用于水果、蔬菜及其制品、粮食及粮食制品、肉及肉制品、蛋及蛋制品、水产品及其制品、焙烤食品、糖果等食品中游离态脂肪含量的测定。此法对大多数样品的测定结果比较可靠，但费时长（8~16小时），溶剂用量大，需要专门的仪器——索氏提取器。

样品应干燥后研细，样品含水分会影响溶剂提取效果，而且溶剂会吸收样品中的水分，造成非脂成分溶出。

装样品的滤纸筒一定要严密，不能往外漏样品，也不要包的太紧影响溶剂渗透。放入滤纸筒时样品高度不要超过回流弯管，否则，超过弯管的样品中的脂肪不能提尽，造成误差。

对含糖及糊精的样品，要先以冷水使糖及糊精溶解，然后过滤除去，将残渣连同滤纸一起烘干，再一起放入抽提管中。

抽提用的乙醚或石油醚要求无水、无醇、无过氧化物，挥发残渣含量低。因水和醇可导致水溶性物质溶解，如水溶性盐类、糖类等，使得测定结果偏高。过氧化物会导致脂肪氧化，烘干时也有引起爆炸的危险。

乙醚中过氧化物的检查方法：取6mL乙醚，加2mL 10%的碘化钾溶液，用力振摇，放置1分钟，若出现黄色，则证明有过氧化物存在。

去除过氧化物的方法：将乙醚倒入蒸馏瓶中，加一段无锈铁丝或铝丝，收集重蒸馏乙醚。

提取时水浴温度以70~80℃为宜，以每分钟从冷凝管滴下80滴左右，每小时回流6~12次为宜，提取过程应注意防火。

在抽提时，冷凝管上端最好连接一个氯化钙干燥管，可防止空气中水分进入，也可避免乙醚挥发在空气中。如无此装置，可塞一团干燥的脱脂棉球。

抽提是否完全，可凭经验，也可用滤纸或毛玻璃检查，由抽提管下口滴下的乙醚滴在滤纸或毛玻璃上，挥发后不留下油迹，表明已抽提完全。

在挥发乙醚或石油醚时，切忌用火直接加热，应该用电热套、电水浴等。烘前应驱除全部残余的乙醚，因乙醚稍有残留，放入烘箱时有发生爆炸的危险。要注意室内通风。

反复加热会因脂类氧化而增重，质量增加时，以增重前的质量作为恒重。

五、原始记录及数据处理

（一）数据记录

样品名称		
检验依据	GB 5009.6	
仪器设备	仪器设备名称	规格型号
检验员		
检验日期		

续表

接收瓶编号		
接收瓶的质量，m_0（g）		
脂肪和接收瓶的质量，m_1（g）		
试样的质量，m_2（g）		

（二）结果计算

$$X = \frac{m_1 - m_0}{m_2} \times 100$$

式中，X 为试样中脂肪的含量，g/100g；m_0 为接收瓶的质量，g；m_1 为脂肪和接收瓶的质量，g；m_2 为试样的质量，g；100 为单位换算系数。

计算结果表示到小数点后一位。

（三）精密度

在重复性条件下获得的两次独立测定结果的绝对差值不得超过算术平均值的 10%。

六、检验结果判定

判定依据				
检验检测项目	单位	技术要求	检验检测结果	单项评价
脂肪	g/100g			

第六节　总酸的测定

食品中的酸性物质构成了食品的酸度。酸性物质主要是指溶于水的有机酸和无机酸。在水果及其制品中，有机酸以柠檬酸、苹果酸、酒石酸、醋酸等为主；鱼、肉及乳类食品中有机酸以乳酸为主；无机酸则包括盐酸、磷酸。它们在食品中的来源主要包括三个方面：食品本身所固有；生产、加工中人工添加；储运过程中产生。

食品的检测的意义：对于果蔬来说，根据酸度可判断其成熟度。例如不同种类的水果和蔬菜，酸的含量因成熟度、生产条件而异，一般成熟度越高，酸含量越低。番茄在成熟过程中，总酸度从绿熟期的 0.94% 降到完熟期的 0.64%，故通过对酸度的测定可断定原料的成熟度。根据酸的种类和含量的改变，可断定食品的新鲜程度。例如牛乳及其制品、番茄制品、啤酒等乳酸含量过高，表明已有乳酸菌发酵而产生腐败，水果制品中有游离的半乳糖醛酸，说明受到霉烂水果的污染；某些发酵食品中有甲酸累积，说明已发生细菌性腐败。酸度还影响食品的香味、滋味、颜色、稳定性和质量等。

目前对食品酸度的表示方法主要有三种。

（1）总酸度　也称可滴定酸度，食品中所有酸性物质的总量包括已离解部分和未离解部分，通常用酸碱滴定法进行测定。

（2）有效酸度　样品中呈游离状态 H^+ 的浓度，严格地说应是溶液中 H^+ 的活度，用 pH 表示。

（3）挥发酸　食品中易挥发的有机酸，如甲酸、乙酸及丁酸等，通过水蒸气蒸馏法分离，再用标准碱溶液滴定。

本节列出酸碱滴定测定食品中总酸的方法，国标代号为 GB 12456。

一、原理

根据酸碱中和原理，用碱液滴定试液中的酸，以酚酞为指示剂确定滴定终点。根据所消耗的标准碱液的浓度和体积计算样品中的总酸含量。

二、试剂和材料

除非另有说明，本方法所用试剂均为分析纯，水为 GB/T 6682 规定的二级水。

1. 无二氧化碳的水　将水煮沸 15 分钟，以逐出二氧化碳，冷却，密闭。

2. 酚酞指示液（10g/L）　称取 1g 酚酞，溶于乙醇（95%），用乙醇（95%）稀释至 100mL。

3. NaOH 标准滴定溶液（0.1mol/L）　按 GB/T 601 的要求配制和标定，或购买经国家认证并授予标准物质证书的标准滴定溶液。

三、仪器和设备

分析天平（感量 0.01g 和 0.1mg）、碱式滴定管（容量 25mL，最小刻度 0.1mL）、水浴锅、锥形瓶（250mL）、移液管（25mL）、均质器、超声波发声器、研钵、组织捣碎机。

四、分析步骤

（一）试样的制备

试样放置常温密封保存。

1. 液体样品

（1）不含二氧化碳的样品　充分混合均匀，置于密闭玻璃容器内。

（2）含二氧化碳的样品　至少取 200g 样品（精确到 0.01g）于 500mL 烧杯中，在减压下摇动 3～4 分钟，以除去液体样品中的二氧化碳。

2. 固体样品　取有代表性的样品至少 200g（精确到 0.01g），置于研钵研碎或组织捣碎机中，加入与样品等量的无二氧化碳水，用研钵研碎或用组织捣碎机捣碎，混匀成浆状后置于密闭玻璃容器内。

3. 固液混合样品　按样品的固、液体比例至少取 200g 样品（精确到 0.01g），用研钵研碎或用组织捣碎机捣碎，混匀后置于密闭玻璃容器内。

（二）待测溶液的制备

1. 液体样品　称取 25g（精确到 0.01g）或用移液管吸取 25.0mL 试样至 250mL 容量瓶中，这用无二氧化碳的水定容至刻度，摇匀。用快速滤纸过滤，收集滤液，用于测定。

2. 其他样品　称取 25g 试样（精确到 0.01g），置于 150mL 带有冷凝管的锥形瓶中，加入约 50mL 80℃无二氧化碳的水，混合均匀，置于沸水浴中煮沸 30 分钟（摇动 2～3 次，使试样中的有机酸全部溶解于溶液中），取出，冷却至室温，用无二氧化碳的水定容至 250mL，用快速滤纸过滤，收集滤液，用于测定。

（三）分析步骤

1. 试样测定　根据试样总酸的可能含量，使用移液管吸取 25mL、50mL 或者 100mL 试液，置于 250mL 三角瓶中，加入 2～4 滴酚酞指示剂，用 0.1mol/L 氢氧化钠标准滴定溶液（若为白酒等样品，总酸≤4g/kg 每千克，可用 0.01mol/L 或 0.05mol/L 氢氧化钠滴定溶液）滴定至微红色 30 秒不褪色。记录消耗的 0.1mol/L 氢氧化钠标准滴定溶液体积数值。

2. 空白试验　按试样测定的操作，用同体积无二氧化碳的水代替试液做空白试验，记录消耗氢氧化钠标准滴定溶液的体积数值。

实践总结

本方法适用于果蔬制品、饮料（澄清透明类）、白酒、米酒、白葡萄酒、啤酒和白醋中总酸的测定。如果是深色样品可采用电位滴定法测定。

整个实验过程中应使用除 CO_2 的蒸馏水。含有 CO_2 的样品应先去除 CO_2 再进行测定。

测定产物为强碱弱酸盐，因此应选用酚酞做指示剂。

五、原始记录及数据处理

（一）数据记录

样品名称		
检验依据	GB 12456	
仪器设备	仪器设备名称	规格型号
检验员		
检验日期		
样品质量 m（g）或体积 V（mL）		
NaOH 标准滴定溶液浓度，c（mol/L）		
试液消耗 NaOH 标准滴定溶液的体积数值，V（mL）		
空白试验消耗 NaOH 标准滴定溶液的体积数值，V_0（mL）		

（二）结果计算

$$X = \frac{[c \times (V - V_0)] \times k \times F}{m} \times 1000$$

式中，X 为试样中的总酸含量，g/kg 或 g/L；c 为氢氧化钠标准滴定溶液的浓度，mol/L；V 为滴定试液时消耗氢氧化钠标准滴定溶液的体积，mL；V_0 空白试验时消耗氢氧化钠标准滴定溶液的体积，mL；k 为酸的换算系数 [苹果酸，0.067；酒石酸，0.075；柠檬酸，0.064；柠檬酸（含一分子结晶水），0.070；乳酸，0.090；盐酸，0.036；硫酸，0.049；磷酸，0.049]；F 为试液的稀释倍数；m 为试样的质量，g 或吸取试样的体积，mL；1000 为换算系数。

计算结果以重复性条件下获得的两次独立测定结果的算术平均值表示，结果保留到小数点后两位。

（三）精密度

在重复性条件下获得的两次独立测定结果的绝对差值不得超过算术平均值的10%。

六、检验结果判定

判定依据				
检验检测项目	单位	技术要求	检验检测结果	单项评价
以总酸计	g/kg 或 g/L			

第七节　还原糖的测定

分子结构中含有还原性基团（如游离醛基、酮基、半缩醛羟基）的糖叫作还原糖。所有的单糖，不论醛糖、酮糖都是还原糖，常见的有葡萄糖、果糖。大部分双糖也是还原糖，如麦芽糖、乳糖，但蔗糖例外。

在食品加工中，糖类对改变食品形态、组织结构、物理化学性质以及色、香、味等都有很大的影响，如糖果中糖的组成及比例直接关系到其风味和质量；糖的焦糖化作用及羰氨反应既可赋予食品诱人的色泽和风味，又能引起食品褐变。还原糖含量还是食品的主要质量指标，它可指示食品营养价值的高低，我国现今食品中还原糖的测定方法标准为 GB 5009.7，其第一法——直接滴定法为仲裁方法，其测定过程如下。

一、原理

试样经除去蛋白质后，以亚甲蓝作指示剂，在加热条件下滴定标定过的碱性酒石酸铜溶液（已用还原糖标准溶液标定），根据样品液消耗体积计算还原糖含量。

二、试剂和材料

除非另有说明，本方法所用试剂均为分析纯，水为 GB/T 6682 规定的三级水。

（一）试剂

1. 盐酸（HCl）。
2. 硫酸铜（$CuSO_4 \cdot 5H_2O$）。
3. 亚甲蓝（$C_{16}H_{18}ClN_3S \cdot 3H_2O$）。
4. 酒石酸钾钠（$C_4H_4O_6KNa \cdot 4H_2O$）。
5. 氢氧化钠（NaOH）。
6. 乙酸锌［$Zn(CH_3COO)_2 \cdot 2H_2O$］。
7. 冰乙酸（$C_2H_4O_2$）。
8. 亚铁氰化钾［$K_4Fe(CN)_6 \cdot 3H_2O$］。

（二）试剂配制

1. **盐酸溶液（1＋1，体积比）**　量取盐酸 50mL，加水 50mL 混匀。

2. 碱性酒石酸铜甲液　称取硫酸铜 15g 和亚甲蓝 0.05g，溶于水中，并稀释至 1000mL。

3. 碱性酒石酸铜乙液　称取酒石酸钾钠 50g 和氢氧化钠 75g，溶于水中，再加入亚铁氰化钾 4g，完全溶解后，用水定容至 1000mL，贮存于橡胶塞玻璃瓶中。

4. 乙酸锌溶液　称取乙酸锌 21.9g，加 3mL 冰乙酸，加水溶解，定容至 100mL。

5. 亚铁氰化钾溶液（106g/L）　称取亚铁氰化钾 10.6g，加水溶解并定容至 100mL。

6. 氢氧化钠溶液（40g/L）　称取氢氧化钠 4g，加水溶解后，放冷，并定容至 100mL。

（三）准溶液配制

1. 葡萄糖标准溶液（1.0mg/mL）　准确称取经过 98～100℃烘箱中干燥 2 小时后的葡萄糖 1g，加水溶解后加入盐酸溶液（1+1，体积比）5mL，并用水定容至 1000mL。

2. 果糖标准溶液（1.0mg/mL）　准确称取经过 98～100℃干燥 2 小时的果糖 1g，加水溶解后加入盐酸溶液（1+1，体积比）5mL，并用水定容至 1000mL。

3. 乳糖标准溶液（1.0mg/mL）　准确称取经过 94～98℃干燥 2 小时的乳糖（含水）1g，加水溶解后加入盐酸溶液（1+1，体积比）5mL，并用水定容至 1000mL。

4. 转化糖标准溶液（1.0mg/mL）　准确称 1.0526g 蔗糖，用 100mL 水溶解，置具塞锥形瓶中，加盐酸溶液（1+1，体积比）5mL，在 68～70℃水浴中加热 15 分钟，放置至室温，转移至 1000mL 容量瓶中并加水定容至刻度。

三、仪器和设备

天平（感量为 0.1mg）、水浴锅、可调温电炉、酸式滴定管（25mL）。

四、分析步骤

（一）试样制备

1. 含淀粉的食品　称取粉碎或混匀后的试样 10～20g（精确至 0.001g），置 250mL 容量瓶中，加水 200mL，在 45℃水浴中加热 1 小时，并时时振摇，冷却后加水至刻度，混匀，静置，沉淀。吸取 200.0mL 上清液置于另一 250mL 容量瓶中，缓慢加入乙酸锌溶液 5mL 和亚铁氰化钾溶液 5mL，加水至刻度，混匀，静置 30 分钟，用干燥滤纸过滤。弃去初滤液，取后续滤液备用。

2. 乙醇饮料　称取混匀后的试样 100g（精确至 0.01g），置于蒸发皿中，用氢氧化钠溶液中和至中性，在水浴上蒸发至原体积的 1/4 后，移入 250mL 容量瓶中，缓慢加入乙酸锌溶液 5mL 和亚铁氰化钾溶液 5mL，加水至刻度，混匀，静置 30 分钟，用干燥滤纸过滤。弃去初滤液，取后续滤液备用。

3. 碳酸饮料　称取混匀后的试样 100g（精确至 0.01g）于蒸发皿中，在水浴上微热搅拌除去二氧化碳后，移入 250mL 容量瓶中，用水洗涤蒸发皿，洗液并入容量瓶，加水至刻度，混匀后备用。

4. 其他食品　称取粉碎后的固体试样 2.5～5g（精确至 0.001g）或混匀后的液体试样 5～25g（精确至 0.001g），置 250mL 容量瓶中，加 50mL 水，缓慢加入乙酸锌溶液 5mL 和亚铁氰化钾溶液 5mL，加水至刻度，混匀，静置 30 分钟，用干燥滤纸过滤。弃去初滤液，取后续滤液备用。

（二）碱性酒石酸铜溶液的标定

吸取碱性酒石酸铜甲、乙溶液各 5.0mL，置 150mL 锥形瓶中。加水 10mL，玻璃珠 2～4 粒，从滴定管中加葡萄糖（或还原糖标准溶液）约 9mL，控制在 2 分钟内加热至沸。趁沸以每 2 秒 1 滴的速度继续滴加葡萄糖（或还原糖标准溶液），直至溶液蓝色刚好褪去为终点，记录消耗葡萄糖（或还原糖标准溶液）的总体积，同时平行操作 3 份，取其平均值，计算每 10mL（碱性酒石酸甲、乙液各 5mL）碱性酒石酸铜溶液相当于葡萄糖（或其他还原糖）的质量（mg）。

（三）试样溶液预测

吸取碱性酒石酸铜甲液 5.0mL 和碱性酒酸铜乙液 5.0mL，置于 150mL 锥形瓶中，加水 10mL，加入玻璃珠 2~4 粒，控制在 2 分钟内加热至沸，保持沸腾，以先快后慢的速度，从滴定管中滴加试样溶液，并保持沸腾状态，待溶液颜色变浅时，以 1 滴/2 秒的速度滴定，直至溶液蓝色刚好褪去为终点，记录样品溶液消耗体积。

（四）试样溶液测定

吸取碱性酒石酸铜甲液 5.0mL 和碱性酒石酸铜乙液 5.0mL，置于 150mL 锥形瓶中，加水 10mL，加入玻璃珠 2~4 粒，从滴定管加比预测体积少 1mL 的试样溶液至锥形瓶中，控制在 2 分钟内加热至沸，保持沸腾继续以 1 滴/2 秒的速度滴定，直至溶液蓝色刚好褪去为终点，记录样液消耗体积，同法平行操作三份，得出平均消耗体积（V）。

实践总结

称样量为 5.0g 时，直接滴定法的检出限为 0.25g/100g。

本法适用于各类食品中还原糖的测定。但测定酱油、深色果汁等样品时，因色素干扰，滴定终点常常模糊不清，影响准确性。

此法所用氧化剂碱性酒石酸铜的氧化能力较强，醛糖和酮糖都可被氧化，所以测定的是总还原糖量。

本法是根据一定量的碱性酒石酸铜溶液（Cu^{2+} 量一定）消耗的样液量来计算样液中还原糖含量，反应体系中 Cu^{2+} 的含量是定量的基础，所以样品处理时不能用铜盐作澄清剂，以免引入 Cu^{2+}，得到错误的结果。

亚甲蓝也是一种氧化剂，但在测定条件下，氧化能力比 Cu^{2+} 弱，故还原糖先与 Cu^{2+} 反应，反应完全后稍过量的还原糖才与亚甲基蓝指示剂反应，使之由蓝色变为无色，指示到达终点。

为消除氧化亚铜沉淀对滴定终点观察的干扰，在碱性酒石酸铜乙液中加入少量亚铁氰化钾，使之与氧化亚铜生成可溶性的无色络合物，而不再析出红色沉淀。

碱性酒石酸铜甲、乙液应分别储存，用时才混合，否则酒石酸钾钠铜络合物长期在碱性条件下会慢慢分解析出氧化亚铜沉淀，使试剂有效浓度降低。

滴定必须在沸腾条件下进行。一是可加快还原糖与 Cu^{2+} 的反应速率；二是亚甲蓝变色反应是可逆的，还原型亚甲蓝（无色）遇空气中的氧又会被氧化为氧化型（蓝色）。此外，氧化亚铜也极不稳定，易被空气中氧所氧化，保持反应液沸腾可防止空气进入，避免亚甲蓝和氧化亚铜被氧化而增加耗糖量。

滴定时不能随意摇动锥形瓶，更不能将锥形瓶从热源上取下滴定，以防止空气进入反应溶液中；滴定结束时，锥形瓶离开热源后，由于空气中氧的氧化，溶液又重新变蓝，此时不应再滴定。

本方法中，测定条件如反应液碱度、热源强度、加热时间、滴定速度等均会对测定结果造成影响，因此应严格按照规定的条件操作。反应液的碱度直接影响二价铜与还原糖反应的速度、反应进行的程度及测定结果。在一定范围内，溶液碱度越高，二价铜的还原越快。因此，必须严格控制反应液的体积，标定和测定时消耗的体积应接近，使反应体系碱度一致。电炉温度恒定后才能加热，热源强度应控制在使反应液在 2 分钟内沸腾，且应保持一致。否则加热至沸腾所需时间就会不同，引起蒸发量不同，使反应液碱度发生变化，从而引入误差。沸腾时间和滴定速度对滴定结果影响也较大，一般沸腾时间短，消耗糖液多，反之，消耗糖液少；滴定速度过快，消耗糖量多，反之，消耗糖量少。

样品溶液预测目的：一是本法对样品溶液中还原糖浓度有一定要求（0.1%左右），测定时样品溶液的消耗体积应与标定葡萄糖标准溶液时消耗的体积相近，通过预测可了解样品溶液浓度是否合适。浓度过大或过小应加以调整，使预测时消耗样液量在10mL左右；二是通过预测可知样液大概消耗量，以便在正式测定时，预先加入比实际用量少1mL左右的样液，只留下1mL左右样液在续滴定时加入，以保证在1分钟内完成续滴定工作。

测定时先将反应所需样液的绝大部分加入碱性酒石酸铜溶液中，与其共沸，仅留1mL左右由滴定方式加入，而不是全部由滴定方式加入，其目的是使绝大多数样液与碱性酒石酸铜在完全相同的条件下反应，减少因滴定操作带来的误差，提高测定精度。

计算结果以哪种还原糖计，就以哪种还原糖标定碱性酒石酸铜溶液。

五、原始记录及数据处理

（一）数据记录

样品名称		
检验依据	GB 5009.7	
	仪器设备名称	规格型号
仪器设备		
检验员		
检验日期		
标定10mL碱性酒石酸铜溶液消耗还原糖标准溶液的体积数值，V'（mL）		
10mL碱性酒石酸铜溶液相当于还原糖的质量，m_1（mg）	$m_1 = V' \times 1\,mg/mL$	
样品质量，m（g）		
试样溶液预测时消耗的体积数值，V_0（mL）		
试样溶液测定时消耗的体积数值，V（mL）		

（二）结果计算

$$X = \frac{m_1}{m \times F \times \dfrac{V}{250} \times 1000} \times 100$$

式中，X 为试样中还原糖的含量（以某种还原糖计），g/100g；m 为试样质量，g；m_1 为10mL碱性酒石酸铜溶液相当于某种还原糖的质量，mg；V 为测定时平均消耗试样溶液的体积，mL；F 为系数，对含淀粉的食品为0.8，其余为1；250为定容体积，mL；1000为换算系数。

还原糖含量≥10g/100g时，计算结果保留三位有效数字；还原糖含量<10g/100g时，计算结果保留两位有效数字。

（三）精密度

在重复性条件下获得的两次独立测定结果的绝对差值不得超过算术平均值的5%。

六、检验结果判定

判定依据				
检验检测项目	单位	技术要求	检验检测结果	单项评价
还原糖 （以　　　计）	g/100g			

第八节　二氧化硫的测定

二氧化硫是一种漂白剂，在食品加工过程中，为使食品保持其特有的色泽，常加入漂白剂。食品中常用的漂白剂大都属于亚硫酸及其盐类，通过其所产生的二氧化硫的还原作用使之褪色，同时还有抑菌及抗氧化作用，广泛应用于食品的漂白与保藏。

二氧化硫进入体内后生成亚硫酸盐，并由组织细胞中的亚硫酸氧化酶将其氧化为硫酸盐，通过正常解毒后最终由尿排出体外。因此少量的二氧化硫进入机体可以认为是安全无害的。其毒性主要表现为经职业接触所引起的急慢性危害。

急性中毒可引起眼、鼻、黏膜刺激症状，严重时产生喉头痉挛、喉头水肿、支气管痉挛，大量吸入可引起肺水肿、昏迷甚至死亡。慢性毒性：长期小剂量接触空气中的二氧化硫，会导致嗅觉迟钝、慢性鼻炎、支气管炎、肺通气功能和免疫功能下降。严重者可引起肺部弥漫性间质纤维化和中毒性肺硬变。经口摄入二氧化硫的主要毒性表现为胃肠道反应，如恶心、呕吐。此外，可影响钙吸收及促使机体钙丢失。

本节列出的是《食品安全国家标准　食品中二氧化硫的测定》（GB 5009.34—2022）中的第一法，酸碱滴定法，适用于各类食品中二氧化硫的测定。

一、原理

采用充氮蒸馏法处理试样，试样酸化后在加热条件下亚硫酸盐等系列物质释放二氧化硫，用过氧化氢溶液吸收蒸馏物，二氧化硫溶于吸收液被氧化生成硫酸，采用氢氧化钠标准溶液滴定，根据氢氧化钠标准溶液消耗量计算试样中二氧化硫的含量。

二、试剂和材料

除非另有说明，本方法所用试剂均为分析纯，水为 GB/T 6682 规定的三级水。

（一）试剂

1. 过氧化氢（H_2O_2）：30%。

2. 无水乙醇（C_2H_5OH）。

3. 氢氧化钠（NaOH）。

4. 甲基红（$C_{15}H_{15}N_3O_2$）。

5. 盐酸（HCl）（$\rho_{20}=1.19g/mL$）。

6. 氮气（纯度 >99.9%）。

（二）试剂配制

1. 过氧化氢溶液（3%）　量取质量分数为30%的过氧化氢100mL，加水稀释至1000mL。临用时现配。

2. 盐酸溶液（6mol/L）　量取盐酸（$\rho_{20}=1.19g/mL$）50mL，缓缓倾入50mL水中，边加边搅拌。

3. 甲基红乙醇溶液指示剂（2.5g/L）　称取甲基红指示剂0.25g，溶于100mL无水乙醇中。

（三）标准溶液配制

1. 氢氧化钠标准溶液（0.1mol/L）　按照GB/T 601配制并标定，或经国家认证并授予标准物质证书的标准滴定溶液。

2. 氢氧化钠标准溶液（0.01mol/L）　移取氢氧化钠标准溶液（0.1mol/L）10.0mL于100mL容量瓶中，加无二氧化碳的水稀释至刻度。

三、仪器和设备

玻璃充氮蒸馏器（500mL或1000mL，另配电热套，氮气源及气体流量计，如图6-1所示，或等效的蒸馏设备）、电子天平（感量为0.01g）。10mL半微量滴定管和25mL滴定管、粉碎机、组织捣碎机。

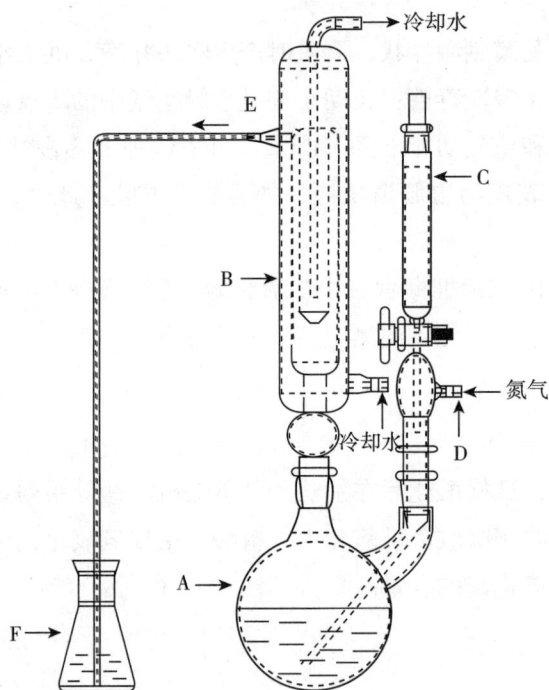

图6-1　酸碱滴定法蒸馏仪器装置原理图（源自GB 5009.34）

A. 圆底烧瓶；B. 竖式回流冷凝管；C.（带刻度）分液漏斗；D. 连接氮气流入口；E. SO_2 导气口；F. 接收瓶

四、分析步骤

（一）试样前处理

1. 液体试样　取啤酒、葡萄酒、果酒、其他发酵酒、配制酒、饮料类试样，采样量应大于1L，对于袋装、瓶装等包装试样需至少采集3个包装（同一批次或号），将所有液体在一个容器中混合均匀后，密闭并标识，供检测用。

2. 固体试样 粮食加工品、固体调味品、饼干、薯类食品、糖果制品（含巧克力及制品）、代用茶、酱腌菜、蔬菜干制品、食用菌制品、其他蔬菜制品、蜜饯、水果干制品、炒货食品及坚果制品（烘炒类、油炸类、其他类）、食糖、干制水产品、熟制动物性水产制品、食用淀粉、淀粉制品、淀粉糖、非发酵性豆制品、蔬菜、水果、海水制品、生干坚果与籽类食品等试样，采样量应大于600g，根据具体产品的不同性质和特点，直接取样，充分混合均匀，或者将可食用的部分，采用粉碎机等合适的粉碎手段进行粉碎，充分混合均匀，贮存于洁净的盛样袋内，密闭并标识，供检测用。

3. 半流体试样 对于袋装、瓶装等包装试样需至少采集3个包装（同一批次或号）；对于酱、果蔬罐头及其他半流体试样，采样量均应大于600g，采用组织捣碎机捣碎混匀后，贮存于洁净盛样袋内，密闭并标识，供检测用。

（二）试样测定

取固体或半流体试样20~100g（精确至0.01g，取样量可视含量高低而定）；取液体试样20~200mL（g），将称量好的试样置于圆底烧瓶中，加水200~500mL。安装好装置后，打开回流冷凝管开关给水（冷凝水<15℃），将冷凝管的上端连接的玻璃导管置于100mL锥形瓶底部。锥形瓶内加入3%过氧化氢溶液50mL作为吸收液（玻璃导管的末端应在吸收液液面以下）。在吸收液中加入3滴2.5g/L甲基红乙醇溶液指示剂，并用氢氧化钠标准溶液（0.01mol/L）滴定至黄色即终点（如果超过终点，则应舍弃该吸收溶液）。开通氮气，调节气体流量计至1.0~2.0L/min；打开分液漏斗的活塞，使6mol/L盐酸溶液10mL快速流入蒸馏瓶，立刻加热烧瓶内的溶液至沸，并保持微沸1.5小时，停止加热。将吸收液放冷后摇匀，用氢氧化钠标准溶液（0.01mol/L）滴定至黄色且20秒不褪，并同时进行空白试验。

实践总结

吸收液中如有有色物质可被过氧化氢吸收液氧化除去，避免其对滴定结果的影响。故本法可用于深色试样。

待测样品不可长时间暴露于空气中，应及时检测或密闭冷藏保存。

五、原始记录及数据处理

（一）数据记录

样品名称		
检验依据	GB 5009.34	
仪器设备	仪器设备名称	规格型号
检验员		
检验日期		
样品质量 m（g）或体积，V（mL）		
NaOH标准滴定溶液浓度，c（mol/L）		
NaOH标准滴定溶液消耗的体积数值，V（mL）		
空白试验中NaOH标准滴定溶液消耗的体积数值，V_0（mL）		

（二）结果计算

$$X = \frac{(V - V_0) \times c \times 0.032 \times 1000}{m}$$

式中，X 为试样中二氧化硫含量（以 SO_2 计），g/kg 或 g/L；c 为氢氧化钠标准溶液的摩尔浓度，mol/L；V 为试样溶液消耗氢氧化钠标准溶液的体积，mL；V_0 为空白溶液消耗氢氧化钠标准溶液的体积，mL；0.032 为 1mL 氢氧化钠标准溶液（1mol/L）相当的二氧化硫的质量（g），g/mmol；m 为试样的质量，g 或吸取试样的体积，mL；计算结果保留三位有效数字。

（三）精密度

在重复性条件下获得的两次独立测定结果的绝对差值不得超过算术平均值的 10%。

六、检验结果判定

判定依据				
检验检测项目	单位	技术要求	检验检测结果	单项评价
二氧化硫残留量（以 SO_2 计）	g/kg 或 g/L		（检出限：　　　）	

注：当用 0.01mol/L 氢氧化钠滴定液时，固体或半流体称样量为 35g 时，检出限为 1mg/kg，定量限为 10mg/kg；液体取样量为 50mL（g）时，检出限为 1mg/L（mg/kg），定量限为 6mg/L（mg/kg），当检测结果低于检出限时，检测结果报告为"未检出"，当检测结果高于检测限低于定量限时，报告为小于定量限。

第九节　蛋白质的测定

不同的食品中蛋白质的含量各不相同，一般来说，动物性食品的蛋白质含量高于植物性食品，测定食品中蛋白质的含量，对于评价食品的营养价值、合理开发利用食品资源、指导生产、优化食品配方、提高产品质量具有重要的意义。

蛋白质是复杂的含氮有机化合物，分子质量很大，主要化学元素为 C、H、O、N，在某些蛋白质中含有磷、硫、铜、铁、碘等元素，由于食物中另外两种重要的营养素——碳水化合物和脂肪中含有 C、H、O，不含有 N，所以含氮是蛋白质区别于其他有机化物的主要标志。不同的蛋白质中氨基酸的构成比例及方式不同，不同的蛋白质含氮量不同。一般蛋白质含量为 16%，一份氮素相当于 6.25 份蛋白质，此数值称为蛋白质系数，不同种类食品的蛋白质系数有所不同，如玉米、荞麦、青豆、鸡蛋等为 6.25；花生为 5.46；大米为 5.95；大豆及其制品为 5.71；小麦粉为 5.70；牛乳及其制品为 6.38。蛋白质可以被酶、酸或碱水解，水解的中间产物为胨、肽等，最终产物为氨基酸。氨基酸是构成蛋白质的最基本物质。

测定蛋白质的方法可分为两大类：一类是利用蛋白质的共性。即含氮量、肽键和折射率等测定蛋白质含量，另一类是利用蛋白质中特定氨基酸残基、酸性和碱性基团以及芳香基团等测定蛋白质含量。蛋白质测定最常用的方法是凯氏定氮法。它是测定总有机氮的最准确和操作较简便的方法之一，在国内外应用普遍。此外，双缩脲分光光度比色法、染料结合分光光度比色法、酚试剂法等也常用于蛋白质含量测定。由于方法简便、快速，多用于生产单位质量控制分析。近年来国外采用红外检测仪对蛋白质进行快速定量分析。

新鲜食品中的含氮化合物以蛋白质为主体，所以检验食品中蛋白质时，往往测定总氮量，然后乘以蛋白质换算系数即可得到蛋白质含量。凯氏定氮法可用于所有动物性食品、植物性食品的蛋白质含量测定，但因样品中常含有核酸、生物碱、含氮类脂、卟啉以及含氮色素等非蛋白质的含氮化合物，故通常将测定结果称为粗蛋白质含量。

凯氏定氮法由 Kieldahl 于 1883 年首先提出，经长期改进，迄今已演变成常量法、微量法、改良凯氏定氮法、自动定氮仪法等多种方法。

本节介绍《食品安全国家标准 食品中蛋白质的测定》（GB 5009.5—2016）的第一法。

一、原理

食品中的蛋白质在催化加热条件下被分解，产生的氨与硫酸结合生成硫酸铵。碱化蒸馏使氨游离，用硼酸吸收后以硫酸或盐酸标准溶液滴定，根据酸的消耗量计算氮含量，再乘以换算系数，即为蛋白质的含量。

二、试剂和材料

（一）试剂

除非另有说明，本方法所用试剂均为分析纯，水为 GB/T 6682 规定的三级水。

1. 硫酸铜（$CuSO_4 \cdot 5H_2O$）。
2. 硫酸钾（K_2SO_4）。
3. 硫酸（H_2SO_4）。
4. 硼酸（H_3BO_3）。
5. 甲基红指示剂（$C_{15}H_{15}N_3O_2$）。
6. 溴甲酚绿指示剂（$C_{21}H_{14}Br_4O_5S$）。
7. 亚甲基蓝指示剂（$C_{16}H_{18}ClN_3S \cdot 3H_2O$）
8. 氢氧化钠（NaOH）。
9. 95%乙醇（C_2H_5OH）。

（二）试剂配制

1. **硼酸溶液（20g/L）** 称取 20g 硼酸，加水溶解后并稀释至 1000mL。
2. **氢氧化钠溶液（400g/L）** 称取 40g 氢氧化钠，加水溶解后，放冷，并稀释至 100mL。
3. 硫酸标准滴定溶液［$c(1/2H_2SO_4)$］0.0500mol/L 或盐酸标准滴定溶液［$c(HCl)$］0.0500mol/L。
4. **甲基红乙醇溶液（1g/L）** 称取 0.1g 甲基红，溶于 95%乙醇，用 95%乙醇稀释至 100mL。
5. **亚甲基蓝乙醇溶液（1g/L）** 称取 0.1g 亚甲基蓝，溶于 95%乙醇，用 95%乙醇稀释至 100mL。
6. **溴甲酚绿乙醇溶液（1g/L）** 称取 0.1g 溴甲酚绿，溶于 95%乙醇，用 95%乙醇稀释至 100mL。
7. **A 混合指示液** 2 份甲基红乙醇溶液与 1 份亚甲基蓝乙醇溶液临用时混合。
8. **B 混合指示液** 1 份甲基红乙醇溶液与 5 份溴甲酚绿乙醇溶液临用时混合。

三、仪器和设备

天平（感量为 1mg）、定氮蒸馏装置（图 6-2）、自动凯氏定氮仪。

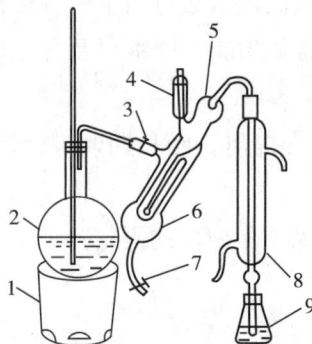

图 6 - 2　定氮蒸馏装置（源自 GB 5009.5）

1. 电炉；2. 水蒸气发生器（2L 烧瓶）；3. 螺旋夹；4. 小玻璃杯及棒状玻璃塞；
5. 反应室；6. 反应室外层；7. 橡皮管及螺旋夹；8. 冷凝管；9. 蒸馏液接收瓶

四、分析步骤

（一）凯氏定氮法

1. 试样处理　称取充分混匀的固体试样 0.2 ~ 2g，半固体试样 2 ~ 5g 或液体试样 10 ~ 25g（相当于 30 ~ 40mg 氮），精确至 0.001g，移入干燥的 100、250、500mL 定氮瓶中，加入 0.4g 硫酸铜、6g 硫酸钾及 20mL 硫酸，轻摇后于瓶口放一小漏斗，将瓶以 45 度角斜支于有小孔的石棉网上。小心加热，待内容物全部碳化，泡沫完全停止后，加强火力，并保持瓶内液体微沸，至液体呈蓝绿色并澄清透明后，再继续加热 0.5 ~ 1 小时。取下放冷，小心加入 20mL 水，放冷后，移入 100mL 容量瓶中，并用少量水洗定氮瓶，洗液并入容量瓶中，再加水至刻度，混匀备用。同时做试剂空白试验。

2. 测定　按图 6 - 2 装好定氮蒸馏装置，向水蒸气发生器内装水至 2/3 处。加入数粒玻璃珠，加甲基红乙醇溶液数滴及数毫升硫酸，以保持水呈酸性，加热煮沸水蒸气发生器内的水并保持沸腾。

3. 向接收瓶内加入 10.0mL 硼酸溶液及 1 滴、2 滴 A 混合指示剂或 B 混合指示剂，并使冷凝管的下端插入液面下，根据试样中氮含量，准确吸取 2.0 ~ 10.0mL 试样处理液由小玻璃杯注入反应室，以 10mL 水洗涤小玻璃杯，并使之流入反应室内，随后塞紧棒状玻璃塞。将 10mL 氢氧化钠溶液倒入小玻璃杯，提起玻璃塞使其缓缓流入反应室，立即将玻璃塞盖紧，并水封。夹紧螺旋夹，开始蒸馏。蒸馏十分钟后移动蒸馏液接收瓶，液面离开冷凝管下端，再蒸馏 1 分钟。然后用少量水冲洗冷凝管下端外壁，取下蒸馏液接收瓶。尽快以硫酸或盐酸标准溶液滴定至终点，如用 A 混合指示剂，终点颜色为灰蓝色；如用 B 混合指示剂，终点颜色为浅灰红色。同时做试剂空白。

（二）自动凯氏定氮仪法

称取充分混匀的固体试样 0.2 ~ 2g、半固体试样 2 ~ 5g 或液体试样 10 ~ 25g（相当于 30 ~ 40mg 氮），精确至 0.001g，至消化管中，再加入 0.4g 硫酸铜、6g 硫酸钾及 20mL 硫酸于消化炉进行消化。当消化炉温度达到 420℃ 之后，继续消化 1 小时，此时消化管中的液体呈绿色透明状，取出冷却后加入 50mL 水，于自动凯式定氮仪（使用前加入氢氧化钠溶液，盐酸或硫酸标准溶液以及含有混合指示剂 A 或 B 的硼酸溶液）上实现自动加液、蒸馏、滴定和记录滴定数据的过程。

实践总结

所用试剂溶液应用无氨蒸馏水配制。

消化时不要用强火，应保持缓沸腾，注意不时转动凯氏烧瓶，以便利用冷凝酸液将黏附在瓶壁上的固体残渣洗下，并促进其消化完全。

样品中若含脂肪或糖较多时，消化过程中易产生大量泡沫，为防止泡沫溢出瓶外，在开始消化时应采用小火加热并不断摇动；或者加入少量辛醇或液体石蜡或硅油消泡剂，并同时注意控制热源强度。

当样品消化液不易澄清透明时，可将凯氏烧瓶冷却，加入 30% 过氧化氢 2~3mL 后再继续加热消化。

若取样量较大，如干试样超过 5g，可按每克试样 5mL 的比例增加硫酸用量。

一般消化至透明后，继续消化 30 分钟即可，但对于含有特别难以氨化的氮化合物的样品，如含赖氨酸、组氨酸、色氨酸、酪氨酸或脯氨酸等时，需适当延长消化时间。有机物如分解完全，消化液呈蓝色或浅绿色，但含铁量多时，呈较深绿色。

蒸馏装置不得漏气。蒸馏前若加碱量不足，消化液呈蓝色，不生成氢氧化铜沉淀，此时需再增加氢氧化钠用量。

硼酸吸收液的温度不应超过 40℃，否则对氨的吸收作用减弱而造成损失，此时可置于冷水浴中使用。

蒸馏完毕后，应先将冷凝管下端提离液面清洗管口。再蒸 1 分钟后关掉热源，否则可能造成吸收液倒吸。

- -

五、原始记录及数据处理

（一）数据记录

样品名称		
检验依据	GB 5009.5—2016	
仪器设备	仪器设备名称	规格型号
检验员		
检验日期		
样品质量，m（g）		
硫酸或盐酸标准滴定溶液的浓度，c（mol/L）		
试液消耗硫酸或盐酸标准滴定溶液的体积，V_1（mL）		
吸取消化液的体积，V_2（mL）		
空白溶液消耗硫酸或盐酸标准滴定溶液的体积，V_0（mL）		

（二）结果计算

$$X = \frac{(V_1 - V_0) \times c \times 0.0140 \times F \times 100}{m \times V_2/100}$$

式中，X 为试样中蛋白质的含量，g/100g；c 为硫酸或盐酸标准滴定溶液的浓度，mol/L；V_1 为试液消耗硫酸或盐酸标准滴定溶液的体积，mL；V_0 为空白溶液消耗硫酸或盐酸标准滴定溶液的体积，mL；0.0140 为 1.0mL 硫酸 $[C(1/2H_2SO_4) = 1.000\text{mol/L}]$ 或盐酸 $[C(HCl) = 1.000\text{mol/L}]$ 标准滴定溶液相当的氮的质量，g；m 为试样的质量，g；V_2 为吸取消化液的体积，mL；F 为氮换算为蛋白质的系数。

试样中蛋白质含量≥1g/100g 时，计算结果保留三位有效数字；试样中蛋白质含量＜1g/100g 时，保留两位有效数字。

注：当只检测氮含量时，不需要乘蛋白质换算系数 F。

（三）精密度

在重复条件下获得的两次独立测定结果的绝对差值不得超过算术平均值的10%。

六、检验结果判定

判定依据				
检验检测项目	单位	技术要求	检验检测结果	单项评价
蛋白质	g/100g			

目标检测

答案解析

1. 采用常压干燥法测定样品中的水分，样品应当符合的条件是什么？

2. 对于难灰化的样品可采取什么措施加速灰化？

3. 脂肪测定中使用的乙醚有何要求？为什么不能含过氧化物？

4. 有一酱油试样，欲测定其总酸度，因颜色过深，用酚酞指示剂难以判断终点，如何进行测定？请写出具体的测定方案。

5. 测定样品中还原糖含量时，要在沸腾条件下进行滴定，并且要对样品进行预滴定，目的分别是什么？

6. 简述二氧化硫测定原理。

7. 测定蛋白质，在消化完成后，进行蒸馏前为什么要加入氢氧化钠？加入 NaOH 后溶液发生什么变化？为什么？如果没有变化，说明什么问题？须采用什么措施？

8. 称取 3.0140g 样品置于凯氏烧瓶中→加催化剂及浓硫酸→在通风橱内置电炉上加热消化至溶液澄清透明呈蓝绿色→继续加热0.5小时，冷至室温→加蒸馏水，再冷却→加几粒玻璃珠，倒入适量 NaOH →安装好蒸馏装置→冷凝管下端浸入接收瓶液面下，开始蒸馏→蒸馏结束用浓度为 0.1002mol/L 的标准盐酸滴定，用去 11.25mL，空白试验消耗盐酸 0.25mL。

请问：

（1）加入的催化剂有哪些成分？各有什么作用？

（2）该蛋白质含有 17.5% 的氮，计算粗蛋白含量。

第七章 紫外－可见分光光度法在食品检测中的应用

学习目标

【知识目标】

1. 掌握紫外－可见分光光度法的原理及定量方法。

2. 熟悉紫外－可见分光光度计的结构。

3. 了解紫外－可见分光光度法实验条件的选择。

【能力目标】

能按照食品检测方法标准，能应用紫外－可见分光光度计进行物质的定量分析，获得并记录原始数据，准确计算食品中的相关组分含量，能对检验结果进行准确的判断与报告。

第一节 紫外－可见分光光度法基础知识

紫外－可见吸收光谱法（ultraviolet – visible spectrophotometry，UV – VIS）是根据物质分子对波长为 $200 \sim 800$ nm 这一范围的电磁波的吸收特性和吸收强度所建立起来的一种定性、定量和结构分析方法。在食品分析领域 UV – VIS 也同样发挥着重要作用，它可实现食品从营养成分到添加剂再到重金属及农药残留等的检测，如多糖、可溶性蛋白、维生素 C、维生素 A、多酚、花青素、亚硝酸盐、锌、铜等多个项目的检测。

一、吸收定律

（一）吸光度与透光度

当光束照射在物质上时，物质可以对光产生反射、散射、吸收、透射。如果一束平行光通过均匀、透明的溶液时，那么光的散射可以忽略不计，一部分光被吸收，另有一部分光透过溶液。设入射光强度为 I_0，透射光强度为 I_t，I_t 和 I_0 之比称为透光度（T）。$T \times 100$ 为 $T\%$，称为百分透光度。

$$T = \frac{I_t}{I_0}$$

透光度的负对数称为吸光度（absorbance，A），即：

$$A = -\lg T = -\lg \frac{I_t}{I_0} = \lg \frac{I_0}{I_t}$$

A 值越大，表示物质对光的吸收程度越大。分光光度法既可以测定液体样品，也可以测定固体样品和气体样品，但一般都将样品制成溶液测量。

（二）Lambert – Beer 定律

Lambert – Beer 定律是讨论溶液吸光度与溶液浓度和液层厚度之间关系的基本定律，为吸光光度定量分析的理论基础。其表达式为：

$$A = KLc$$

式中，A 为吸光度；K 为比例常数，称为吸光系数；L 为液层厚度，称为光径；c 为溶液浓度。

Lambert – Beer 定律适用于可见光、紫外光、红外光；不仅用于均匀非散射的液体，也适用于微粒分散均匀的固态或气态样品。Lambert – Beer 定律的应用必须满足三个条件：一是入射光必须是单色光；二是被测样品必须是均匀介质；三是在吸收过程中，物质之间不能发生相互作用。

吸光度具有加和性，如果被测溶液中存在多种吸光物质，那么，测得的吸光度则是各吸光物质吸光度的总和。其表达式为：

$$A = A_1 + A_2 + A_3 \cdots + A_n$$

即：

$$A = \sum_1^n A_n$$

吸光度的加和性对于定量分析中校正杂质干扰极为重要；也是利用 Lambert – Beer 定律能够进行多组分物质进行分光光度分析的基础。

（三）偏离 Lambert – Beer 定律的因素

根据 Lambert – Beer 定律，A 与 c 的关系应是一条通过原点的直线，称为标准曲线。但在实际工作中，会发生偏离直线的现象而引起误差（图 7 – 1），尤其在高浓度时。

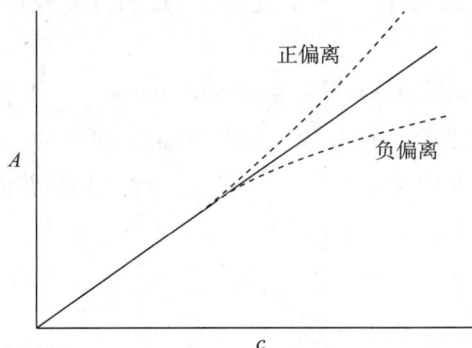

图 7 – 1　标准曲线及对 Lambert – Beer 定律的偏离

1. Lambert – Beer 定律本身的局限性　Lambert – Beer 定律适用于浓度小于 0.01mol/L 的稀溶液。吸光系数与浓度无关，但与折射率有关。在高浓度时，由于折射率随浓度增加而增加，因此，引起偏离 Beer 定律。为了校正或消除由此引起的偏离，测定时可用空白溶液做相对校正。空白溶液应与被测溶液的组成相近，且二者应装入大小、形状和材料相同的吸收池中。

2. 化学因素　溶液对光的吸收程度决定于吸光物质的性质和数目。若溶液中发生了电离、酸碱反应、配位反应及缔合反应等，则改变了吸光物质的浓度，导致偏离 Lambert – Beer 定律。

3. 光学因素　Lambert – Beer 定律要求入射光是单色光，但在目前的分光条件下，能分出的单色光并不是严格的单色光，而是包括一定波长范围的光谱带，其他波长的杂色光是引起误差的主要原因。入射光的谱带越宽，其误差越大。

二、紫外 – 可见分光光度计的仪器结构

因使用的波长范围不同，分光光度计可分为紫外光区、可见光区、红外光区以及万用（全波段）

分光光度计等。但无论哪一类分光光度计都由下列五部分组成，即光源、单色器、吸收池、检测器和信号显示系统 5 个部分组成，结构框架如图 7－2 所示。

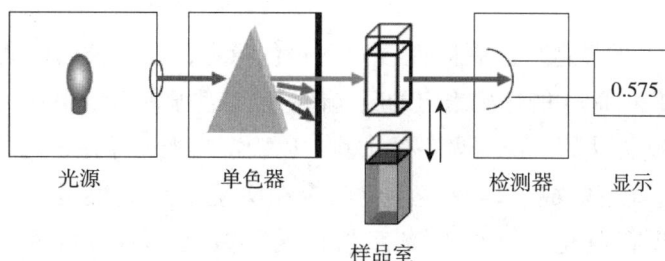

光源　　单色器　　样品室　　检测器　显示

图 7－2　分光光度计基本结构框架图

吸收池又叫比色皿、比色杯。比色杯常用无色透明、耐腐蚀和耐酸碱的玻璃或石英材料做成，用于盛放待测样品溶液的器皿。玻璃比色皿用于可见光区，石英比色皿可用于可见光区和紫外光区。一般为长方体，其底及两侧为毛玻璃，另两面为光学透光面，透光面之间的距离称为光程，有 0.5、1、2、3cm 等，使用时根据需要选择，常用 1cm 比色皿。由于比色皿透光面的光学特性及光程长度的差异性，相同规格的比色皿，在同一波长和相同溶液下，吸光度也会有差异，因此，吸收池要配套使用并在使用前对其进行校正，同时在使用过程中，应注意保持透光面洁净。

三、紫外－可见分光光度分析实验条件的选择

（一）测量波长

一般根据吸收光谱选择 λ_{max}，称为最大吸收原则，以获得最高的分析灵敏度；但若 λ_{max} 处吸收峰太尖锐或干扰物在 λ_{max} 处也有吸收，则在满足分析灵敏度的前提下，选择次灵敏线或肩峰作为测量波长。

（二）试样浓度

一般试样的浓度应控制在使其吸光度在 0.20 ~ 0.80（相当于透光率在 65% ~ 15%），相对误差较小。若吸光度超出该范围，可通过改变比色皿规格、稀释溶液浓度（$A > 0.8$）等方法进行调节。

（三）显色条件的选择

大多数情况下待测物质是无色的，需要加入显色剂与其定量反应生成稳定的有色化合物，再进行测量，然后由有色化合物浓度得到待测物浓度。这种将试样中待测组分转变成有色化合物的化学反应，叫显色反应。与待测组分生成有色化合物的试剂叫显色剂。

1. 显色剂的选择　显色剂一般应满足下述要求：①反应生成物在紫外或可见光区有强光吸收，且反应有较高的选择性；②反应生成物稳定性好，显色条件易于控制，反应重现性好；③有色化合物与显色剂之间颜色差别要大，即显色剂对光的吸收与有色生成物的吸收有明显区别，一般要求两者的最大吸收峰波长之差大于 60nm。

2. 显色剂用量　待测组分与显色剂的反应通常是可逆的，因此，为了使待测组分尽量转变为有色物质，一般需加入过量显色剂。实际应用中，显色剂用量可以通过实验确定。配制数个等浓度的待测溶液，分别加入不同量的显色剂，在相同条件下测定吸光度，作吸光度随显色剂用量变化的曲线，在吸光度随显色剂浓度变化不大的范围内，确定显色剂的用量。

3. pH 条件的选择　多数显色剂是有机酸或弱碱，溶液的 pH 直接影响显色剂的解离程度，从而影响与待测组分的显色反应。因此，必须严格控制溶液的 pH，才能得到组成恒定的配合物，以保证获得

正确的测定结果。显色反应适宜的 pH 可以通过实验来确定。固定待测组分和显色剂的浓度，改变溶液的 pH，配制数个溶液，在相同条件下测定吸光度，作吸光度随 pH 变化的曲线，选择曲线平坦部分对应的 pH。

4. 显色时间和温度　有的显色反应瞬间完成，且颜色稳定，在较长的时间内变化不大；有的显色反应进行缓慢，需经过一段时间才能达到稳定的吸光值；而有些显色反应的吸光度是达到一个值后又慢慢降低。所以在建立一个新方法时，应先做条件试验，以确定吸光度保持恒定的时间范围。

一般显色反应均在室温下完成，但有些显色反应在室温下反应很慢，需要在较高温度下进行。有时，温度改变会使某些有色化合物的吸光系数也发生改变。适宜的测定温度也必须通过实验确定。

（四）参比溶液的选择

参比溶液是用来调节工作零点，即 $A = 0$，$T\% = 100\%$ 的溶液，以消除溶液中其他基体组分以及吸收池和溶剂对入射光的反射和吸收带来的误差。根据情况不同，常用参比溶液有如下选择。

1. 溶剂参比　当溶液中只有待测组分在测定波长下有吸收，而其他组分无吸收时用纯溶剂作参比。

2. 试剂参比　如果显色剂或其他试剂有吸收，而待测试样溶液无吸收，则用不加待测组分的其他试剂作参比，为分析工作中最常用的方法。

3. 试样参比　如果试样基体有吸收，而显色剂或其他试剂无吸收，则用不加显色剂的试样溶液作参比。

（五）干扰及消除方法

在分光光度分析中，共存离子的干扰是客观存在的。如干扰物质本身有颜色或与显色剂反应，在测定波长下有吸收；干扰物质与被测组分反应或与显色剂形成更稳定的配合物，降低显色组分或显色剂的浓度，使显色反应不完全；干扰组分在测量条件下从溶液中析出，使溶液变混浊，无法准确测定溶液的吸光度等。消除干扰的方法有以下几种。

1. 控制 pH　根据配合物稳定性的不同，利用控制 pH 的方法提高反应的选择性。例如，用二硫腙法测定 Hg^{2+} 时，Cd^{2+}、Cu^{2+}、Co^{2+}、Ni^{2+}、Sn^{2+}、Zn^{2+}、Pb^{2+}、Bi^{3+} 等对 Hg^{2+} 的测定有干扰，但如果在 $0.5mol/L$ 的稀酸（H_2SO_4）介质中进行萃取，使 Hg^{2+} 与上述离子分离，即可消除其干扰。

2. 选择适当的掩蔽剂　使用掩蔽剂消除干扰是常用的有效方法。选择条件是：不与待测离子作用，掩蔽剂与干扰物质形成的配合物的颜色不干扰被测离子的测定。例如用光度法测定 MnO_4^- 时，Fe^{3+} 也有一定的吸收干扰，此时加入 H_3PO_4，使之与 HPO_4^{2-} 生成无色配合物 $Fe(HPO_4)^+$，从而消除 Fe^{3+} 的干扰。

3. 改变干扰离子的价态　如用铬天青 S 比色测定 Al^{3+} 时，Fe^{3+} 有干扰，加入抗坏血酸将 Fe^{3+} 还原为 Fe^{2+} 后，干扰即消除。

4. 选择合适的测量波长　例如，在 $\lambda_{max} = 525nm$ 处测定 MnO_4^- 时，共存离子 $Cr_2O_7^{2-}$ 产生吸收干扰，此时改用 $545nm$ 作为测量波长，虽然测得的 MnO_4^- 的灵敏度略有下降，但在此波长下 $Cr_2O_7^{2-}$ 不产生吸收，干扰被消除。

在上述方法不宜采用时，可采用沉淀、离子交换或溶剂萃取等分离方法除去干扰离子。

四、分析方法

选择合适的溶剂，使用有足够纯度单色光的分光光度计，在相同条件下测定浓度相近的待测溶液和标准溶液的吸收光谱，比较二者吸收光谱特征：吸收峰数目及位置、吸收谷及肩峰所在的位置等。分子结构相同的化合物应有相同的吸收光谱。以此可实现有机化合物的定性分析，但是由于吸收光谱简单、特征性不强，该方法的应用有一定的局限性。

若溶液对光的吸收服从 Lambert－Beer 定律，那么可用 UV－VIS 进行定量测定。

（一）标准曲线法

配制一系列（5~10）个不同浓度（c）的标准溶液，在适当波长，通常为最大吸收波长下，以适当的空白溶液作参比，在相同条件下分别测定系列溶液的吸光度 A，然后作标准曲线（$A-c$ 曲线）。在相同条件下，测定试样溶液吸光度 A_x，从标准曲线上查得对应的样品浓度 c_x。

标准曲线通常通过直线回归的方法，求出线性回归方程，然后将被测溶液的吸光度，代入回归方程，求出待测溶液的浓度。

（二）直接比较法

已知试样溶液基本组成，可配制基体相同，浓度相近的标准溶液，分别测定其吸光度 $A_标$ 和 $A_样$，根据 Lambert－Beer 定律：

$$A_标 = K \times b \times c_标 \qquad A_样 = K \times b \times c_样$$

则：

$$c_样 = \frac{A_样}{A_标} \times c_标$$

第二节　饮用水中阴离子合成洗涤剂的测定

阴离子合成洗涤剂又称阴离子表面活性剂，是人们日常生活中常用到的洗衣粉、洗洁精、洗衣液等合成洗涤剂的主要成分，是一种低毒物质，是《生活饮用水卫生标准》（GB 5749）中的常规检测指标之一。目前，生活饮用水中阴离子合成洗涤剂的检测主要采用《生活饮用水标准检验方法　感官性状和物理指标》（GB/T 5750.4）亚甲基蓝分光光度法。

一、原理

亚甲基蓝染料在水溶液中与阴离子合成洗涤剂形成易被有机溶剂萃取的蓝色化合物。未反应的亚甲基蓝则仍留在水溶液中。根据有机相蓝色的强度，测定阴离子合成洗涤剂的含量。

二、试剂和材料

本方法所用试剂均为分析纯，标准物质采用经国家认证并授予标准物质证书的标准物质，实验用水为 GB/T 6682 规定的二级水。

（一）试剂

1. 三氯甲烷。

2. 亚甲基蓝溶液（0.03g/L）：称取 30mg 三水合亚甲基蓝，溶于 500mL 水中，加入 6.8mL 浓硫酸及 50g 一水合磷酸二氢钠，溶解后用水稀释至 1000mL。

3. 洗涤液：取 6.8mL 浓硫酸及 50g 磷酸二氢钠，溶于水中，并稀释至 1000mL。

4. 氢氧化钠溶液（40g/L）。

5. 硫酸溶液（0.5mol/L）：取 1.4mL 浓硫酸加入水中，并稀释至 100mL。

6. 酚酞溶液（1g/L）：称取 0.1g 酚酞，溶于乙醇溶液（1+1）中，并稀释至 100mL。

（二）标准溶液配制

1. **十二烷基苯磺酸钠标准储备溶液（1mg/mL）**　称取 0.500g 十二烷基苯磺酸钠（DBS），溶于水中，并定容至 500mL。或采用具有标准物质证书的十二烷基苯磺酸钠标准溶液。

2. **十二烷基苯磺酸钠标准使用溶液（10μg/mL）**　取十二烷基苯磺酸钠标准储备溶液 10.00mL 于 1000mL 容量瓶中，用水定容。

三、仪器和设备

分光光度计、比色管（25mL）、分液漏斗（125mL）。

四、分析步骤

1. 吸取 50.0mL 水样，置于 125mL 分液漏斗中。另取 125mL 分液漏斗 7 个，分别加入十二烷基苯磺酸钠标准使用溶液 0、0.50、1.00、2.00、3.00、4.00 和 5.00mL，用水稀释至 50mL。

2. 向上述分液漏斗中各加入 3 滴酚酞溶液，逐滴加入氢氧化钠溶液（40g/L），使水样呈碱性。然后逐滴加入硫酸溶液（0.5mol/L），使红色刚好褪去。加入 5mL 三氯甲烷，10mL 亚甲基蓝溶液（0.03g/L），剧烈振摇 0.5 分钟，静置分层。

3. 将三氯甲烷相放入第二套分液漏斗中，加入 25mL 洗涤液，剧烈振摇 0.5 分钟，静置分层。

4. 在分液漏斗颈管内，塞入少量洁净的玻璃棉滤除水珠，将三氯甲烷缓缓放入 25mL 比色管中。

5. 各加入 5mL 三氯甲烷于分液漏斗中，振摇并静置分层后，合并三氯甲烷于 25mL 比色管中，重复操作一次。用三氯甲烷稀释至刻度。

6. 于 650nm，用 3cm 比色皿，以三氯甲烷做参比，测定吸光度。

7. 绘制工作曲线，从曲线上查出样品管中十二烷基苯磺酸钠的质量。

🔬 实践总结

若水样中阴离子合成洗涤剂小于 5μg，应增加水样体积。此时标准系列的体积也应一致；若大于 100μg 时，取适量水样，稀释至 50mL。尽可能使样品中阴离子合成洗涤剂含量落在标准曲线的范围内。

若水相中蓝色耗尽，说明样品中阴离子合成洗涤剂含量较高，需减少取样量重新测定。

测定有色溶液吸光度时，一定要用有色溶液洗比色皿内壁几次，以免改变有色溶液的浓度。另外，在测定一系列溶液的吸光度时，通常都按由稀到浓的顺序测定，以减小测量误差。

五、原始记录及数据处理

（一）数据记录

样品名称	
检验依据	GB/T 5750.4

续表

仪器设备	仪器设备名称			规格型号			
检验员							
检验日期							
水样体积，V（mL）							
水样溶液吸光度							
阴离子合成洗涤剂质量，m（μg）	0	5	10	20	30	40	50
吸光度							
标准曲线							

（二）计算

将水样溶液的吸光度代入标准曲线，计算出试水样溶液中阴离子合成洗涤剂（以十二烷基苯磺酸钠）的质量 m（μg）。

试样中目标物的含量按下式计算，计算结果需扣除空白值。

$$X = \frac{m}{V}$$

式中，X 为水样中阴离子合成洗涤剂（以十二烷基苯磺酸钠）的含量，mg/L；m 为从标准曲线查得十二烷基苯磺酸钠的质量，μg；V 为水样体积，mL。

六、检验结果判定

判定依据				
检验检测项目	单位	技术要求	检验检测结果	单项评价

注：检出限按照现行有效的方法执行；计算结果小于检出限时，检验检测结果应报告为未检出，并标注方法的检出限数值。

第三节　茶饮料中茶多酚的测定

茶多酚是茶叶中多酚类物质的总称，主要成分为黄烷酮类、花色苷类、黄酮类、黄酮醇类和酚酸类等，是形成茶叶色香味的主要成分之一。由于茶多酚含有活泼的羟基氢，可以清除人体过量自由基，防止脂质过氧化造成的各种疾病。因此，检测茶叶中多酚类物质总量对评价茶叶的品质具有非常重要的作用。

茶饮料是以茶叶的水提取液或其浓缩液、茶粉等为主要原料，可以加入水、糖、酸味剂、食用香精、果汁、乳制品、植（谷）物提取物等，经加工制成的液体饮料。茶多酚是衡量茶饮料最重要的指标，代表着茶饮料中茶叶成分的多少。因此茶多酚也是茶饮料的重要检测项目。本节介绍茶饮料中茶多酚的测定方法，茶叶中茶多酚的测定方法参照《茶叶中茶多酚和儿茶素类含量的检测方法》（GB/T 8313）标准执行。

一、原理

茶饮料中的多酚类物质能与亚铁离子形成紫蓝色络合物，用分光光度计法测定其含量。

二、试剂和材料

本方法所用试剂均为分析纯，标准物质采用经国家认证并授予标准物质证书的标准物质，实验用水为 GB/T 6682 规定的三级水。

1. 酒石酸亚铁溶液 称取硫酸亚铁 0.1g 和酒石酸钾钠 0.5g，用水溶解并定容至 100mL。

2. 23.87g/L 磷酸氢二钠 称取磷酸氢二钠 23.87g 加水溶解后定容至 1000mL。

3. 9.08g/L 磷酸二氢钾 称取经 110℃ 烘干 2 小时的磷酸二氢钾 9.08g，加水溶解后定容至 1000mL。

4. pH7.5 磷酸缓冲溶液 取上述 23.87g/L 磷酸氢二钠溶液 85mL 和 9.08g/L 磷酸二氢钾溶液 15mL 混合均匀。

三、仪器和设备

分析天平（感量 0.001g）、分光光度计。

四、分析步骤

（一）试液制备

1. 较透明的样液（如果味茶饮料等） 将样液充分摇匀后，备用。

2. 较浑浊的样液（如果汁茶饮料、奶茶饮料等） 取充分混匀的样液 25.00mL 于 50mL 容量瓶中，加入 95% 乙醇 15mL，充分摇匀，放置 15 分钟后，用水定容至刻度。用慢速定量滤纸过滤，滤液备用。

3. 含碳酸气的样液 量取充分混匀的样液 100.00g 于 250mL 烧杯中，称取其总质量，然后置于电炉上加热至沸，在微沸状态下加热 10 分钟，将二氧化碳气排除。冷却后，用水补足其原来的质量。摇匀后，备用。

（二）测定

精确称取上述制备液 1~5g 于 25mL 容量瓶中，加水 4mL、酒石酸亚铁溶液 5mL，充分摇匀，用 pH 7.5 磷酸缓冲溶液定容至刻度。用 10mm 比色皿，在波长 540nm 处，以试剂空白作参比，测定其吸光度 (A_1)。同时称取等量制备液于 25mL 容量瓶中，加水 4mL，用 pH 7.5 的磷酸缓冲液定容至刻度，测定其吸光度 (A_2)。

🔬 **实践总结** -

以蒸馏水代替制备液加入同样的试剂做试剂空白试验。

磷酸缓冲液在常温下容易生长霉菌，要冷藏。

酒石酸亚铁溶液应避光，低温保存，有效期 10 天。

试样制备液显色后的吸光度过大时，可适当稀释。

五、原始记录及数据处理

(一)数据记录

样品名称		
检验依据	GB/T 21733	
仪器设备	仪器设备名称	规格型号
检验员		
检验日期		
测定时称取试样制备液的质量,m(g)		
稀释倍数,K		
试样制备液显色后的吸光度,A_1		
试样制备液底色的吸光度,A_2		

(二)计算

茶饮料中茶多酚含量计算公式如下。

$$X = \frac{(A_1 - A_2) \times 1.957 \times 2 \times K}{m} \times 1000$$

式中,X 为样品中茶多酚的含量,mg/kg;A_1 为试样制备液显色后的吸光度;A_2 为试样制备液底色的吸光度;K 为稀释倍数;m 为测定时称取试样制备液的质量,g;1.957 为用 10mm 比色皿,当吸光度等于 0.50 时,1mL 茶汤中茶多酚的含量相当于 1.957mg。

(三)精密度

在重复性条件下,获得的两次独立测量结果的绝对差值不得超过算术平均值的 5%。

六、检验结果判定

判定依据				
检验检测项目	单位	技术要求	检验检测结果	单项评价

注:检出限按照现行有效的方法执行;计算结果小于检出限时,检验检测结果应报告为未检出,并标注方法的检出限数值。

第四节　蔬菜、水果中硝酸盐含量的测定

氮素在蔬菜、水果产量和品质方面起着非常重要的作用。但是氮肥的使用,会引起蔬菜、水果中硝酸盐量过高。硝酸盐和亚硝酸盐对人体的危害已引起人们的广泛关注。亚硝酸盐不但能与人体血液作用,形成高铁血红蛋白,失去携氧功能,导致人体缺氧中毒;还能转化为亚硝胺,可致癌、致畸、引起呼吸急促等,严重危害人体健康。硝酸盐虽然毒性相对较低,但其在人体细菌的作用下可还原成亚硝酸盐。本节介绍《食品安全国家标准　食品中亚硝酸盐与硝酸盐的测定》(GB 5009.33—2016)中的第三法,蔬菜、水果中硝酸盐的测定 - 紫外分光光度法。

一、原理

样品中硝酸根离子经 pH 9.6 ~ 9.7 的氨缓冲液提取，去除色素类和蛋白质及其他干扰物质，在 219nm 处测其吸光度，与标准系列比较定量。

实践总结 --

硝酸根离子和亚硝酸根离子在紫外区 219nm 处具有等吸收波长，测得结果为硝酸盐和亚硝酸盐吸光度的总和，由于新鲜蔬菜、水果中亚硝酸盐含量甚微，可忽略不计。

二、试剂和材料

除非另有说明，本方法所用试剂均为分析纯，标准物质采用经国家认证并授予标准物质证书的标准物质，水为 GB/T 6682 规定的一级水。

1. 活性炭（粉状）。

2. 正辛醇。

3. 氨缓冲溶液（pH = 9.6 ~ 9.7）：量取 20mL 盐酸，加入 500mL 水中，混合后加入 50mL 氨水，用水定容至 1000mL。调 pH 至 9.6 ~ 9.7。

4. 亚铁氰化钾溶液（150g/L）：称取 150g 亚氰化钾溶于水，定容至 1000mL。

5. 硫酸锌溶液（300g/L）：称取 300g 硫酸锌溶于水，定容至 1000mL。

6. 硝酸钾（KNO_3）：基准试剂，或采用具有标准物质证书的硝酸盐标准溶液。

7. 硝酸盐标准储备液（500mg/L，以硝酸根计）：称取 0.2039g 于 110 ~ 120℃ 干燥至恒重的硝酸钾，用水溶解并转移至 250mL 容量瓶中，加水稀释至刻度，混匀。于冰箱内保存。

8. 硝酸盐标准曲线工作液：分别吸取 0、0.2、0.4、0.6、0.8、1.0、1.2mL 硝酸盐标准储备液于 50mL 容量瓶中，加水定容至刻度。此标准系列溶液硝酸根质量浓度分别为 0、2.0、4.0、6.0、8.0、10.0、12.0mg/L。

三、仪器和设备

紫外分光光度计、分析天平（感量 0.01g 和 0.0001g）、组织捣碎机、可调式往返振荡机、pH 计（精度为 0.01）。

四、分析步骤

（一）试样制备

选取一定量有代表性的样品，先用自来水冲洗，再用水清洗干净，晾干，用四分法取样，切碎，充分混匀，于组织捣碎机中匀浆，在匀浆中加 1 滴正辛醇消除泡沫。

实践总结 --

部分少汁样品可按一定质量比例加入等量水，称样时称样量按加水量折算。

（二）提取

称取 10g（精确至 0.01g）匀浆试样于 250mL 锥形瓶中，加水 100mL，加入 5mL 氨缓冲溶液，2g 活性炭。振荡（往复速度 200 次/分）30 分钟。定量转移至 250mL 容量瓶中，加入 2mL 亚铁氰化钾溶液（150g/L）和 2mL 硫酸锌溶液（300g/L），充分混匀，加水定容至刻度，混匀，静置 5 分钟，干滤纸过滤，弃去初滤液，滤液备用。同时做空白实验。

（三）测定

吸取 2～10mL 上述滤液于 50mL 容量瓶中，加水定容至刻度。用 1cm 比色皿，于 219nm 处测定吸光度。

实践总结 ------------------------------

吸取滤液的量要根据试样中硝酸盐含量的高低，使待测试样液的吸光度落在标准曲线的范围内。

219nm 为紫外光区，玻璃不能透光紫外光，要用石英比色皿。

（四）标准曲线的制作

将标准曲线工作液用 1cm 比色皿，于 219nm 处测定吸光度。以标准溶液浓度为横坐标，吸光度为纵坐标绘制工作曲线。

五、原始记录及数据处理

（一）数据记录

样品名称						
检验依据	GB 5009.33					
仪器设备	仪器设备名称			规格型号		
检验员						
检验日期						
样品质量，m（g）						
提取液定容体积，V_1（mL）						
待测液定容体积，V_2（mL）						
吸取的滤液体积，V_3（mL）						
试样液吸光度						
空白试验溶液吸光度						
硝酸盐标准溶液浓度（mg/L）	2.0	4.0	6.0	8.0	10.0	12.0
吸光度						
硝酸盐标准曲线						

（二）计算

将试样液吸光度减去空白溶液吸光度，代入标准曲线，计算出试样液中硝酸盐的浓度 ρ（mg/L）。试样中硝酸盐的含量按下式计算，计算结果需扣除空白值。

$$X = \frac{\rho \times V_1 \times V_2}{m \times V_3}$$

式中，X 为试样中硝酸根离子的含量，mg/kg；ρ 为样液中硝酸根离子的浓度，mg/L；V_1 为提取液定容体积，mL；V_2 为待测液定容体积，mL；V_3 为吸取的滤液体积，mL；m 为试样的质量，g；结果保留2 位有效数字。

（三）精密度

在重复性条件下，获得的两次独立测量结果的绝对差值不得超过算术平均值的10%。

六、检验结果判定

判定依据				
检验检测项目	单位	技术要求	检验检测结果	单项评价

注：检出限按照现行有效的方法执行；计算结果小于检出限时，检验检测结果应报告为未检出，并标注方法的检出限数值。

目标检测

答案解析

1. 在分光光度法中，选择入射光波长的原则是什么？

2. 何谓朗伯－比耳定律（光吸收定律）？数学表达式及各物理量的意义是什么？

3. 若从标准曲线上查不到水样所相当的阴离子合成洗涤剂的量（即大于 100μg）时，如何改进本实验？

第八章　原子吸收光谱法在食品检测中的应用

学习目标

【知识目标】

1. 掌握原子吸收分光光度分析定量方法及仪器操作。

2. 熟悉原子吸收分光光度分析原理及仪器结构；原子荧光光谱法的原理及定量定性分析方法。

【能力目标】

能按照食品检测方法标准，规范进行实验操作和使用原子吸收光谱仪，获得并记录原始数据，准确计算食品中的相关组分含量，能对检验结果进行准确的判断与报告。

第一节　原子吸收光谱法基础知识

PPT

原子吸收光谱法（atomic absorption spectrometry，AAS）是基于蒸气相中待测元素的基态原子对其共振辐射的吸收强度来测定试样中该元素含量的一种仪器分析方法。由于原子吸收光谱法的灵敏度高、分析速度快、仪器组成简单、操作方便，因而获得广泛的应用，特别适用于微量分析和痕量分析。在多个领域得到广泛应用，食品中的铅、镉、镍、铁、锰、锌、钾、钠、钙、镁等元素测定用原子吸收分光光度法。

一、共振线

电子从基态跃迁到第一激发态（能量最低的激发态）所产生的吸收光谱叫作共振吸收线；而由第一激发态跃迁回基态发射出与吸收辐射频率相同的谱线称为共振发射线。共振吸收线和共振发射线也称作共振线。各种元素的原子结构和外层电子排布不同，电子从基态跃迁至第一激发态所吸收的能量也不相同，每种元素都具有特定的共振吸收线。

原子吸收分析线的选择应从灵敏度高、干扰少两方面考虑。通常产生共振吸收线所需的激发能较低，跃迁最容易发生，所以对大多数元素来讲，共振吸收线就是最灵敏的谱线，因此元素的共振线又叫作分析线。如果待测元素含量比较高时，可选用次级灵敏谱线。如果共振线附近有其他光谱干扰时，可以选用灵敏度稍低的谱线作分析线。例如测定铅时，为了克服短波区域的背景吸收和噪声，不使用217.0nm灵敏线而用283.3nm谱线。

二、基本原理

在原子吸收光谱中，对给定元素，在一定实验条件下，基态原子蒸气吸光度与被测溶液的浓度成正比，即吸光度与被测原子的浓度遵循朗伯 – 比尔定律。

$$A = -\lg I/I_0 = -\lg T = KcL$$

式中，I 为透射光强度；I_0 为入射光强度；T 为透射比；L 为光通过原子化器的光程。由于 L 为定值，吸光度 A 与浓度 c 呈简单的线性关系，上式可简化为：

$$A = kc$$

该式是原子吸收光谱分析进行定量的依据。k 值是一个与元素浓度无关的常数，实际上是标准曲线的斜率。

三、原子吸收分光光度计的基本结构

原子吸收光谱仪器的结构与其他分光光度计十分相似，主要由光源系统、原子化系统、分光系统、检测系统和数据处理系统组成。

（一）光源系统

光源的功能是发射被测元素的特征光谱。主要有空心阴极灯（包括高强度空心阴极灯、窄谱线灯、多元素空心阴极灯等）和无极放电灯。空心阴极灯又称元素灯，是原子吸收分析中最常用的光源。

空心阴极灯的发射特性依赖于工作电流。灯的工作电流过小，光输出稳定性差，发光强度减弱，稳定性和信噪比下降；灯的工作电流过大，溅射作用增强，原子蒸气密度增大，谱线变宽，甚至引起自吸，导致测定灵敏度降低，校正曲线弯曲，灯寿命缩短。一般商品空心阴极灯都标有允许使用的最大电流和可使用的电流范围，在保证仪器稳定前提条件下，采用较低的电流，可提高测定灵敏度和延长灯的使用寿命。对大多数元素灯而言，应采用最大电流的40% ~ 60%。在实际工作中，最合适的工作电流通过实验确定。

（二）原子化系统

原子化系统的功能是提供能量，使试样干燥、蒸发和原子化，将试样中待测元素转化为基态原子。原子化系统的性能直接影响分析灵敏度和结果的重现性。目前，实现原子化的方法，最常用的有两种：火焰原子化法和石墨炉原子化法。

1. 火焰原子化器　目前仪器多采用预混合型火焰原子化器，由雾化器、预混合室（雾化室）、燃烧头和气体控制系统主要部件组成，如图8 – 1所示。试液从喷嘴同心毛细管中吸入喷雾，再与撞击球撞击进一步雾化，雾珠在雾化室内与燃气、助燃气充分混合，以气溶胶状态进入燃烧器，未撞击到的大雾珠经冷凝后沿废液管流出。火焰由燃气和助燃气燃烧形成，乙炔为常用燃气，火焰为乙炔 – 空气火焰。火焰按燃气与助燃气的比例（燃助比）不同，分为化学计量焰、富燃焰和贫燃焰三类。化学计量焰也称中性焰。燃助比与化学计量关系接近。这类火焰层次清晰、温度高、稳定、干扰少，适用于多数元素原子化。以乙炔 – 空气为例，化学计量火焰燃助比为1∶4。燃气量大于化学计量的火焰称富燃焰，其特点是燃烧不完全，温度略低于化学计量焰，具有还原性，适用于易形成难解离氧化物的元素的测定。助燃气大于化学计量的火焰称为贫燃焰，其特点是颜色呈蓝色，氧化性较强，温度较低，适用于测定易解离、易电离的元素，如碱金属。

火焰的结构可分四个区域，预热区、第一反应区、中间薄层区和第二反应区。火焰的不同区域具有

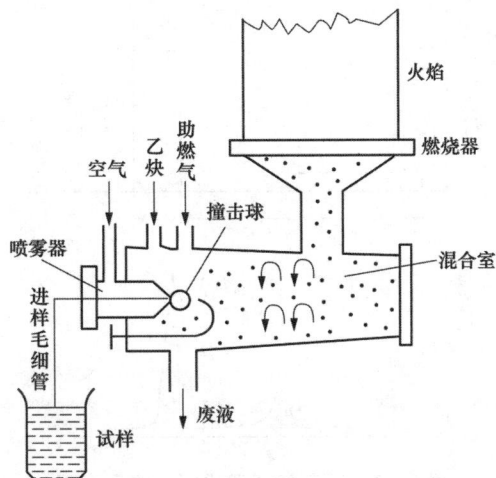

图 8-1 预混合型火焰原子化器

不同温度和不同的氧化或还原性。因此，为了获得较高的灵敏度和消除干扰，应选择最佳观测高度，让光束通过火焰的最佳区域。选择燃烧器高度也就是选择火焰的区域。首先从灵敏度和稳定性来考虑选择适宜的高度；遇到干扰时，再改变其高度以设法避免干扰。若干扰仍然存在，应考虑采用其他消除干扰的方法。

2. **石墨炉原子化器** 又称电热原子化器，由加热电源、炉体和石墨管组成（图 8-2）。测定时，试样用微量进样器或自动进样器（一般进样量 $1 \sim 100\mu L$）注入石墨管，在氩气（Ar）惰性气体保护下分步升温加热，使试样干燥、灰化（或分解）、原子化和净化（图 8-3）。干燥的目的是除去溶剂，防止因溶剂存在引起灰化和原子化过程飞溅。干燥温度一般稍高于溶剂的沸点，干燥时间取决于试样进样体积，一般每微升溶液干燥时间约需 1.5 秒。灰化过程主要是除去易挥发的基体和有机物等干扰物质。一般灰化温度在 $100 \sim 1800℃$，时间 $0.3 \sim 300$ 秒。原子化时，升高温度至最佳原子化温度，原子化 $3 \sim 10$ 秒，将待测元素转化为基态原子，并观察相应的吸收信号。在原子化过程中，停止通气可延长原子在石墨管炉中停留时间。对于电加热过程，必须仔细通过实验来选择合适的温度和时间参数。净化的作用是除去石墨管中残留的分析物，消除因样品残留所产生的记忆效应。净化温度一般高出原子化温度10%左右，时间 $3 \sim 5$ 秒。

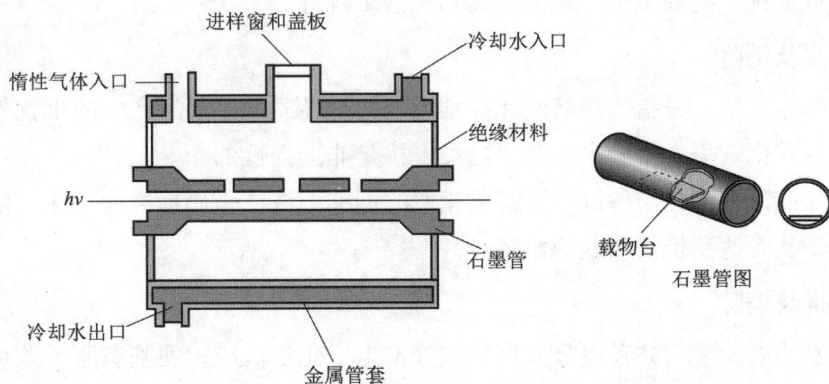

图 8-2 管式石墨炉原子化器示意图

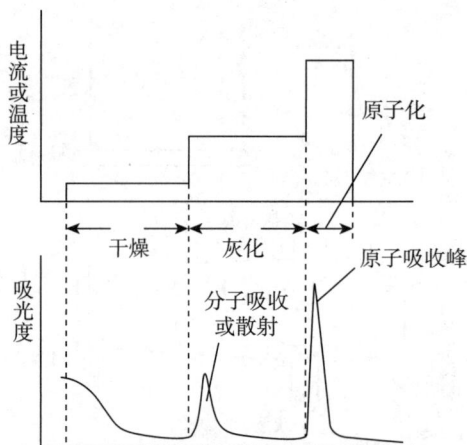

图8-3　石墨炉原子化器升温示意图

（三）单色器

单色器的作用是将待测元素的分析线与邻近的谱线分开。由入射狭缝、出射狭缝和色散元件（光栅或棱镜）组成。其中，色散元件为其关键部件，现在商品仪器均使用光栅。单色器位于原子化器之后，以阻止来自原子化器内的所有不需要的辐射进入检测器。

狭缝的宽度，直接影响测定的灵敏度与标准曲线的线性范围。主要是根据待测元素的谱线结构和所选的分析线附近是否有非吸收干扰进行选择。选择的原则是在能将邻近分析线的其他谱线分开的情况下，应尽可能采用较宽的通带，可提高信噪比，对测定有利。若分析线附近有干扰线存在，在保证有一定强度的情况下，应适当调窄狭缝。光谱通带一般在0.5~4nm。也可通过实验确定合适的狭缝宽度，具体做法是：逐渐改变单色器的狭缝宽度，使检测器输出信号最强，即吸光度最大为止。

（四）检测系统和数据处理系统

检测器一般采用光电倍增管，使光信号变成电信号，经放大器放大后以透射率或吸光度的形式显示出来。

四、干扰及消除方法

凡是能影响试样进入火焰及能影响火焰中基态原子数量的各种因素均可造成干扰。原子吸收分析中的干扰主要包括物理干扰、电离干扰、化学干扰和光谱干扰等。

（一）物理干扰及消除

物理干扰又称基体干扰，是指待测溶液和标准溶液物理性质的差异所产生的干扰效应。主要影响试样喷入火焰的速度、雾化效率、雾滴大小等，这类干扰是非选择性的。

物理干扰的消除办法是配制与待测溶液组成相似的标准溶液或采用标准加入法，使试液与标准溶液的物理干扰相一致，从而达到抵消误差的作用。

（二）化学干扰及消除

化学干扰是由于待测元素与共存组分或火焰成分发生了化学反应，使基态原子数目减少而产生的干扰，是原子吸收法的主要干扰来源。这种干扰具有选择性，对试样中各种元素的影响各不相同。消除化学干扰的方法有以下几种。

1. 提高原子化温度　使用高火焰温度或提高石墨炉原子化温度，可使难离解的化合物分解。如在高温火焰中磷酸根不干扰钙的测定。除了利用温度效应外，还可以利用火焰的氧化性或还原性，采用还原性强的火焰与石墨炉原子化法，可使难离解的氧化物还原、分解。

2. 加入释放剂　释放剂与干扰物质能生成比与被测元素更稳定的化合物，使被测元素释放出来。如磷酸根干扰钙的测定，可在试液中加入镧、锶盐，镧、锶与磷酸根首先生成比钙更稳定的磷酸盐，即相当于把钙释放出来。加入镧或锶盐，也可防止铝对镁测定的干扰。

3. 加入保护剂　保护剂可与被测元素生成易分解的或更稳定的配合物，以防止被测元素与干扰组分生成难离解的化合物。保护剂一般是有机配合剂，用的最多的是 EDTA 与 8 – 羟基喹啉。例如，磷酸根干扰钙的测定，当加入 EDTA 后，EDTA – Ca 更稳定而又易破坏。铝干扰镁的测定，可加入 8 – 羟基喹啉。

4. 加入基体改进剂　对于石墨炉原子化法，在试样中加入基体改进剂，使其在干燥或灰化阶段与试样发生化学变化，其结果可能增加基体的挥发性或改变被测元素的挥发性，以消除干扰。比如，氯化钠基体对 Cd 测定有干扰，可以加入硝酸铵，使其转化为易挥发的氯化铵和硝酸钠，在灰化阶段消除。

当以上方法都不能消除化学干扰时，可进一步采用化学分离方法，如溶剂萃取、离子交换、沉淀分离等，其中，溶剂萃取分离法用得较多。

（三）光谱干扰及其消除

光谱干扰主要来自光源和原子化器，主要有谱线干扰和背景干扰两种。

1. 谱线干扰及其消除　共存元素吸收线与被测元素的分析线波长很接近时，两谱线重叠或部分重叠，会使分析结果偏高。改善和消除这种干扰的办法是缩小狭缝宽度或选用其他的分析线。如 Mn 的共振线是 403.3073nm，若在 Mn 试样中含有 Ga，Ga 的共振线是 403.2982nm，将会对 Mn 的测定产生干扰，可采用另选分析线方法加以消除。

2. 背景干扰及其校正　背景干扰主要是指原子化过程中产生的分子吸收和固体微粒产生的光散射。分子吸收是带状光谱，会在一定波长范围内形成干扰。例如碱金属卤化物在紫外区有吸收；在波长小于250nm 时，H_2SO_4 和 H_3PO_4 有很强的吸收带，而 HNO_3 和 HCl 的吸收很小，因此，原子吸收光谱分析中多用 HNO_3 与 HCl 配制溶液。背景干扰使吸收值增加，产生正误差。背景吸收为宽带吸收，可以通过校正背景的方法加以消除。背景吸收的消除常用空白校正、氘灯校正和塞曼效应校正等几种方法。

（四）电离干扰及其消除

高温导致基态原子电离，使基态原子数减少，吸光度下降，降低了元素测定的灵敏度。消除电离干扰的最有效方法是加入过量的消电离剂。消电离剂是比被测元素电离能低的元素，如碱金属，以达到抑制电离的目的。比如在测定钙时，常加入一定量的钾盐溶液（钾和钙的电离电位分别为 4.34eV 和6.11eV），由于溶液中存在大量的钾电离出的自由电子，使待测元素钙的电离被抑制。

五、原子吸收光谱法的分析方法

原子吸收光谱分析定量依据是朗伯 – 比尔定律，常用的定量方法有标准曲线法和标准加入法。其中，标准曲线法是最常用的定量方法，是其他各种定量方法的基础。

（一）标准曲线法

配制一系列不同浓度标准溶液，在给定的实验条件下，按浓度由低到高依次分析，分别测得其吸光度 A，以 A 为纵坐标，浓度 c 为横坐标，绘制 $A–c$ 校正曲线。在相同实验条件下，测出待测试样溶液的吸光度，在校正曲线上查出其浓度即可求出待测元素的含量。

标准曲线法的优点是简单、快速，适用于大批量组成简单和与标准溶液组成相近似的试样分析，但由于基体及共存元素的干扰，其分析结果往往会产生一定的偏差。

🔖 **实践总结** --

所配的标准溶液的浓度，应在 $A–c$ 呈线性的范围内，最佳分析范围的吸光度应控制在 $0.1 \sim 0.7$。绘制标准曲线一般需要 $5 \sim 6$ 个点。

在整个分析过程中，操作条件应保持不变。

吸光度具有加和性，测定吸光度需扣除试剂空白 A_0。

（二）标准加入法

当样品中被测组分含量低，基体组成复杂，难以配制与样品组成相似的标准溶液时，可采用标准加入法进行分析。

吸取 $5 \sim 6$ 份相同体积的试样溶液，从第二份起依次分别加入同一浓度不同体积的待测元素的标准溶液，稀释定容至相同体积。在相同的实验条件下，分别测定加入标准溶液后样品（c_x，$c_x + 2c_0$，$c_x + 3c_0 \cdots \cdots$）的吸光度（A_0，A_1，A_2，$A_3 \cdots \cdots$），绘制标准曲线，并将此曲线外延，与横坐标的交点即为试样溶液中待测元素的浓度（图 8-4）。

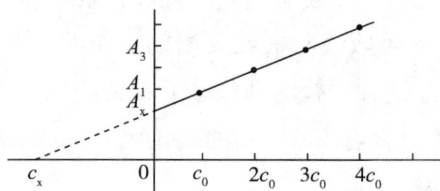

图 8-4　标准加入法工作曲线图

标准加入法的最大优点是可最大限度地消除基体影响，但不能消除背景吸收。对批量样品测定手续太繁，对成分复杂的少量样品测定和低含量成分分析，准确度较高。

六、样品前处理技术

原子吸收光谱分析通常以液体状态进样。由于待测样品种类繁多，组成复杂，往往需要采用一定的方法对样品进行适当的预处理，以制备成待测元素的无机盐溶液。样品预处理的原则是：完整保留被测组分，消除干扰组分。常用的样品前处理方法有以下几种。

（一）干法灰化

干法灰化是利用高温灼烧破坏样品中的有机物。将适量样品置于坩埚中，先小火炭化后，再置于 $500 \sim 600℃$ 高温炉中灼烧灰化到白色或浅灰色，然后用适当的酸将灰化物溶解制成测试溶液。其特点是破坏彻底，操作简单，但温度过高会造成挥发性元素的逸散，影响分析结果的准确性。

（二）湿法消化

在强酸性溶液中，利用强氧化剂使样品中的有机物质完全分解、氧化，呈气态逸出，待测组分转化为无机物状态存在于消化液中，供分析使用。其特点是加热温度比干法低，减少金属元素的挥发逸散，在食品分析检测中被广泛使用。但是在消化过程中会产生大量有害气体，需要在通风橱或通风条件较好的地方进行。由于操作中需要的试剂较多，空白值偏高，需做空白试验。常用的强氧化剂为硝酸、高氯酸和过氧化氢。

（三）微波消解法

微波消解技术是一种利用微波能量促进样品消化的技术，作为发展最快、高效快速、易挥发元素损失少、回收率高、溶剂消耗少的湿法样品制备技术被广泛应用，是目前食品分析领域元素分析样品制备最常用的方法之一。样品和溶剂放入聚四氟乙烯消解罐中，在微波电磁场的辐射下，极性分子发生振动、相互碰撞摩擦、极化而产生高热。微波消解仪还可自动控制密闭容器的压力，结合高压消解和微波加热，食品样品仅需几十分钟即可完成消解，大幅缩短了消解时间。

微波消解需要注意的是，要根据消解罐的体积，决定称取样品的质量，一般称样量固体试样为 $0.1 \sim 1.0g$，液体试样 $0.5 \sim 3.0mL$，油脂含量高的样品应减小称样量。

第二节　原子荧光光谱法概述

原子荧光光谱法（atomic fluorescence spectrometry，AFS），是通过测量被测元素的原子蒸气在特定频率辐射能激发下产生的荧光强度进行元素分析的方法。原子荧光光谱法是一种新的痕量分析技术，从发光机制来看，属于发射光谱分析法，但与原子吸收分析也有许多相似之处。该法具有灵敏度高、干扰少、易实现多元素同时测定的优点，适用范围广，成为环保、食品、生物、冶金、地质、化工样品中痕量元素分析的主要方法之一。

一、基本原理

（一）原子荧光光谱的产生

当待测元素的原子蒸气吸收特征辐射后，由基态跃迁到激发态，约在 10^{-8} 秒后，再由激发态跃迁回到基态，辐射出与吸收光波长相同或不同的荧光；原子荧光可分为共振荧光、非共振荧光与敏化荧光等三种类型。实际得到的原子荧光谱线，这三种荧光都存在。气态自由原子吸收共振线被激发后，再发射出与原激发辐射波长相同的辐射即为共振荧光。由于共振荧光强度最大，在分析中应用最广。

（二）定量分析依据

当光源强度稳定、辐射光平行、自吸可忽略，荧光强度 F 与溶液中被测元素的浓度 c 成正比。

$$F = Kc$$

式中，F 为荧光强度；K 为常数；c 为被测元素浓度。

此式为原子荧光定量分析的基本关系式，是原子荧光定量分析的基础。

（三）量子效率与荧光猝灭

由于处在激发态的电子寿命十分短暂，仅 10^{-8} 秒，从高能级返回低能级除发射荧光外，也可能在原子化器中与其他电子、原子、分子发生碰撞，而产生荧光猝灭现象或使荧光强度减弱而严重影响原子荧光光谱分析。许多元素在烃类火焰（如乙炔焰）中要比用氩稀释的氢 – 氧火焰中荧光猝灭大，因此原子荧光光谱分析中，一般使用氩稀释的氢 – 氧火焰（氩 – 氢火焰）代替。

二、原子荧光分光光度计

原子荧光分析法所用的仪器为原子荧光分光光度计，也称为原子荧光光谱仪，由激发光源、原子化器、分光系统、检测系统和数据处理系统等部分组成。其大部分组件的工作原理与原子吸收光度计是相同的。

（一）光源

可用连续光源或锐线光源。常用的连续光源是氙弧灯，其特点是稳定、操作简便、寿命长，能用于多元素同时分析，但检出限较差。常用的锐线光源是高强度空心阴极灯、无极放电灯、激光等，辐射强度高，稳定，可得到更好的检出限。其中应用最广泛的是高强度空心阴极灯。

（二）原子化器

原子化器的作用是提供待测元素基态原子蒸气的装置。常用的原子化器与原子吸收分光光度计相类似，主要分为火焰原子化器和电热原子化器两类，如火焰原子化器、氢化物原子化器。

（三）光学系统

在原子荧光中，为了避免激发光源对荧光信号测量的影响，要求光源、原子化器和检测器三者处于直角状态。而原子吸收光度计中，这三者是处于一条直线上。

检测系统和数据处理系统与原子吸收光谱仪相同。

三、氢化物发生法在原子荧光光谱分析中的应用

氢化物发生法是在一定条件下将待测元素化合物转化成挥发性氢化物并与基体分离，通过测定生成的氢化物来求算试样中待测元素含量的一种方法。氢化物发生法的主要特点是实现了气体进样，气相氢化物的易解离性使得原子化效率也大大提高，从而极大地改善了测定的检出限与精密度；并使被测元素生成氢化物与大量基体元素分离，检测时几乎无基体光谱干扰。随着新的更为有效的氢化物发生手段，氢化物发生法在原子荧光光谱分析中得到广泛的应用。

氢化物发生法是以强还原剂硼氢化钠（$NaBH_4$）或硼氢化钾（KBH_4）在酸性介质中与待测元素反应，生成气态的氢化物或原子蒸气后，借助载气（一般为氩气）将其导入原子化器，在氩－氢火焰中原子化而形成基态原子。氢化物发生法主要用于易形成氢化物的金属和非金属，如砷、硒、锑、锡、锗和铅等，汞可生成原子蒸气。由于硼氢化钠（或硼氢化钾）在弱碱性溶液中易于保存，使用方便，反应速度快，且很容易地将待测元素转化为气体，所以在原子荧光光度法中得到广泛的应用。

四、定量分析方法

原子荧光分析的定量测量，一般采用标准曲线法和标准加入法，标准曲线法最常用，即配制一系列浓度标准溶液测量其荧光强度，以荧光强度为纵坐标，以浓度为横坐标绘制标准曲线，然后在相同的条件下，测量试液的荧光强度，由标准曲线上查得试液的浓度。

第三节　食品中钙的测定（火焰原子化法）

钙是人体内非常重要的一种矿物质，约占体重的2%，属于人体内的常量元素。钙是骨骼和牙齿的主要成分，钙能维持调节机体内许多生理生化过程，参与神经传导、肌肉收缩、心脏跳动等。钙缺乏主要影响骨骼的发育和结构，引起佝偻病、软骨病、骨质疏松等，钙摄入过量对部分人会引起便秘，并影响 Fe、Zn 等其他微量矿物元素的吸收，人体的健康与钙有不可分割的关系。人类主要通过食物摄取钙。

钙的测定方法较多，《食品安全国家标准　食品中钙的测定》（GB 5009.92）中列出了原子吸收光谱法、EDTA 滴定法、电感耦合等离子体发射光谱法、电感耦合等离子体质谱法四种方法，这里重点介绍原子吸收光谱法。

一、原理

试样经消解处理后，加入镧溶液作为释放剂，导入原子吸收分光光度计中，经火焰原子化后，在 422.7nm 处测定的吸光度值在一定浓度范围内与钙含量成正比，与标准系列比较定量。

二、试剂

除非另有说明，本方法所用试剂均为优级纯，标准物质采用经国家认证并授予标准物质证书的标准物质，水为 GB/T 6682 规定的二级水。

（一）试剂

1. 硝酸。

2. 高氯酸。

3. 硝酸（5 + 95）：量取 50mL 硝酸，缓慢加入 950mL 水中，混匀。

4. 硝酸（1 + 1）：量取 500mL 硝酸，缓慢加入 500mL 水中，混匀。

5. 盐酸（1 + 1）：量取 500mL 盐酸，缓慢加入 500mL 水中，混匀。

6. 镧溶液（20g/L）：称取 23.45g 氧化镧，先用少量水湿润后再加入 75mL 盐酸溶液（1 + 1）溶解，转入 1000mL 容量瓶中，用水定容，混匀。

（二）标准溶液配制

1. 钙标准储备液（1000mg/L）　准确称取 2.4963g（精确至 0.0001g）碳酸钙，加盐酸（1 + 1）溶解，移入 1000mL 容量瓶，加水至刻度，混匀。

2. 钙标准中间液（100mg/L）　准确吸取钙标准储备液（1000mg/L）10mL 于 100mL 容量瓶中，加硝酸溶液（5 + 95）至刻度，混匀。

3. 钙标准系列溶液　分别吸取钙标准中间液（100mg/L）0、0.500、1.00、2.00、4.00、6.00mL 于 100mL 容量瓶中，各加入 5mL 镧溶液（20g/L），加硝酸溶液（5 + 95）至刻度，混匀。此钙标准系列溶液的浓度分别为 0、0.500、1.00、2.00、4.00、6.00mg/L。

💢 实践总结

钙标准储备液（1000mg/L）可直接购买经国家认证并授予标准物质证书的钙标准溶液。

可根据仪器的灵敏度及样品中钙的实际含量确定标准系列溶液中钙的浓度。

所有玻璃器皿及聚四氟乙烯消解内罐均需硝酸溶液（1 + 5）浸泡过夜，用自来水反复冲洗，最后用水冲洗干净。

三、仪器和设备

原子吸收光谱仪（配火焰原子化器、钙空心阴极灯）、分析天平（感量为 1mg 和 0.1mg）、微波消解系统（配聚四氟乙烯消解内罐）、可调式电热炉或可调式电热板、压力消解罐（配聚四氟乙烯消解内罐）、恒温干燥箱、马弗炉等。

四、分析步骤

（一）试样预处理

粮食、豆类去杂物后，粉碎，储于塑料瓶中；蔬菜、水果、鱼类、肉类等水分含量高的鲜样，洗净、晾干，取可食部分用食品加工机或匀浆机打成匀浆，储于塑料瓶中；饮料、酒、醋、酱油、食用植物油、液态乳等液体样品，将样品摇匀。

（二）试样消解

可根据实验室条件选择任一种方法进行消解。

1. 湿法消解 称取试样 $0.2 \sim 3g$（精确至 $0.001g$）或准确移取液体试样 $0.500 \sim 5.00mL$ 于带刻度消化管中，加 10mL 硝酸和 0.5mL 高氯酸，在可调式电热炉上消解（参考条件：$120℃/0.5 \sim 1$ 小时；升至 $180℃/2 \sim 4$ 小时、升至 $200 \sim 220℃$）。消化液呈无色透明或略带黄色，取出消化管，若消化液呈棕褐色，再加少量硝酸，消解至冒白烟，冷却后用水定容至 25mL，混匀备用。根据实际测定需要稀释，并在稀释液中加入一定体积的镧溶液（20g/L），使其在最终稀释液中的浓度为 1g/L，混匀备用，即为试样待测液。同时做试剂空白试验。也可采用锥形瓶，在可调式电热板上，按上述操作方法进行湿法消解。

2. 微波消解 称取固体试样 $0.2 \sim 0.8g$（精确至 $0.001g$）或准确移取液体试样 $0.500 \sim 3.00mL$ 于微波消解罐中，加 5mL 硝酸，按微波消解的操作步骤消解试样，消解条件参考表 8-1。冷却后取出消解罐在电热板上于 $140 \sim 160℃$ 赶酸至 1mL 左右。消解罐放冷后，将消化液转移至 25mL 容量瓶中，并用水定容至刻度，混匀备用。根据实际测定需要稀释，并在稀释液中加入一定体积的镧溶液（20g/L），使其在最终稀释液中的浓度为 1g/L，混匀备用，即为试样待测液。同时做试剂空白试验。

表 8-1 微波消解升温程序

步骤	设定温度（℃）	升温时间（min）	恒温时间（min）
1	120	5	5
2	160	5	10
3	180	5	10

3. 压力罐消解 称取固体试样 $0.2 \sim 1g$（精确至 $0.001g$）或准确移取液体试样 $0.500 \sim 5.00mL$ 于消解内罐中，加 5mL 硝酸。盖好内盖，旋紧不锈钢外套，放入恒温干燥箱中，于 $140 \sim 160℃$ 下保持 $4 \sim 5$ 小时。冷却后缓慢旋松外罐，取出消解内罐，在可调式电热板上于 $140 \sim 160℃$ 赶酸至 1mL 左右。冷却后将消化液转移至 25mL 容量瓶中，用水定容至刻度，混匀备用，即为试样待测液。同时做试剂空白试验。

🔬 **实践总结**- -

试样消解使用的试剂如硝酸、高氯酸都具有腐蚀性，比较危险，且在实验过程中会产生大量酸雾和烟。因此，消解要在通风橱内进行。

固体样品在加硝酸和高氯酸消化前，可先加少量水湿润，防止酸加入后立即炭化结块而延长消化时间。

- -

4. 干法灰化 准确称取固体试样 $0.5 \sim 5g$（精确至 $0.001g$）或准确移取液体试样 $0.500 \sim 10.0mL$

于坩埚中，于电热板上小火炭化至无烟，转移至马弗炉中，550℃灰化 3～4 小时。冷却。取出。灰化不彻底的试样，可加数滴硝酸，小火加热，小心蒸干，再转入 550℃马弗炉中，继续灰化 1～2 小时，至试样呈白灰状，冷却，取出，用适量硝酸溶液（1+1）溶解转移至刻度管中，用水定容至 25mL。根据实际测定需要稀释，并在稀释液中加入一定体积的镧溶液（20g/L），使其在最终稀释液中的浓度为 1g/L，混匀备用，即为试样待测液。同时做试剂空白试验。

（三）测定

1. 仪器参考条件　根据各自仪器性能调至最佳状态，参考条件见表 8-2。

表 8-2　仪器参考条件

元素	波长（nm）	狭缝（nm）	灯电流（mA）	燃烧头高度（mm）	空气流量（L/min）	乙炔流量（L/min）
钙	422.7	1.3	5～15	3	9	2

2. 标准曲线绘制　将钙标准系列溶液按浓度由低到高的顺序分别导入火焰原子化器，测定吸光度值，以标准系列溶液中钙的质量浓度为横坐标，相应的吸光度值为纵坐标，制作标准曲线。

3. 试样测定　在与测定标准溶液相同的实验条件下，将空白溶液和试样待测液分别导入原子化器，测定相应的吸光度值，与标准系列比较定量。

五、原始记录及数据处理

（一）数据记录

样品名称			
检验依据	GB 5009.92		
仪器设备	仪器设备名称		规格型号
检验员			
检验日期			
试样称样量 m 或移取体积 V（g 或 mL）			
试样消化液定容体积，V（mL）			
试样待测液吸光度，A			
空白溶液吸光度，A_0			
钙标准系列溶液浓度，c（mg/L）			
钙标准系列溶液吸光度			
标准曲线			

（二）计算

将试样待测液吸光度和空白溶液吸光度代入标准曲线，计算出待测液和空白溶液中钙的浓度 c_1（mg/L）和 c_0（mg/L）；浓度也可由数据处理软件获取。

试样中钙含量计算：

$$X = \frac{(c_1 - c_0) \times f \times V}{m}$$

式中，X 为试样中钙的含量，mg/kg 或 mg/L；c_1 为试样待测液中钙的浓度，mg/L；c_0 为空白溶液中钙的浓度，mg/L；f 为稀释倍数；V 为试样消化液的定容体积，mL；M 为试样称样量或移取体积，g 或 mL。

以重复性条件下获得的两次独立测定结果的算术平均值表示。当钙含量≥10.0mg/kg（或 mg/L）时，计算结果保留三位有效数字；当钙含量 <10.0mg/kg（或 mg/L）时，计算结果保留两位有效数字。

（三）精密度

重复实验条件下获得的两次独立测定结果的绝对差值不得超过算术平均值的 10%。

六、检验结果判定

判定依据				
检验检测项目	单位	技术要求	检验检测结果	单项评价

注：检出限按照现行有效的方法执行；计算结果小于检出限时，检验检测结果应报告为未检出，并标注方法的检出限数值。

第四节　食品中铅的测定（石墨炉原子化法）

铅是一种对人体危害极大的重金属，通过呼吸道、消化道进入人体后，对神经、血液及造血、消化系统等造成危害。生长发育期的婴幼儿由于血－脑屏障发育不完全，解毒功能不完善，对铅的神经毒性极其敏感，会造成发育迟缓、食欲不振、注意力不集中，甚至智力低下。《食品安全国家标准　食品中铅的测定》（GB 5009.12—2023）中共列出 3 种方法：石墨炉原子吸收光谱法、电耦合等离子体质谱法、火焰原子吸收光谱法。石墨炉原子吸收光谱法是仲裁方法。

一、原理

试样消解处理后，注入原子吸收分光光度计石墨炉中电热原子化，在283.3nm 处测定吸光度。在一定浓度范围，吸光度与铅含量成正比，与标准系列比较定量。

二、试剂

除非另有说明，本方法所用试剂均为优级纯，标准物质采用经国家认证并授予标准物质证书的标准物质，水为 GB/T 6682 规定的二级水。

（一）试剂

1. 硝酸。

2. 高氯酸。

3. 硝酸（5 + 95）：量取 50mL 硝酸，缓慢加入 950mL 水中，混匀。

4. 硝酸（1 + 9）：量取 50mL 硝酸，缓慢加入 450mL 水中，混匀。

5. 磷酸二氢铵－硝酸钯溶液：称取 0.02g 硝酸钯，加少量硝酸溶液（1 + 9）溶解后，再加入 2g 磷酸二氢铵，溶解后用硝酸溶液（5 + 95）定容至 100mL，混匀。

（二）标准溶液配制

1. 铅标准储备液（1000mg/L）　准确称取 1.5985g（精确至 0.0001g）硝酸铅，用少量硝酸溶液（1 + 9）溶解，移入 1000mL 容量瓶，加水至刻度，混匀。

2. 铅标准中间液（1.00mg/L）　准确吸取铅标准储备液（1000mg/L）1.00mL 于 1000mL 容量瓶

中，加硝酸溶液（5＋95）至刻度，混匀。

3. 铅标准系列溶液 分别吸取铅标准中间液（1.00mg/L）0、0.500、1.00、2.00、3.00、4.00mL 于100mL 容量瓶中，加硝酸溶液（5＋95）至刻度，混匀。此铅标准系列溶液的浓度分别为0、5.00、10.0、20.0、30.0、40.0μg/L。

实践总结

1000mg/L 铅标准储备液可直接购买经国家认证并授予标准物质证书的铅标准溶液。

可根据仪器的灵敏度及样品中铅的实际含量确定标准系列溶液中铅的浓度。

所有玻璃器皿及聚四氟乙烯消解内罐均需硝酸溶液（1＋5）浸泡过夜，用自来水反复冲洗，最后用水冲洗干净。

三、仪器和设备

原子吸收光谱仪（附石墨炉原子化器及铅空心阴极灯）、天平（感量为0.1mg 和1mg）、可调式电热板或可调式电炉、恒温干燥箱、压力消解罐（配聚四氟乙烯消解内罐）或微波消解系统（配聚四氟乙烯消解内罐）等。

四、分析步骤

（一）试样预处理

粮食、豆类去杂物后，磨碎，储于塑料瓶中备用；蔬菜、水果、鱼类、肉类等水分含量高的鲜样，样品洗净、晾干，取可食部分用食品加工机或匀浆机打成匀浆，储于塑料瓶中备用；饮料、酒、醋、酱油、食用植物油、液态乳等液体样品，将样品摇匀。

（二）试样消解

可根据实验室条件选择任一种方法进行消解。

1. 湿法消解 称取试样0.2～3g（精确到0.001g）或准确移取液体试样0.500～5.00mL 于带刻度消化管中，加10mL 硝酸和0.5mL 高氯酸，在可调式电热炉上消解（参考条件：120℃/0.5～1 小时；升至180℃/2～4 小时、升至200～220℃）。消化液呈无色透明或略带黄色，取出消化管，若消化液呈棕褐色，再加少量硝酸，消解至冒白烟，赶酸至近干，冷却后用水定容至10mL，混匀备用。同时做试剂空白试验。也可采用锥形瓶，于可调式电热板上，按上述操作方法进行湿法消解。

2. 微波消解 称取固体试样0.2～2g（精确到0.001g）或准确移取液体试样0.500～3.00mL 于微波消解罐中，加5mL 硝酸，按微波消解的操作步骤消解试样，消解条件参考表8－3。冷却后取出消解罐在电热板上于140～160℃赶酸至1mL 左右。消解罐放冷后，将消化液转移至10mL 容量瓶中，并用水定容至刻度，混匀备用。同时做试剂空白试验。

表8－3 微波消解升温程序

步骤	设定温度（℃）	升温时间（min）	恒温时间（min）
1	120	5	5
2	160	5	10
3	180	5	10

3. 压力罐消解　称取固体试样 0.2 ~2g（精确到 0.001g）或准确移取液体试样 0.500 ~ 5.00mL 于消解内罐中，加 5mL 硝酸。盖好内盖，旋紧不锈钢外套，放入恒温干燥箱中，于 140 ~160℃下保持 4 ~ 5 小时。冷却后缓慢旋松外罐，取出消解内罐，放在可调式电热板上于 140 ~160℃赶酸至 1mL 左右。冷却后将消化液转移至 10mL 容量瓶中，用水定容至刻度，混匀备用。同时做试剂空白试验。

实践总结

1. 试样消解使用的试剂如硝酸、高氯酸都具有腐蚀性，比较危险，且在实验过程中会产生大量酸雾和烟。因此，消解要在通风橱内进行。

2. 固体样品在加硝酸和高氯酸消化前，可先加少量水湿润，防止酸加入后立即炭化结块而延长消化时间。

3. 含乙醇或二氧化碳的样品，先在电热板上低温加热去除乙醇和二氧化碳，再加入硝酸和高氯酸进行消解。

4. 硝酸和高氯酸的用量可根据试样的称样量、性质调整。

（三）测定

1. 仪器参考条件　根据各自仪器性能调至最佳状态，参考条件见表 8 - 4。

表 8 - 4　石墨炉原子吸收光谱法仪器参考条件

元素	波长（nm）	狭缝（nm）	灯电流（mA）	干燥	灰化	原子化
铅	283.3	0.5	8 ~ 12	85 ~120℃/40 ~ 50 秒	750℃/20 ~ 30 秒	2300℃/4 ~ 5 秒

2. 标准曲线绘制　按浓度由低到高的顺序分别将 $10\mu l$ 铅标准系列溶液和 $5\mu l$ 磷酸二氢铵 - 硝酸钯溶液同时注入石墨炉，原子化后测其吸光度，以浓度为横坐标，吸光度为纵坐标，制作标准曲线。

3. 试样测定　与测定标准溶液相同的实验条件下，将 $10\mu l$ 试剂空白液或试样溶液和 $5\mu L$ 磷酸二氢铵 - 硝酸钯溶液。

实践总结

可根据所使用的仪器确定最佳进样量、最佳基体改进剂；过固相苯取柱的样品可不加基体改进剂。

五、原始记录及数据处理

（一）数据记录

样品名称			
检验依据	GB 5009.12		
仪器设备		仪器设备名称	规格型号
检验员			
检验日期			
试样称样量 m 或移取体积，V（g 或 mL）			
试样消化液定容体积，V（mL）			
试样溶液吸光度，A			

续表

试剂空白液吸光度，A_0				
铅标准系列溶液浓度，c（μg/L）				
铅标准系列溶液吸光度				
标准曲线				

（二）计算

将试样溶液吸光度和试剂空白液吸光度带入标准曲线，计算出试样溶液中铅的浓度 c_1（μg/L）和 c_0（μg/L）；浓度也可由数据处理软件获取。

试样中铅含量计算：

$$X = \frac{(c_1 - c_0) \times V}{m \times 1000}$$

式中，X 为试样中铅的含量，mg/kg 或 mg/L；c_1 为试样溶液中铅的浓度，μg/L；c_0 为试剂空白液中铅的浓度，μg/L；V 为试样消化液的总体积，mL；m 为试样称样量或移取体积，g 或 mL；1000 为换算系数。

以重复性条件下获得的两次独立测定结果的算术平均值表示。当铅含量 ≥1.00mg/kg（或 mg/L）时，计算结果保留三位有效数字；当铅含量 <1.00mg/kg（或 mg/L）时，计算结果保留两位有效数字。

（三）精密度

样品中铅含量大于 1mg/kg 时，在重复性条件下获得的两次独立测定结果的绝对差值不得超过算术平均值的 10%；小于或等于 1mg/kg 且大于 0.1mg/kg 时，在重复性条件下获得的两次独立测定结果的绝对差值不得超过算术平均值的 15%；小于或等于 0.1mg/kg 时，在重复性条件下获得的两次独立测定结果的绝对差值不得超过算术平均值的 20%。

六、检验结果判定

判定依据				
检验检测项目	单位	技术要求	检验检测结果	单项评价

注：检出限按照现行有效的方法执行；计算结果小于检出限时，检验检测结果应报告为未检出，并标注方法的检出限数值。

第五节　食品中总汞的测定（原子荧光光谱法）

重金属汞元素是一种生物毒性极强的持续性污染物，以各种化学形态排入环境，污染空气、水质和土壤，导致对食品的污染，直接影响人们的饮食安全。现行的食品中总汞的测定方法标准为 GB 5009.17—2021，原子荧光光谱法为其第一法。

一、原理

试样消解后，在酸性介质中，试样中汞被硼氢化钾（KBH_4）或硼氢化钠（$NaBH_4$）还原成原子态汞，由载气（Ar）带入原子化器中，在汞空心阴极灯照射下，基态汞原子被激发至高能态，由高能态回到基态时，发射出特征波长的荧光，其荧光强度与汞含量成正比，与标准系列比较定量。

二、试剂

除非另有说明，本方法所用试剂均为优级纯，标准物质采用经国家认证并授予标准物质证书的标准物质，水为 GB/T 6682 规定的一级水。

（一）试剂

1. 硝酸。

2. 过氧化氢。

3. 硝酸（1+9）：量取 50mL 硝酸，缓慢加入 450mL 水中，混匀。

4. 硝酸（5+95）：量取 50mL 硝酸，缓慢加入 950mL 水中，混匀。

5. 氢氧化钾溶液（5g/L）：称取 5.0g 氢氧化钾，溶于水中，稀释至 1000mL，混匀。

6. 硼氢化钾溶液（5g/L）：称取 5.0g 硼氢化钾，溶于 5.0g/L 的氢氧化钾溶液中，并稀释至 1000mL，混匀。

⚗ 实践总结 -

硼氢化钾和硼氢化钠在碱性环境中相对稳定，遇无机酸分解而放出氢气，具有强还原性。硼氢化钾溶液需临用现配。

硼氢化钾溶液（5g/L）也可用硼氢化钠溶液（3.5g/L）替代，配制方法为：称取 3.5g 硼氢化钠，用氢氧化钠溶液（3.5g/L）溶解并定容至 1000mL，混匀。临用现配。

- -

7. 重铬酸钾的硝酸溶液（0.5g/L）：称取 0.5g 重铬酸钾，用硝酸溶液（5+95）溶解并稀释至 1000mL，混匀。

（二）标准溶液配制

1. 汞标准储备溶液（1000mg/L）   准确称取 0.1354g 氯化汞，用重铬酸钾的硝酸溶液（0.5g/L）溶解后移入 100mL 容量瓶中，并稀释至刻度，混匀。于 2~8℃冰箱中避光保存，有效期 2 年。

2. 汞标准中间液（10.0mg/L）   准确吸取汞标准储备液（1000mg/L）1.00mL 于 100mL 容量瓶中，用重铬酸钾的硝酸溶液（0.5g/L）稀释并定容至刻度，混匀。于 2~8℃冰箱中避光保存，有效期 1 年。

3. 汞标准使用液（50.0μg/L）   准确吸取汞标准中间液（10.0mg/L）1.00mL 于 200mL 容量瓶中，用重铬酸钾的硝酸溶液（0.5g/L）稀释并定容至刻度，混匀。临用现配。

4. 汞标准系列溶液   分别吸取汞标准使用液（50.0μg/L）0.00、0.20、0.50、1.00、1.50、2.00、2.50mL 于 50mL 容量瓶中，用硝酸溶液（1+9）稀释并定容至刻度，混匀，相当于汞浓度为 0.00、0.20、0.50、1.00、1.50、2.00、2.50μg/L。临用现配。

⚗ 实践总结 -

1000mg/L 汞标准储备溶液可直接购买经国家认证并授予标准物质证书的汞标准溶液。

可根据仪器的灵敏度确定标准系列溶液中汞的浓度。

所有玻璃器皿及聚四氟乙烯消解内罐均需硝酸溶液（1+5）浸泡过夜，用自来水反复冲洗，最后用水冲洗干净。

- -

三、仪器和设备

原子荧光光度计（附汞空心阴极灯）、天平（感量为 0.01mg、0.1mg 和 1mg）。恒温干燥箱、压力消解罐（配聚四氟乙烯消解内罐）或微波消解系统（配聚四氟乙烯消解内罐）、控温电热板（50～200℃）、超声水浴箱、匀浆机、高速粉碎机。

四、分析步骤

（一）试样预处理

粮食、豆类等样品取可食部分，粉碎均匀，储于洁净聚乙烯瓶中，备用；蔬菜、水果、鱼类、肉类及蛋类等水分含量高的鲜样，洗净晾干，取可食部分匀浆，储于洁净聚乙烯瓶中，备用；乳及乳制品匀浆或均质后装入洁净聚乙烯瓶中，密封于 2～8℃冰箱冷藏备用。

（二）试样消解

可根据实验室条件选择任一种方法进行消解。

1. 微波消解法 称取固体试样 0.2～0.5g（精确到 0.001g，含水分较多的样品可适当增加取样量至 0.8g），或准确称取液体试样 1.0～3.0g（精确到 0.001g），对于植物油等难消解的样品称取 0.2～0.5g（精确到 0.001g），于消解罐中，加入 5～8mL 硝酸，加盖静置 1 小时，对难消解的样品再加入 0.5～1mL 过氧化氢，旋紧罐盖，按微波消解的操作步骤消解试样，消解条件参考表 8-5。冷却后取出消解罐，将消解罐放在控温电热板上或超声水浴箱中，80℃下加热或超声脱气 3～6 分钟赶去棕色气体，将消化液转移至 25mL 容量瓶中，用水定容至刻度，混匀备用；同时做空白试验。

表 8-5 微波消解升温程序

步骤	设定温度（℃）	升温时间（min）	恒温时间（min）
1	120	5	5
2	160	5	10
3	190	5	25

2. 压力罐消解法 称取固体试样 0.2～1.0g（精确到 0.001g，含水分较多的样品可适当增加取样量至 2g），或准确称取液体试样 1.0～5.0g（精确到 0.001g），对于植物油等难消解的样品称取 0.2～0.5g（精确到 0.001g）于消解内罐中，加 5mL 硝酸，静置 1 小时或过夜，盖好内盖，旋紧不锈钢外套，放入恒温干燥箱中，于 140～160℃保持 4～5 小时，在箱内自然冷却至室温，缓慢旋松不锈钢外套，将消解内罐取出，将消解罐放在控温电热板上或超声水浴箱中，80℃下加热或超声脱气 3～6 分钟赶去棕色气体，将消化液转移至 25mL 容量瓶中，用水定容至刻度，混匀备用；同时做空白试验。

3. 回流消化法

（1）粮食 称取 1.0～4.0g（精确到 0.001g）试样，于锥形瓶中，加玻璃珠数粒，加 45mL 硝酸、10mL 硫酸，转动锥形瓶防止局部炭化。装上冷凝管，低温加热，待开始发泡即停止加热，发泡停止后，加热回流 2 小时。如加热过程中溶液变棕色，再加 5mL 硝酸，继续回流 2 小时，消解完成后一般溶液呈淡黄色或无色，冷却后，从冷凝管上端小心加入 20mL 水，继续加热回流 10 分钟，冷却后，用适量水冲洗冷凝管，冲洗液并入消化液中，将消化液经玻璃棉过滤 100mL 容量瓶内，加水至刻度，混匀备用；同时做空白试验。

（2）植物油及动物油脂　称取 1.0～3.0g（精确到 0.001g）试样，于锥形瓶中，加玻璃珠数粒，加 7mL 硫酸，小心混匀至溶液颜色变为棕色，加 40mL 硝酸。后续步骤同（1）"装上冷凝管，低温加热……同时做空白试验"。

（3）薯类、豆制品　称取 1.0～4.0g（精确到 0.001g）试样，于锥形瓶中，加玻璃珠数粒及 30mL 硝酸、5mL 硫酸，转动锥形瓶防止局部炭化。后续步骤同（1）"装上冷凝管，低温加热……同时做空白试验"。

（4）肉、蛋类　称取 0.5～2.0g（精确到 0.001g）试样，于锥形瓶中，加玻璃珠数粒及 30mL 硝酸、5mL 硫酸，转动锥形瓶防止局部炭化。后续步骤同（1）"装上冷凝管，低温加热……同时做空白试验"。

（5）乳及乳制品　称取 1.0～4.0g（精确到 0.001g）试样，于锥形瓶中，加玻璃珠数粒及 30mL 硝酸，乳加 10mL 硫酸，乳制品加 5mL 硫酸，转动锥形瓶防止局部炭化。后续步骤同（1）"装上冷凝管，低温加热……同时做空白试验"。

实践总结

试样消解使用的试剂如硝酸、高氯酸都具有腐蚀性，比较危险，且在实验过程中会产生大量酸雾和烟。因此，消解要在通风橱内进行。

固体样品在加硝酸和高氯酸消化前，可先加少量水湿润，防止酸加入后立即炭化结块而延长消化时间。

（三）测定

1. 仪器参考条件　根据各自仪器性能调至最佳状态，参考条件见表 8-6。

表 8-6　仪器参考条件

光电倍增管负高压（V）	灯电流（mA）	原子化器温度（℃）	载气流速（mL/min）	屏蔽气流速（mL/min）
240	30	200	500	1000

2. 标准曲线绘制　设定好仪器最佳条件，连续用硝酸溶液（1+9）进样，待读数稳定之后，转入标准系列溶液测量，由低到高浓度顺序测定标准溶液的荧光强度，以汞的浓度为横坐标，荧光强度为纵坐标，绘制标准曲线。

3. 试样测定　转入试样测量，先用硝酸溶液（1+9）进样，使读数基本回零，再分别测定处理好的试样空白和试样溶液。

五、原始记录及数据处理

（一）数据记录

样品名称		
检验依据	GB 5009.17—2021	
仪器设备	仪器设备名称	规格型号
检验员		
检验日期		
试样称样量 m 或移取体积, V（g 或 mL）		
试样消化液定容体积, V（mL）		

续表

试样溶液吸光度，A					
试剂空白液吸光度，A_0					
汞标准系列溶液浓度，c（μg/L）					
汞标准系列溶液吸光度					
标准曲线					

（二）计算

将试样溶液吸光度和试剂空白液荧光强度代入标准曲线，计算出试样溶液中汞的浓度 c（μg/L）和 c_0（μg/L）；浓度也可由数据处理软件获取。

试样中汞含量计算：

$$X = \frac{(c - c_0) \times V \times 1000}{m \times 1000 \times 1000}$$

式中，X 为试样中汞的含量，mg/kg 或 mg/L；c 为试样溶液中汞的含量，μg/L；c_0 为试剂空白液中汞的含量，μg/L；V 为试样消化液总体积，mL；m 为试样质量或体积，g 或 mL；1000 为换算系数。

当汞含量 ≥ 1.00mg/kg（或 mg/L）时，计算结果保留三位有效数字；当汞含量 < 1.00mg/kg（或 mg/L）时，计算结果保留两位有效数字。

（三）精密度

样品中汞含量 > 1mg/kg 时，在重复性条件下获得的两次独立测定结果的绝对差值不得超过算术平均值的 10%；≤ 1mg/kg 且 > 0.1mg/kg 时，在重复性条件下获得的两次独立测定结果的绝对差值不得超过算术平均值的 15%；≤ 0.1mg/kg 时，在重复性条件下获得的两次独立测定结果的绝对差值不得超过算术平均值的 20%。

六、检验结果判定

判定依据				
检验检测项目	单位	技术要求	检验检测结果	单项评价

注：检出限按照现行有效的方法执行；计算结果小于检出限时，检验检测结果应报告为未检出，并标注方法的检出限数值。

目标检测

答案解析

1. 原子吸收分光光度计主要组成部分及各部分的作用是什么？

2. 什么是共振线？原子吸收分光光度分析中为什么常选用共振线作为分析线？

3. 石墨炉原子化升温有哪四个阶段作用？各有什么作用？

第九章　气相色谱法在食品检测中的应用

学习目标

【知识目标】

1. 掌握色谱定量定性方法及仪器操作。

2. 熟悉气相色谱分析原理及仪器结构。

【能力目标】

能按照食品检测方法标准，规范进行实验操作和使用气相色谱仪，获得并记录原始数据，准确计算食品中的相关组分含量，能对检验结果进行准确的判断与报告。

第一节　气相色谱法基础知识

PPT

一、气相色谱法概述

色谱法最早是由俄国植物学家茨维特（M. S. Tswett）在 1906 年研究用碳酸钙分离植物色素时发现的，色谱法因之得名。后来在此基础上发展出纸色谱法、薄层色谱法、气相色谱法、液相色谱法。色谱法的分离原理是利用物质的物理及物理化学性质的差异，溶于流动相中的各组分经过固定相时，由于与固定相发生作用（吸附、分配、离子交换、体积排阻、亲和）的大小、强弱不同，当两相做相对运动时，试样中的各组分就在两相中进行反复多次的分配或吸附，使得各组分分离。又称为色层法、层析法。

气相色谱（gas chromatography，GC）是一种以气体为流动相的柱色谱分离技术。其分析对象是一些热稳定性高的挥发性物质，包括气体、液体或固体。

气相色谱仪由以下部分组成：气路系统、进样系统、分离系统、检测系统、温控系统和数据处理系统。分析流程为：通过进样装置，待分析样品进入汽化室，汽化后被惰性气体（即载气，也叫流动相）带入色谱柱，柱内含有液体或固体固定相，于是样品组分在运动中于固定相和流动相之间进行反复多次的分配或吸附/解吸附，最终在载气中浓度大的组分先流出色谱柱，而在固定相中分配浓度大的组分后流出。组分流出色谱柱后，进入检测器。检测器进一步将样品组分的响应转变为电信号，电信号的大小与被测组分的量或浓度成正比。放大并记录这些信号，即得气相色谱图。其流程如图 9-1 所示。

在食品分析领域，气相色谱法实现了食品中挥发性营养物质或挥发性衍生物（如脂肪酸、氨基酸、维生素、糖等）的定性定量鉴定，以及食品中污染物（如毒素、农药）及外源物质的（食品添加剂等）检测。

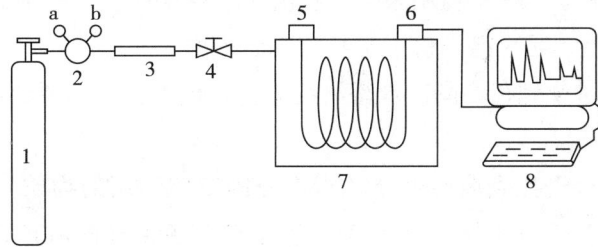

图 9 - 1　气相色谱流程图

1. 气瓶；2. 减压阀；3. 净化器；4. 流量计；5. 进样口；6. 检测器；7. 柱箱；8. 数据记录系统

二、色谱分析有关术语

(一) 色谱图

在色谱分析中，将以组分浓度由检测器转变为相应的电信号为纵坐标，流出时间为横坐标所作的关系曲线称之为"色谱流出曲线"或"色谱图"，即检测器的响应信号随时间变化的曲线，如图 9 - 2 所示。

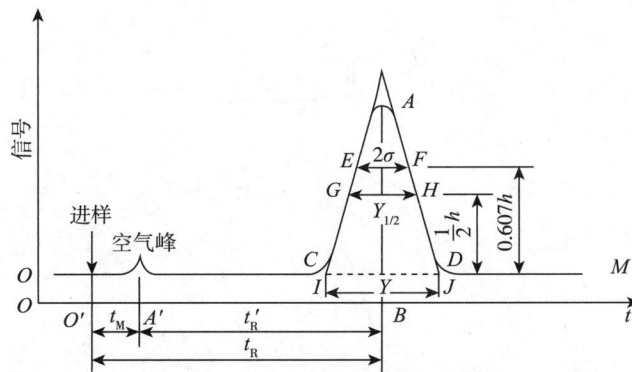

图 9 - 2　色谱流出曲线 (色谱图)

(二) 色谱峰

在色谱流出曲线上，检测器检测到的待测组分的浓度 (或含量) 表现为峰状，称为色谱峰，每一个分离组分表现为一个色谱峰。在一定的进样量范围内，色谱峰呈正态分布。它是进行色谱定性、定量分析以及评价色谱分离情况的依据。

(三) 基线

当色谱柱中只有流动相经过时，检测器所记录的信号随时间变化的曲线称为基线。基线反映了在实验操作条件下，检测系统噪声随时间变化的情况。稳定的基线应是一条直线。

(四) 峰高和峰面积

峰高 (h) 是指峰顶到基线间的距离。峰面积 (A) 是指每个组分的流出曲线与基线间所包围的面积。峰高或峰面积的大小和每个组分在样品中的含量有关，因此色谱峰的峰高或峰面积是色谱进行定量分析的依据。

(五) 保留值

保留值表示试样中各组分在色谱柱内停 (滞) 留的时间或将组分带出色谱柱所需流动相的体积。

常用时间或相应的载气体积表示。保留值用来描述各组分色谱峰在色谱图中的位置，在一定的实验条件下，组分的保留值具有特征性，是色谱分析中定性分析的依据。

1. 保留时间（t_R）   从进样到色谱图出现待测组分信号极大值所需要的时间，如图 9 - 2 O′B 所示，可作为色谱峰位置的标志。

2. 死时间（t_M）   从进样开始到惰性组分（指不与固定相作用的物质）从柱中流出，呈现浓度极大值时所需要的时间，如图 9 - 2 中 O′A′ 所示。它反映了连接色谱柱前后管路、色谱柱中未被固定相填充的柱内死体积和检测器死体积的大小，与被测组分的性质无关。

3. 调整保留时间（t'_R）   扣除死时间后的保留时间。反映被测组分在色谱柱中滞留的时间。在实验条件（温度、固定相等）一定时，t'_R 只决定于组分的性质。保留时间和调整保留时间可用于定性。

$$t'_R = t_R - t_M$$

（六）峰底宽（W_b）

从峰两边拐点做切线与基线相交的截距。

（七）分离度（R）

在色谱图上，两个色谱峰之间的距离大，表明色谱柱对各组分的选择性好，如图 9 - 3 所示。在色谱分析中，色谱柱的选择性表明它对不同组分的分离能力，可定量的用分离度（分辨率）R 来表示。

$$R = \frac{t_{R_2} - t_{R_1}}{\dfrac{W_{b_2} + W_{b_1}}{2}}$$

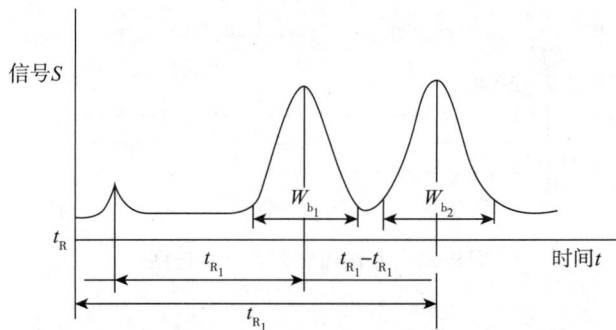

图 9 - 3 相邻色谱峰的分离度

分离度综合考虑了保留时间和峰底宽度两方面的因素。通常 $R \geq 1.5$ 时，两色谱峰分离程度可达 99.7%，因此常用 $R = 1.5$ 作为两色谱峰完全分开的标志。

三、色谱图所能提供的重要信息

色谱图是色谱分析的主要技术资料，通过色谱图，可获得下列信息。

1. 在正常色谱条件下，若色谱图有一个以上色谱峰，表明试样中有一个以上组分，色谱图能提供试样中的最低组分数。

2. 色谱峰的保留值和峰宽，评价色谱柱的分离效能。

3. 提供各组分保留时间等色谱定性资料和数据。

4. 给出各组分色谱峰峰高、峰面积等定量依据。

5. 根据相邻色谱峰之间的距离来选择合适的色谱分离条件。

四、色谱定性定量分析

（一）定性分析

色谱定性分析的目的是确定每个色谱峰所代表的物质，常采用将样品和标准品对照的方式，根据同一种物质在同一根色谱柱上和相同的色谱条件下保留值相同的原理进行定性，利用保留值作为定性分析的指标（图9-4）。

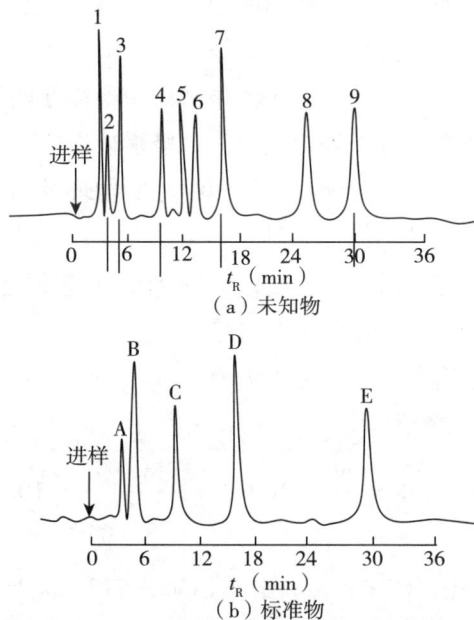

图9-4　以标准物直接对照定性分析示意图
标准物：A. 甲醇；B. 乙醇；C. 正丙醇；D. 正丁醇；E. 正戊醇

（二）定量分析

在色谱分析中的定量分析就是要根据色谱峰的峰高或峰面积来计算样品中各组分的含量。色谱定量分析的依据是在一定的色谱条件下，组分 i 的质量或浓度与检测器的响应信号（峰面积 A_i 或峰高 h_i）成正比。即：

$$m_i = f_i^A A_i \text{或} \ m_i = f_i^h h_i$$

式中，m_i 为组分 i 的质量或浓度；f_i^A 和 f_i^h 为定量校正因子。

定量方法主要有外标法、内标法。

1. 外标法（又称标准曲线法）　归一化法将待测组分的纯物质配成不同浓度的标准系列，在与待测组分相同的色谱条件下，等体积准确进样，测量各峰的峰面积或峰高，以峰面积或峰高为纵坐标，样品浓度为横坐标绘制标准曲线。然后进行样品分析，取和制作标准曲线时同量的试样（固定量进样），进样后由所得色谱图测得该试样中待测组分的响应信号，代入标准曲线中查出其对应的质量或浓度。

此法的优点是操作简单、计算方便，它适用于日常控制分析和大量同类样品的分析，是定量分析中最通用的一种方法。但结果的准确度主要取决于进样量的重现性和操作条件的稳定性。

2. 内标法　把一定量的纯物质作内标物，加入已知质量的样品中，然后进行色谱分析，根据待测组分和内标物的质量及其在色谱图上相应的峰面积的比，求出待测组分的含量。例如要测定试样中组分 i（质量为 m_i）的质量分数 w_i，可事先向质量为 m 的试样中加入质量为 m_s 的内标物，则：

$$m_i = \frac{A_i f_i}{A_s f_s} m_s$$

式中，m_i为组分 i 的质量，g；m_s为内标物的质量，g；f_i为组分 i 的相对质量校正因子；f_s为内标物的相对质量校正因子；A_i为组分 i 的峰面积；A_s为内标物的峰面积。

在分析工作中，常常是以内标物为基准，则$f_s = 1$，此时计算公式为：

$$w_i(\%) = \frac{A_i}{A_s} \cdot \frac{m_s}{m} \cdot f_i \times 100\%$$

内标法是通过测量内标物及待测组分的峰面积的相对值来进行计算的，因此，由操作条件变化所引起的误差，都将同时反映在内标物及待测组分上从而被相互抵消，所以可得到较为准确的分析结果。

在内标法中内标物的选择是至关重要的。它应该是试样中不存在的纯物质；加入的量应接近于被测组分的含量；同时要求内标物的色谱峰位于被测组分色谱峰附近，或几个被测组分色谱峰的中间，并且与这些组分的组分峰完全分离；还应注意内标物与待测组分的物理及物理化学性质（如挥发度，化学结构，极性以及溶解度等）应相近，以便当操作条件发生变化时，内标物与待测组分作匀称的变化。

3. 归一化法　若将所有出峰组分的含量之和按100%计，则这种定量计算的方法就叫作归一化法。也即只有当试样中所有组分均能出峰时，才可用此法进行定量计算。

假设试样中有 n 个组分，每个组分的质量分别为 m_1，$m_2 \cdots m_n$，这 n 个组分的含量之和 m 为100%，其中组分 i 的质量分数 w_i 可按以下公式计算。

$$w_i(100\%) = \frac{m_i}{m} \times 100\% = \frac{A_i f_{is}^A}{\sum_{i=1}^{n} A_i f_{is}^A} \times 100\%$$

式中，f_{is}'为组分 i 的相对质量校正因子；A_i为组分 i 的峰面积；m_i为组分 i 的质量（g）；m为各组分质量总和（g）。

若各组分的 f 值相近或相同（例如同系物中沸点相近的各个组分），则上式可进一步简化为：

$$w_i(100\%) = \frac{m_i}{m} \times 100\% = \frac{A_i}{\sum_{i=1}^{n} A_i} \times 100\%$$

归一化法的优点是：简便、准确，当操作条件（如进样量、流速等）变化时，对分析结果的影响比较小。由于液相色谱检测器的不同，物质的响应值存在较大差异，较少使用归一化法进行定量分析。

上述色谱分析术语及定性定量方法，具有通用性，适用于各种色谱分离方法（如高效液相色谱法、超临界流体色谱法等）。

五、气相色谱分析条件的选择

（一）载气（流动相）的选择

气相色谱的载气是载送样品进行分离的惰性气体，是气相色谱的流动相。最常用的载气是氢气、氮气、氩气、氦气。

载气的选择主要由检测器性质及分离要求决定。使用热导检测器（TCD）时，选用氢气和氦气作为载气，能提高灵敏度，氢气作载气还能延长热敏元件钨丝的寿命；氢火焰离子化检测器（FID）常用氮气，也可用氢气；电子捕获检测器（ECD）常用氮气；火焰光度检测器（FPD）常用氮气和氢气。载气的纯度会影响检测灵敏度，一般采用高纯气体（99.99%以上）。载气进入色谱仪前必须经过净化处理，除去水、氧气等。

（二）柱温的选择

柱温直接影响色谱柱的分离效能和分析效率，是气相色谱一个非常重要的操作条件。一般选择原则是：在使难分离组分实现分离的情况下，采用较低温度，既要使待测组分完全分离，又不使峰形扩张、拖尾。

柱温一般等于或略高于样品的平均沸点。降低柱温可使色谱柱选择性增大，有利于组分的分离和色谱柱稳定性的提高，延长柱子的使用寿命；提高柱温可缩短分析时间，但降低了选择性。

色谱柱的温度控制方式有恒温和程序升温两种。当被测组分的沸点范围很宽时，宜采用程序升温的方式。程序升温是指在一个分析周期内柱温随时间由低温向高温作线性或非线性变化，以达到用最短的时间获得最佳分离的目的。

（三）固定相（色谱柱）的选择

色谱柱是气相色谱仪的核心部分，样品组分的分离过程是在色谱柱内完成的。色谱柱分两类，填充柱和毛细管柱。与填充柱相比，毛细管柱具有分离效能高、分析速度快和样本用量少的特点，在分析实验室中应用较多。

根据固定相性质又分为气-固色谱和气-液色谱。气-固色谱固定相为固体吸附剂，主要用于分离永久性气体及气态烃类物质。气-液色谱固定相由载体和固定液组成，固定液的性质对分离起着关键性作用。

对于给定的待测组分，固定液的极性是选择固定液的重要依据。一般按"相似相溶"的原则选择固定液，这样分子间作用力强，选择性好，分离效果好。

1. 分离非极性物质，宜采用非极性固定液，组分出峰的顺序由蒸汽压决定，沸点高保留时间长。

2. 分离极性物质，宜采用极性固定液，分子间力起作用，样品中各组分按极性由小到大的次序流出。

3. 分离极性和非极性组分混合物，宜采用极性固定相，非极性组分先出峰。

4. 分离能形成氢键的试样，宜采用极性或氢键型固定相，各组分按与固定液分子形成氢键的能力大小出峰，不易形成氢键的先出峰。

利用"相似相溶"原则选择固定液时，还要注意混合物组分性质差别情况，比如分离沸点差别较大的混合物，一般选用非极性固定液。

第二节　食品中甜蜜素的测定

PPT

甜蜜素，化学名称为环己基氨基磺酸钠，甜度为蔗糖的 30～80 倍。由于其风味较自然，后苦不明显，热稳定性高，成为目前我国食品行业中应用最多的一种甜味剂。目前世界上对甜蜜素的安全性仍存在争议，因此在实际使用时需严格控制其添加量。《食品安全国家标准　食品添加剂使用标准》（GB 2760—2024）中规定甜蜜素可以在一些食品如配制酒、饮料、果冻、腐乳、饼干、面包、糕点、熟制豆制品、蜜饯凉果等中按限量使用。一些企业为了节约成本，减少白砂糖的使用量，超限量使用甜蜜素。

目前，甜蜜素的检测方法有气相色谱法、液相色谱法、液谱联用法、离子色谱法等，《食品安全国家标准　食品中环己基氨基磺酸盐的测定》（GB 5009.97—2023）规定了气相色谱法、液相色谱法、液相色谱-质谱法三种检测方法。检验员应根据检验目的、适用范围及实验室条件选择合适的实验方法，本实验介绍气相色谱-氢火焰离子化检测器检测方法。

氢火焰离子化检测器（FID）是以氢气和空气燃烧的火焰作为能源，利用含碳有机物在火焰中燃烧产生离子，在外加的电场作用下，使离子形成离子流，根据离子流产生的电信号强度，检测被色谱柱分离出的组分。

一、原理

食品中的环己基氨基磺酸盐用水提取，在硫酸介质中环己基氨基磺酸钠与亚硝酸反应，生成环己醇亚硝酸酯和环己醇，用正庚烷提取，利用气相色谱氢火焰离子化检测器进行分离及分析，保留时间定性，外标法定量。

二、试剂

除非另有说明，本方法所用试剂均为分析纯，标准物质采用经国家认证并授予标准物质证书的标准物质，水为 GB/T 6682 规定的一级水。

（一）试剂

1. 正庚烷。

2. 氯化钠。

3. 亚硝酸钠溶液（50g/L）　50g 亚硝酸钠溶解于 1000mL 蒸馏水中。

4. 硫酸溶液（200g/L）　移取 54mL 浓硫酸，缓慢注入 400mL 蒸馏水中，并不断搅拌，后加水至 500mL。

（二）标准溶液配制

1. 环己基氨基磺酸标准储备液（6.00mg/mL）　精确称取 0.6736g 环己基氨基磺酸钠标准品，用水溶解并定容至 100mL，混匀，此溶液 1.00mL 相当于环己基氨基磺酸 6.00mg（环己基氨基磺酸钠与环己基氨基磺酸的换算系数为 0.8907）。将溶液转移至棕色玻璃容器中，置于 4℃ 避光保存，有效期 12 个月。

2. 环己基氨基磺酸标准中间液（1200μg/mL）　准确移取 10mL 环己基氨基磺酸标准储备液用水稀释并定容至 50mL，混匀。将溶液转移至棕色玻璃容器中，置于 4℃ 避光保存，有效期 6 个月。

也可直接购买环己基氨基磺酸的有证国家标准溶液作为标准储备溶液。

三、仪器和设备

气相色谱仪［附氢火焰离子化检测器（FID）］、旋涡混合器；离心机（转速≥4000r/min）、超声波振荡器、样品粉碎机、10μL 微量注射器、恒温水浴锅、天平（感量1mg、0.1mg）。

四、分析步骤

（一）试样制备

1. 液体试样　直接摇匀（含二氧化碳试样，超声除去 CO_2 后摇匀）。

2. 非均匀的液态、半固态试样　取适量试样，经匀浆机匀浆后混匀。

3. 巧克力、巧克力制品、奶酪、黄油等试样　取适量试样，−18℃ 冷冻后，粉碎机粉碎并搅拌均匀。

4. 固态试样　取适量试样，用研磨机或粉碎机粉碎并搅拌均匀。

（二）试样提取

1. 巧克力、奶油、奶酪、乳粉、调味面制品、油腐乳、油豆豉、肉及肉制品、水产品罐头等含较高油脂试样　称取2g试样（精确至0.001g）于离心管中，加入20mL石油醚，涡旋5分钟，超声提取10分钟，5000r/min离心3分钟，弃去石油醚层，再加入20mL石油醚提取1次，弃去石油醚层，（60±2）℃水浴挥去残留石油醚，加入20mL水［巧克力、奶油、奶酪、乳粉等试样需在水浴锅中（60±2）℃加热20分钟］，涡旋5分钟，超声提取30分钟，混匀后放至室温备用。

2. 果冻、糖果、米粉、淀粉制品等试样　称取2g试样（精确至0.001g）于离心管中，加入20mL水（米粉、淀粉制品等试样需再加入0.2g淀粉酶），混合均匀后，（60±2）℃水浴加热20分钟，涡旋5分钟，超声提取10分钟，混匀后放至室温备用。

3. 其他固体、半固体试样　称取2g试样（精确至0.001g）于离心管中，加入20mL水，涡旋5分钟，超声提取30分钟，混匀后放至室温备用。

4. 液体试样处理　称取2g试样（精确至0.001g）于离心管中，加入20mL水，涡旋5分钟，超声提取10分钟，混匀后放至室温备用。

（三）试样溶液衍生化

将装有试样提取液的离心管置于冰浴10分钟后，依次加入10mL正庚烷、5mL亚硝酸钠溶液（50g/L）、5mL硫酸溶液（200g/L），摇匀，在冰浴中放置30分钟，其间振摇3~5次；取出后涡旋3分钟，于4℃条件下9000r/min离心3分钟（如出现乳化现象，可缓慢滴加无水乙醇，同时轻摇离心管，直至破乳，于4℃条件下9000r/min离心3分钟），取上清液过有机微孔滤膜，备用。

（四）标准溶液系列的制备及衍生化

分别准确移取0.05、0.25、0.50、1.00、2.5、5.0mL环己基氨基磺酸标准中间液（1200μg/mL）于离心管中，用水稀释至20mL，按试样溶液衍生化步骤衍生化。此时正庚烷中环己基氨基磺酸浓度分别相当于6、30、60、120、300、600μg/mL，临用现配。

❀ **实践总结** --

可根据仪器的灵敏度及样品中甜蜜素的实际含量确定标准系列溶液中甜蜜素的浓度。

（五）色谱条件

1. 色谱柱　中极性石英毛细管柱（内涂50%苯基-50%苯基甲基聚硅氧烷，30m×0.32mm×0.25μm或等效柱）。

2. 柱温升温程序　初温50℃保持3分钟，10℃/min升温至70℃保持0.5分钟，30℃/min升温至220℃保持3分钟。

3. 进样口　温度230℃；进样量1μL，分流进样，分流比1∶5（分流比及方式可根据色谱仪器条件调整）。

4. 检测器　氢火焰离子化检测器（FID），温度260℃。

5. 载气　高纯氮气，流量2.0mL/min。

6. 氢气　32mL/min。

7. 空气　300mL/min。

（六）色谱分析

1. 标准曲线的制作 分别吸取 1μL 经衍生化处理的标准系列工作液，注入气相色谱仪中，可测得不同浓度被测物的响应值峰面积，以浓度为横坐标，以环己醇亚硝酸酯和环己醇两峰面积之和为纵坐标，绘制标准曲线。标准溶液色谱图如图 9-5 所示。

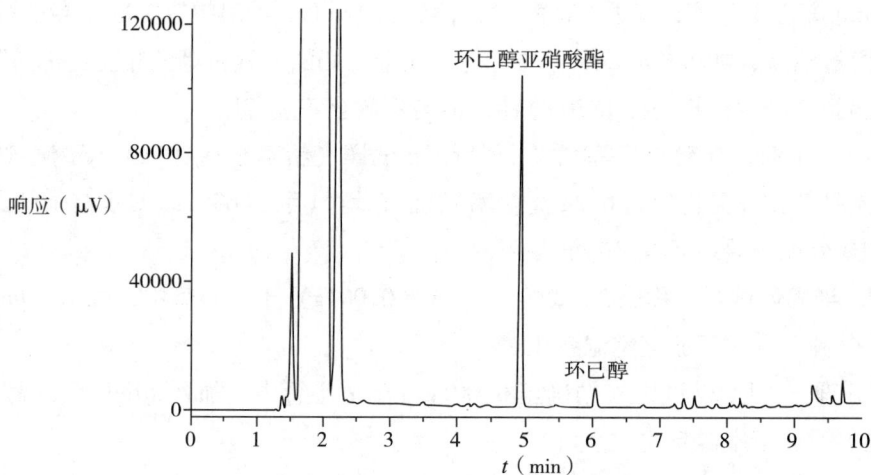

图 9-5 环己基氨基磺酸钠标准溶液色谱图（源自 GB 5009.97）

2. 试样溶液的测定 在相同的条件下进样 1μL 经衍生化处理的试样溶液上清液，保留时间定性，测得峰面积，根据标准曲线得到样液中的组分浓度。

实践总结

试样溶液响应值若超出线性范围，应用正庚烷稀释后再进样分析。

程序升温既可以达到很好的分离效果，也能够消除基质在柱子中的残留，避免污染仪器和对下面的试样分析造成干扰。

氢火焰离子化检测器需要使用三种气体，氮气作载气、氢气作燃气、空气作助燃气，通常三者比例是氮∶氢∶空气为 1∶(1~1.5)∶10，其比例会影响火焰温度及组分的电离过程，可根据仪器条件进行调整。

五、原始记录及数据处理

（一）数据记录

样品名称		
检验依据	GB 5009.97	
仪器设备	仪器设备名称	规格型号
检验员		
检验日期		
样品质量，m（g）		
试样液定容体积，V（mL）		
试样液中环己醇亚硝酸酯峰面积		

续表

试样液中环己醇峰面积			
标准溶液浓度 c，（μg/mL）			
标准溶液中环己醇亚硝酸酯峰面积			
标准溶液中环己醇峰面积			
标准曲线			

（二）计算

将试样溶液中环己醇亚硝酸酯和环己醇两峰面积之和带入标准曲线，计算出试样溶液中环己基氨基磺酸的浓度 c（μg/mL）；c 也可由色谱数据处理软件获取。

试样中环己基氨基磺酸含量按下式计算。

$$X = \frac{c \times V \times 1000}{m \times 1000 \times 1000} f$$

式中，X 为试样中环己基氨基磺酸的含量，g/kg；c 为由标准曲线计算出定容样液中环己基氨基磺酸的浓度，mg/mL；m 为试样质量，g；V 为试样的最后定容体积，mL；f 为稀释倍数。

计算结果以重复性条件下获得的两次独立测定结果的算术平均值表示，结果保留三位有效数字。

（三）精密度

在重复性条件下，获得的两次独立测量结果的绝对差值不得超过算术平均值的15%。

六、检验结果判定

判定依据				
检验检测项目	单位	技术要求	检验检测结果	单项评价

注：检出限、定量限按照现行有效的方法执行；计算结果小于检出限时，检验检测结果应报告为未检出，并标注方法的检出限数值。

第三节 植物源性食品中有机磷农药残留量的测定

有机磷农药作为一类高效、广谱的杀虫剂、除草剂，被广泛地用于农作物种植中，但其大量使用后对人、动物和环境产生的危害也日益严重。近些年随着人们生活水平的提高，食品安全问题已经引起了越来越多的人和社会的关注。

因此，加强对有机磷农药检测方法的研究，特别是灵敏、准确、简便的检测方法，对保护生态环境，保障人类健康有着重要的意义。目前，植物源性食品中有机磷农药的测定方法有快速法、气相色谱法、气相色谱－质谱联用法等。本节参照 GB 23200.116《食品安全国家标准 植物源性食品中90种有机磷类农药及其代谢物残留量的测定 气相色谱法》单柱法介绍气相色谱/火焰光度检测器（GC/FPD）测定有机磷农药的分析方法。

一、原理

试样用乙腈提取，提取液经固相萃取（SPE）或分散固相萃取（QuEChERS）净化，采用气相色谱仪分离、火焰光度检测器（FPD）检测，保留时间定性，外标法定量。

二、试剂和材料

除非另有说明，本方法所用试剂均为分析纯，标准物质采用经国家认证并授予标准物质证书的标准物质，水为 GB/T 6682 规定的一级水。

（一）试剂

1. 乙腈。
2. 丙酮。
3. 甲苯。
4. 氯化钠。
5. 无水硫酸钠。
6. 乙酸钠。
7. 乙腈－甲苯溶液（3＋1，体积比）：量取 100mL 甲苯加入 300mL 乙腈中，混匀。

（二）标准溶液配制

1. 标准储备溶液（1000mg/L） 准确称取 10mg（精确至 0.1mg）有机磷类农药及其代谢物各个标准品，用丙酮溶解，并分别定容至 10mL。标准溶液避光并于 －18℃ 以下贮存，保存期为 1 年。

2. 混合标准溶液 分别准确吸取一定量的单个农药标准储备溶液于 50mL 容量瓶中，用丙酮定容至刻度，配制成浓度分别为 0.005、0.01、0.05、0.1、1mg/L 的混合标准溶液系列。混合标准溶液避光 0～4℃ 保存，有效期一个月。

（三）材料

1. 固相萃取柱 石墨化炭黑填料（GCB）500mg/氨基填料（NH2）500mg，6mL。

2. 乙二胺－N－丙基硅烷硅胶（PSA） 40～60μm。

3. 十八烷基甲硅烷改性硅胶（C_{18}） 40～60μm。

4. 陶瓷均质子 2cm（长）×1cm（外径）。

5. 微孔滤膜 0.22μm，有机系。

三、仪器和设备

气相色谱仪［附火焰光度检测器（FPD）］、高速匀浆机（转速≥15000r/min）、离心机（转速≥4200r/min）、旋转蒸发仪、组织捣碎机、氮吹仪（带温控）、涡旋振荡器、天平（感量 0.01g、0.1mg）。

四、分析步骤

（一）试样制备

蔬菜、水果试样取样部位按照 GB 2763 的规定执行，取样后切碎，混匀，有组织捣碎机捣碎成匀浆；谷物样品粉碎后过 425μm 的标准网筛；油料作物、茶叶、坚果和调味料粉碎后充分混匀；植物油类搅拌均匀。

（二）提取和净化

1. 蔬菜、水果和食用菌 称取 20g（精确到 0.01g）试样于 150 mL 烧杯中，加入 40 mL 乙腈，用高速匀浆机 15000r/min 匀浆 2 分钟，提取液过滤至装有 5～7g 氯化钠的 100mL 具塞量筒中，盖上塞子，剧烈振荡 1 分钟，在室温下静置 30 分钟。

准确吸取 10mL 上清液于 100mL 烧杯中，80℃ 水浴中氮吹蒸发近干，加入 2mL 丙酮溶解残余物，盖上铝箔，备用。

将上述备用液完全转移至 15mL 刻度离心管中，再用约 3mL 丙酮分 3 次冲洗烧杯，并转移至离心管，最后定容至 5mL，涡旋 0.5 分钟，用微孔滤膜过滤，待测。

2. 油料作物和坚果　称取 10g（精确到 0.01g）试样于 150mL 烧杯中，加入 20mL 水，混匀后，静置 30 分钟，再加入 50mL 乙腈，用高速匀浆机 15000r/min 匀浆 2 分钟，提取液过滤至装有 5～7g 氯化钠的 100mL 具塞量筒中，盖上塞子，剧烈振荡 1 分钟，在室温下静置 30 分钟。

准确吸取 8mL 上清液于 15mL 刻度离心管中，加入 900mg 无水硫酸钠、150mg PSA、150mg C_{18}，涡旋 0.5 分钟，4200r/min 离心 5 分钟，准确吸取 5mL 上清液于 10mL 刻度离心管中，80°C 水浴中氮吹蒸发近干，准确加入 1mL 丙酮，涡旋 0.5 分钟，用微孔滤膜过滤，待测。

3. 谷物　称取 10g（精确到 0.01g）试样于 150mL 具塞锥形瓶中，加入 20mL 水浸润 30 分钟，加入 50mL 乙腈，在振荡器上以 200r/min 振荡 30 分钟，提取液过滤至装有 5～7g 氯化钠的 100mL 具塞量筒中，盖上塞子，剧烈振荡 1 分钟，在室温下静置 30 分钟。

准确吸取 10mL 上清液于 100mL 烧杯中，80℃ 水浴中氮吹蒸发近干，加入 2mL 丙酮溶解残余物，盖上铝箔，备用。

将上述备用液完全转移至 15mL 刻度试管中，再用约 5mL 丙酮分 3 次冲洗烧杯，收集淋洗液于刻度试管中，50℃ 水浴中氮吹蒸发近干，准确加入 2mL 丙酮，涡旋 0.5 分钟，用微孔滤膜过滤，待测。

4. 茶叶和调味料　称取 5g（精确到 0.01g）试样于 150mL 烧杯中，加入 20mL 水浸润 30 分钟，加入 50mL 乙腈，用高速匀浆机 15000r/min 匀浆 2 分钟，提取液过滤至装有 5～7g 氯化钠的 100mL 具塞量筒中，盖上塞子，剧烈振荡 1 分钟，在室温下静置 30 分钟。

准确吸取 10mL 上清液于 100mL 烧杯中，80℃ 水浴中氮吹蒸发近干，加入 2mL 乙腈－甲苯溶液溶解残余物，待净化。

将固相萃取柱用 5mL 乙腈－甲苯溶液预淋洗。当液面到达柱筛板顶部时，立即加入上述待净化溶液，用 100mL 茄形瓶收集洗脱液，用 2mL 乙腈－甲苯溶液冲洗烧杯后过柱，重复一次。再用 15mL 乙腈－甲苯溶液洗脱柱子，收集的洗脱液于 40°C 水浴中旋转蒸发近干，用 5mL 丙酮冲洗茄形瓶并转移至 10mL 离心管中，50℃ 水浴中氮吹蒸发近干，准确加入 1mL 丙酮，涡旋 0.5 分钟，用微孔滤膜过滤，待测。

5. 植物油　称取 3g（精确到 0.01g）试样于 50mL 塑料离心管中，加入 5mL 水、15mL 乙腈，加入 6g 无水硫酸钠、1.5g 乙酸钠及 1 颗陶瓷均质子，剧烈振荡 1 分钟，4200r/min 离心 5 分钟。

准确吸取 8mL 上清液于 15mL 刻度离心管中，加入 900mg 无水硫酸钠、150mg PSA、150mg C_{18}，涡旋 0.5 分钟，4200r/min 离心 5 分钟，准确吸取 5mL 上清液于 10mL 刻度离心管中，80℃ 水浴中氮吹蒸发近干，准确加入 1mL 丙酮，涡旋 0.5 分钟，用微孔滤膜过滤，待测。

⊘ 实践总结 -

理想的分散固相萃取过程是分散于提取溶液中的净化吸附剂吸附干扰基质而不吸附待测目标化合物。由于 PSA 和 C_{18} 对各种农药的回收率影响不大而被广泛应用于分散固相萃取前处理中。PSA 是实验室经常用来消除各种有机酸、色素以及一些糖和脂肪的有效吸附剂，C_{18} 则在去除非极性杂质方面效果良好。无水乙酸钠和无水硫酸镁是常用的脱水剂。

- -

（三）仪器参考条件

1. 色谱柱　50%聚苯基甲基硅氧烷石英毛细管柱，30m×0.53mm（内径）×1.0μm，或相当者。

2. 柱温升温程序　150℃保持2分钟，8℃/min升温至210℃，再以5℃/min升温至250℃，保持15分钟。

3. 进样口　温度250℃；进样量1μL，不分流进样。

4. 检测器　火焰光度检测器（FPD），温度300℃。

5. 载气　高纯氮气，流量8.4mL/min。

6. 氢气　80mL/min。

7. 空气　110mL/min

（四）标准曲线

将混合标准溶液分别注入气相色谱仪，测定相应的峰面积，以农药浓度为横坐标，以峰面积为纵坐标，绘制标准曲线。

（五）试样溶液的测定

将试样溶液注入气相色谱仪，保留时间定性，测得目标农药的峰面积，根据标准曲线得到待测液中该农药的浓度。

五、原始记录及数据处理

（一）数据记录

样品名称		
检验依据	GB 23200.116	
仪器设备	仪器设备名称	规格型号
检验员		
检验日期		
样品质量，m（g）		
提取溶剂总体积，V_1（mL）		
提取液分取体积，V_2（mL）		
待测溶液定容体积，V_3（mL）		
试样液中目标农药峰面积		
目标农药标准曲线		

注：该方法可同时检测植物源性食品中90种有机磷农药，实验员应根据检测目的决定具体检测项目。

（二）计算

将试样液中待测物质峰面积代入标准曲线，计算出试样液中待测物质的浓度c（mg/L）；c也可由色谱数据处理软件获取。

试样中被测农药含量由下式计算获得。

$$X = \frac{c \times V_1 \times V_3}{m \times V_2}$$

式中，X为样品中被测组分含量，mg/kg；c为由标准曲线得出的试样液中被测组分的浓度，mg/L；V_1

为提取溶剂总体积，mL；V_2为提取液分取体积，mL；V_3为待测溶液定容体积，mL；m为样品质量，g。

计算结果应扣除空白值，计算结果以重复性条件下获得的2次独立测定结果的算术平均值表示，保留2位有效数字，当结果超过1mg/kg时，保留3位有效数字。

（三）精密度

应符合 GB 23200.116 规定的要求。

六、检验结果判定

判定依据				
检验检测项目	单位	技术要求	检验检测结果	单项评价

注：定量限按照现行有效的方法执行；计算结果小于检出限时，检验检测结果应报告为未检出；计算结果大于检出限，小于定量限时，报告为小于定量限。

第四节　食品中丙二醇的测定

在食品工业中，丙二醇作为食品稳定剂和凝固剂、抗结剂、乳化剂、水分保持剂、增稠剂来使用，且只被批准用于生湿面制品（如面条、饺子皮、馄饨皮、烧卖皮）和糕点。《食品安全国家标准　食品添加剂使用标准》（GB 2760—2024）中规定，生湿面制品中丙二醇最大使用量为1.5g/kg，糕点中最大使用量为3.0g/kg。在牛奶中是不允许使用的。丙二醇也是"允许使用的合成香料"，很多香精香料也以它为溶剂。纯牛奶出现丙二醇，可能是丙二醇作为香精香料的溶剂被添加，也可能是从饲料或者管道清洗剂残留所带入。据报道，丙二醇虽然属于低毒类，但长期过量食用可能会在血液和肾脏中累积，从而导致中毒。

丙二醇检测依据为《食品安全国家标准　食品中1,2-丙二醇的测定》（GB 5009.251），该标准中第一法为气相色谱法，适用于糕点、膨化食品、奶油、干酪、豆制品、奶片、生湿面制品、冷冻饮品、液体乳、植物蛋白饮料、乳粉、黄油、奶油中1,2-丙二醇含量的测定；第二法为气相色谱-质谱法，适用于糕点、膨化食品、干酪、豆制品、奶片、生湿面制品中1,2-丙二醇含量的测定。本节介绍气相色谱法。

一、原理

试样中1,2-丙二醇用无水乙醇提取，提取液过滤后，采用气相色谱法测定。保留时间定性，外标法定量。

二、试剂和材料

除非另有说明，本方法所用试剂均为分析纯，标准物质采用经国家认证并授予标准物质证书的标准物质，水为GB/T 6682规定的二级水。

（一）试剂

1. 无水乙醇。

2. 海砂。

3. 正己烷饱和乙腈溶液：取相同体积的乙腈和正己烷，置于分液漏斗中，振荡，静置分层，取下层溶液。

4. 乙腈饱和正己烷溶液：取相同体积的乙腈和正己烷，置于分液漏斗中，振荡，静置分层，取上层溶液。

（二）标准溶液配制

1. 1,2-丙二醇标准储备溶液（10.0mg/mL）　准确称取 1,2-丙二醇标准样品 1g（精确到 0.0001g），用无水乙醇溶解并转移至 100mL 容量瓶中，定容至刻度，此溶液 1,2-丙二醇质量浓度为 10.0mg/mL。贮存于 4℃冰箱中，有效期 3 个月。也可直接购买有证国家标准溶液作为标准储备溶液。

2. 1,2-丙二醇标准系列工作溶液　准确吸取 1,2-丙二醇标准储备溶液，用无水乙醇逐级稀释，配制成浓度为 0.00、2.00、5.00、10.0、20.0、50.0μg/mL 的 1,2-丙二醇标准系列溶液。临用时配制。

三、仪器和设备

气相色谱仪［配有氢火焰离子化检测器（FID）］、分析天平（感量 0.01g 和 0.0001g）、粉碎机、涡旋混合器、回旋振荡器、离心机（转速≥8000r/min）。

四、分析步骤

（一）试样制备

1. 糕点、膨化食品、干酪、豆制品、奶片　试样用粉碎机粉碎，准确称取混匀试样 5g（精确到 0.01g）至 100mL 具塞锥形瓶中，加入 50.0mL 无水乙醇，涡旋混匀 2 分钟后振荡提取 40 分钟，静置 1 小时，用 0.45μm 有机相滤膜过滤，滤液进气相色谱仪分析。

2. 生湿面制品　试样用粉碎机粉碎，准确称取混匀试样 2g（精确到 0.01g）于研钵中，加适量的海砂（海砂与样品质量比约 3：1～4：1）研磨成干粉状，全部转移至 100mL 具塞锥形瓶中，加入 50.0mL 无水乙醇，涡旋混匀 2 分钟后振荡提取 40 分钟，静置 1 小时，用 0.45μm 有机相滤膜过滤，滤液进气相色谱仪分析。

3. 冷冻饮品　固体试样置于干燥烧杯中解冻，待融化后用玻棒捣碎并搅拌均匀。液体试样放至室温摇匀。准确称取混匀试样 10g（精确到 0.01g）于 50mL 具塞比色管中，用无水乙醇定容，涡旋混匀 2 分钟，静置 1 小时（也可以 8000r/min 离心 5 分钟），用 0.45μm 有机相滤膜过滤，滤液进气相色谱仪分析。

4. 液体乳、植物蛋白饮料　准确称取混匀试样 10g（精确到 0.01g）于 50mL 具塞比色管中，用无水乙醇定容，涡旋混匀 2 分钟，静置 1 小时（也可以 8000r/min 离心 5 分钟），用 0.45μm 有机相滤膜过滤，滤液进气相色谱仪分析。

5. 乳粉　准确称取混匀试样 2g（精确到 0.01g）于 50mL 具塞比色管中，用 8mL 40℃水溶解混匀，用无水乙醇定容，涡旋混匀 2 分钟，静置 1 小时（也可以 8000r/min 离心 5 分钟），用 0.45μm 有机相滤膜过滤，滤液进气相色谱仪分析。

6. 黄油、奶油　准确称取混匀试样2g（精确到0.01g）于50mL具塞离心管中，用6mL正己烷溶解混匀，加入20mL正己烷饱和乙腈溶液，超声波处理30分钟后静置分层，转移上层溶液并用20mL正己烷饱和乙腈溶液再次萃取，合并乙腈层于100mL离心管中在离心管中加入2mL乙腈饱和正己烷溶液，剧烈振荡3分钟，以8000r/min离心5分钟，弃去上层正己烷层，再加入2mL乙腈饱和正己烷溶液，剧烈振荡3分钟，以8000r/min离心5分钟，弃去上层正己烷层，下层转移至50mL容量瓶中，用乙腈定容，用0.45μm有机相滤膜过滤，滤液进气相色谱仪分析。

（二）仪器参考条件

1. 色谱柱　键合/交联聚乙二醇固定相石英毛细管谱柱，60m×0.25mm，0.25μm，或相当色谱柱。

2. 载气　高纯氮；恒流模式，柱流速1.0mL/min。

3. 程序升温　初始温度80℃，保持1分钟，以20℃/min速率升温至160℃，保持2分钟，再以15℃/min速率升温至220℃，保持10分钟。

4. 进样口温度　230℃。

5. 检测器温度　240℃。

6. 氢气流量　40mL/min。

7. 空气流量　350mL/min。

8. 进样量　1μL。

9. 进样方式　分流进样，分流比10:1。

（三）标准曲线的制作

将标准系列工作液分别注入气相色谱仪中，测定相应的1,2-丙二醇的色谱峰面积，以标准工作液的浓度为横坐标，以色谱峰的峰面积为纵坐标，绘制标准曲线。

（四）试样溶液的测定

将试样溶液注入气相色谱仪中，得到相应的1,2-丙二醇的色谱峰面积，根据标准曲线得到待测液中1,2-丙二醇的浓度。

1,2-丙二醇的标准气相色谱图参见图9-6。

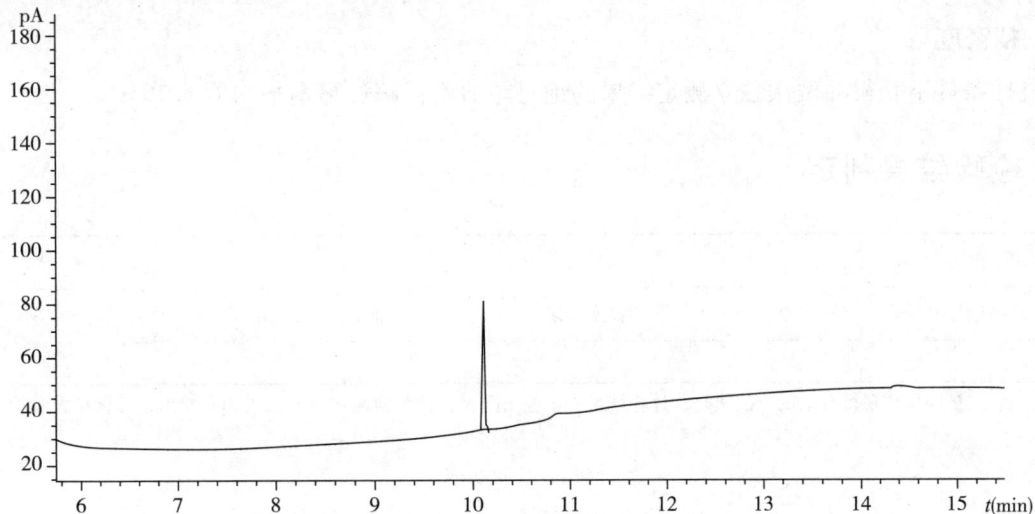

图9-6　1,2-丙二醇标准样品溶液气相色谱图（源自GB 5009.251）

五、原始记录及数据处理

（一）数据记录

样品名称		
检验依据	GB 5009.251	
仪器设备	仪器设备名称	规格型号
检验员		
检验日期		
样品质量，m（g）		
试样液定容体积，V（mL）		
试样液中 1,2 - 丙二醇峰面积		
标准溶液浓度，c（μg/mL）		
1,2 - 丙二醇标准溶液峰面积		
标准曲线		

（二）计算

将试样液中待测物质峰面积代入标准曲线，计算出试样液中待测物质的浓度 c（μg/mL）；c 也可由色谱数据处理软件获取。

试样中的 1,2 - 丙二醇含量由下式计算获得。

$$X（g/kg）=\frac{c \times V \times 1000}{m \times 1000 \times 1000}$$

式中，X 为样品中 1,2 - 丙二醇含量，g/kg；c 为由标准曲线得出的试样液中 1,2 - 丙二醇的浓度，μg/mL；V 为试样定容体积，mL；m 为样品质量，g；1000 为换算系数。

计算结果以重复性条件下获得的两次独立测定结果的算术平均值表示，结果保留三位有效数字。

（三）精密度

在重复性条件下获得的两次独立测定结果的绝对差值不得超过算术平均值的 10%。

六、检验结果判定

判定依据				
检验检测项目	单位	技术要求	检验检测结果	单项评价

注：检出限、定量限按照现行有效的方法执行；计算结果小于检出限时，检验检测结果应报告为未检出，并标注方法的检出限数值。

目标检测

答案解析

1. 色谱图能提供哪些重要信息？

2. 什么是程序升温？程序升温有哪些优点？

3. 气相色谱仪由哪几部分组成？

4. 色谱分析定性和定量分析的依据是什么？

第十章　液相色谱在食品检测中的应用

学习目标

【知识目标】

1. 掌握色谱定量定性方法及仪器操作。

2. 熟悉液相色谱分析原理及仪器结构。

【能力目标】

　　能按照食品检测方法标准，规范进行实验操作和使用液相色谱仪，获得并记录原始数据，准确计算食品中的相关组分含量，能对检验结果进行准确的判断与报告。

第一节　液相色谱法基础知识

PPT

一、高效液相色谱法概述

　　高效液相色谱法（high performance liquid chromatography，HPLC）是 20 世纪 60 年代末发展起来的一种分析技术，是一种以液体为流动相的现代柱色谱分离分析方法。它是在经典液相色谱基础上，引入气相色谱理论和技术而发展起来的。因此气相色谱法的许多理论与技术同样适用于高效液相色谱法。

　　高效液相色谱法是利用样品中的溶质在固定相和流动相之间分配系数的不同，进行连续、多次的交换和分配而达到分离的过程（图 10 - 1）。

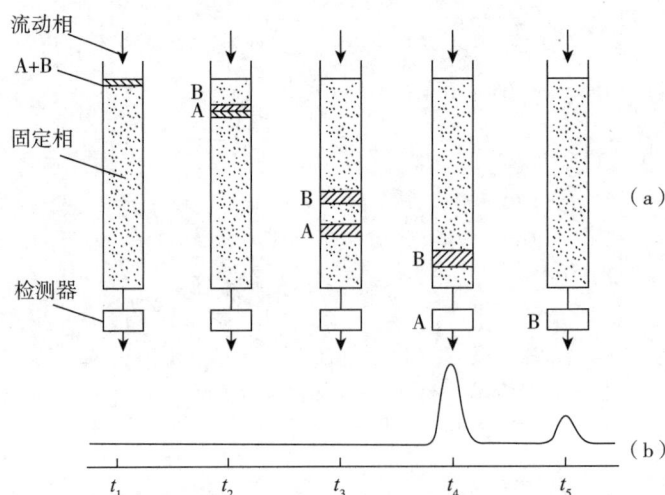

图 10 - 1　二组分混合样的分离

（a）柱内洗脱过程；（b）色谱图

　　正相色谱：流动相极性小于固定相极性，极性弱的组分先出峰。

反相色谱：流动相极性大于固定相极性，极性强的组分先出峰。

高效液相色谱采用了高效色谱柱、高压泵和高灵敏度检测器，因此，高效液相色谱的分离效率、分析速度和灵敏度大大提高。高效液相色谱仪由载液系统、进样系统、分离系统、检测系统和数据处理系统组成。

高效液相色谱法不受样品挥发性和稳定性的限制，适用于分析沸点高、相对分子质量大，受热易分解的不稳定有机化合物、生物活性物质以及多种天然产物。这些化合物约占全部有机化合物的 $70\% \sim 80\%$。此外，液相色谱中的流动相不仅起到使试样沿色谱柱移动的作用，而且与固定相一样，与试样发生选择性的相互作用，这就为控制改善分离条件提供了一个额外的可调因素。该法几乎可以检测食品中所有非挥发性的物质，如氨基酸、蛋白质、脂类、碳水化合物、维生素、食品添加剂等。高灵敏的 HPLC 还可以检测很多其他方法所难以检测的食品中的微量组分、污染物及非法添加物，如三聚氰胺、农药、兽药、生物毒素等，在食品分析中起着极其重要的作用。

二、高效液相色谱仪的流动相和固定相

高效液相色谱仪的工艺流程如图 10 - 2 所示，由高压泵将贮液瓶中的流动相泵出，经过进样器将由进样器引入的样品带入色谱柱（分离柱），由于样品溶液中的各组分在两相中具有不同的分配系数，在两相中做相对运动时，经过反复多次分配过程，被分离成单个组分依次从柱内流出，经检测器检测后流入废液瓶，检测信号被记录下来得到色谱图。

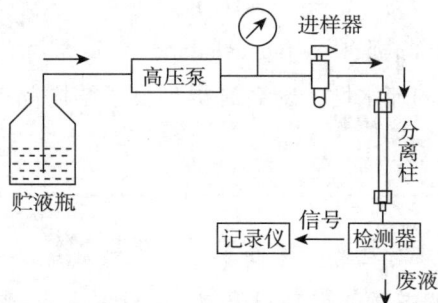

图 10 - 2　液相色谱仪工程流程图

（一）流动相

流动相应选用色谱纯试剂、高纯水或双蒸水。

1. 流动相选择的原则

（1）对样品有足够的溶解能力，且不与样品发生反应。

（2）与固定相互不相溶，不损坏柱子。

（3）与检测器相匹配。如使用 UV 检测器时，所用流动相在检测波长下应没有吸收或吸收很小；当使用示差折光检测器时，应选择折光系数与待测组分差别大的溶剂作为流动相，以提高灵敏度。

（4）黏度低，流动性好。

（5）纯度高。一般需要色谱纯。

（6）毒性小，廉价易得。

2. 流动相的极性

正相色谱常用的流动相及其冲洗强度的顺序是：正己烷 < 乙醚 < 乙酸乙酯 < 异丙醇。

反相色谱常用的流动相及其冲洗强度的顺序是：$H_2O <$ 甲醇 $<$ 乙腈 $<$ 乙醇 $<$ 丙醇 $<$ 异丙醇 $<$ 四氢呋喃。

实践总结

反相色谱最常用的流动相组成是："甲醇 – 乙酸铵溶液"和"乙腈 – 乙酸铵溶液"，由于乙腈毒性较强，优先考虑"甲醇 – 乙酸铵溶液"流动相。需过滤和脱气后方可使用。过滤时要区分水系膜和有机系膜的使用范围。实验室常用的脱气方式为超声脱气。水相流动相需经常更换（一般不超过 2 天），防止细菌滋生。

甲醇和乙酸铵溶液在流动相中的比例的少量变化会使各组分的保留时间发生显著改变，减少甲醇含量，各组分保留时间变长，分离效果较好，但扩散效应大，峰形差。反之，会使出峰时间提前。可根据实验情况调整甲醇和乙酸铵溶液的配比。

（二）固定相（色谱柱）

分离是色谱分析的核心，承担分离任务的是色谱柱，由柱管和固定相组成。化学键合相色谱是通过共价键将合适的化学官能团键合到硅胶载体表面，而得到各种性能的固定相，是近代高效液相色谱技术中最重要的填料。

按键合到硅胶上的官能团分为以下两种。

反相柱：填料是非极性的，官能团一般是烷烃，如 C_{18}（ODS）、C_8、C_4 等。

正相柱：填料是极性的，官能团为—CN、—NH_2 等。

目前应用最多的是十八烷基键合硅胶（octadecylsilane），通常称为 ODS 固定相。由于 C_{18} 是长链烷基键合相，有较高的含碳量和较好的疏水性，对各种类型分子结构都有很好的适应能力，因此，可完成高效液相色谱 70%~80% 的分析任务。

实践总结

装填好的柱子是有方向的。安装时柱箭头方向要与流动相的流向一致。

一般色谱柱都有一定的 pH 适用范围，使用时流动相 pH 应与色谱柱相匹配。如 C_{18} 柱的 pH 适用范围为 2~8，若 pH <2 时会导致键合相水解，若 pH >8 时硅胶易溶解。

柱压的突然升高或降低也会冲动柱内填料，因此在调节流速时应该缓慢进行。

在样品分析之前，至少使用 20 倍柱体积的流动相使色谱柱充分平衡，以获得稳定的基线。

样品测试结束后，就要进行色谱仪及色谱柱的清洗和维护。如流动相为缓冲试剂，要用含5%~10%有机溶剂的水（但不能使用纯水）清洗30分钟，方可用有机溶剂进行保护，否则，有损色谱柱。

三、高效液相色谱定性定量分析

（一）定性方法

由于液相色谱过程中影响溶质迁移的因素较多，同一组分在不同色谱条件下的保留值相差较大，即使在相同操作条件下，同一组分在不同色谱柱上的保留值也可能有很大差别，因此液相色谱比气相色谱定性难度更大，但方法原理与气相色谱定性方法相同。

（二）定量方法

高效液相色谱的定量方法与气相色谱法类似，主要是内标法和外标法。

四、高效液相色谱仪的操作

高效液相色谱仪的型号很多，但基本操作包括准备→开机→分析→关机等四个步骤。

（一）准备

准备所需的流动相，必须为色谱纯，水为 GB/T 6682 规定的二级水或一级水。经 $0.45\mu m$ 滤膜过滤，超声脱气 20 分钟。水和有机相所用的微孔滤膜不同，有机相的过滤用有机膜，水过滤用水膜。

配制样品和标准品溶液，用 $0.45\mu m$ 或 $0.22\mu m$ 滤膜过滤。根据待检样品的需要更换合适的色谱柱和定量环。

（二）开机

接通电源，依次开启高效液相色谱仪各组成部件的电源，待仪器自检结束后，打开电脑显示器、主机，最后打开色谱工作站。

（三）分析

1. 更换流动相并排气泡　将吸滤器放入装有流动相的储液瓶中，顺时针转动泵的排液阀（purge 阀），打开排液阀；按下排液键（purge 键），泵以 $3\sim10mL/min$ 的流速冲洗 5 分钟（可设定）；排液结束后将排液阀逆时针旋转适度拧紧，关闭排液阀。如管路中仍有气泡，则重复以上操作直至气泡排尽。

2. 设置或调用方法，运行方法　设定色谱参数，如检测波长、流速、流动相比例、梯度洗脱程序、柱温等，保存并运行设定的方法。

3. 分析样品　运行方法，待基线、柱压稳定后方可进行进样，一般先进标准溶液，再进样品溶液，得到色谱图。

4. 定性、定量分析方法　保留时间定性分析，峰面积或峰高外标法或内标法定量分析。

（四）关机

分析完毕后，先关检测器，再用经过滤和脱气的适当溶剂清洗色谱系统，正相柱一般用正己烷，反相柱如使用过含酸或盐流动相，则先用高含水量甲醇 – 水（含水 80% 以上，$V:V$ 冲洗掉缓冲盐，然后用甲醇 – 水（如 50：50，$V:V$）冲洗，最后用甲醇保留色谱柱，特殊情况应延长冲洗时间。冲洗完毕后，逐步降低流速至 0，关泵，进样器也应用相应溶剂冲洗，可使用进样阀所附专用冲洗接头。关工作站、关电脑、关闭电源，做好使用登记。

第二节　食品中苯甲酸、山梨酸、糖精钠的测定

近年来，由于消费者对食品的安全性日益关注，食品中各种添加剂，特别是人工合成添加剂的使用情况越来越受到人们的重视。防腐剂苯甲酸、山梨酸和甜味剂糖精钠等广泛应用于饮料、酱腌菜、蜜饯、糕点等食品中，这些添加剂的长期过量食用对人体有一定危害，在我国《食品安全国家标准　食品添加剂使用标准》（GB 2760—2024）中对这些添加剂的使用范围和最大使用限量均有明确规定。

检测依据为《食品安全国家标准　食品中苯甲酸、山梨酸和糖精钠的测定》（GB 5009.28），该标准中第一法为液相色谱法，适用于食品中苯甲酸、山梨酸和糖精钠的测定；第二法为气相色谱法，适用于酱油、水果汁、果酱中苯甲酸、山梨酸的测定。检验员应根据检验目的、适用范围及实验室条件选择

合适的实验方法，本节介绍液相色谱法。

一、原理

样品经水提取，高脂肪样品经正己烷脱脂、高蛋白样品经蛋白沉淀剂沉淀蛋白，采用液相色谱分离、紫外检测器检测，外标法定量。

二、试剂和材料

除非另有说明，本方法所用试剂均为分析纯，标准物质采用经国家认证并授予标准物质证书的标准物质，水为 GB/T 6682 规定的一级水。

（一）试剂

1. 甲醇（色谱纯）　经 0.45μm 滤膜过滤。

2. 乙酸铵溶液（20mmol/L）　称取 1.54g 乙酸铵，加入适量水溶解，用水定容至 1000mL，经 0.22μm 水相微孔滤膜过滤后备用。

3. 稀氨水（1+99）　取氨水 1mL，加到 99mL 水中，混匀。

4. 亚铁氰化钾溶液（92g/L）　称取 106g 亚铁氰化钾，加入适量水溶解，用水定容至 1000mL。

5. 乙酸锌溶液（183g/L）　称取 220g 乙酸锌溶于少量水中，加入 30mL 冰乙酸，用水定容至 1000mL。

（二）标准溶液配制

1. 苯甲酸、山梨酸和糖精钠（以糖精计）标准储备溶液（1000mg/L）　分别准确称取苯甲酸钠、山梨酸钾和糖精钠 0.118g、0.134g 和 0.117g（精确到 0.0001g），用水溶解并分别定容至 100mL。于 4℃贮存，保存期为 6 个月。也可直接购买以上 3 种物质的有证国家标准溶液作为标准储备溶液。

2. 苯甲酸、山梨酸和糖精钠（以糖精计）混合标准中间溶液（200mg/L）　分别准确吸取苯甲酸、山梨酸和糖精钠标准储备溶液各 10.0mL 于 50mL 容量瓶中，用水定容。于 4℃贮存，保存期为 3 个月。

3. 苯甲酸、山梨酸和糖精钠（以糖精计）混合标准工作溶液　分别准确吸取苯甲酸、山梨酸和糖精钠混合标准中间溶液 0、0.25、1.00、2.50、5.00、10.0mL，用水定容至 10mL，配制成浓度分别为 0、5.00、20.0、50.0、100、200mg/L 的混合标准系列工作溶液。临用现配。

三、仪器和设备

高效液相色谱仪（配紫外检测器或二极管阵列检测器）、分析天平（感量为 0.001g 和 0.0001g）、涡旋振荡器、离心机（转速 >8000r/min）、匀浆机、恒温水浴锅、超声波发生器。

四、分析步骤

（一）试样制备

取多个预包装的饮料、液态奶等均匀样品直接混合；非均匀液态、半固态样品用组织匀浆机匀浆；固体样品用研磨机充分粉碎并搅拌均匀；奶酪、黄油、巧克力等采用 50~60℃加热熔融，并趁热充分搅拌均匀。取其中的 200g 装入玻璃容器中，密封，液体试样于 4℃保存，其他试样于 -18℃保存。

（二）试样提取

1. 一般性试样 准确称取约2g（精确到0.001g）试样于50mL具塞离心管中，加水约25mL，涡旋混匀，于50℃水浴超声20分钟，冷却至室温后加亚铁氰化钾溶液2mL和乙酸锌溶液2mL，混匀，于8000r/min离心5分钟，将水相转移至50mL容量瓶中，于残渣中加水20mL，涡旋混匀后超声5分钟，于8000r/min离心5分钟，将水相转移到同一50mL容量瓶中，并用水定容至刻度，混匀。适量上清液过0.22μm滤膜，滤液待测。

2. 含胶基的果冻、糖果等试样 准确称取约2g（精确到0.001g）试样于50mL具塞离心管中，加水约25mL，涡旋混匀，于70℃水浴加热溶解试样，于50℃水浴超声20分钟，之后的操作同一般性试样。

3. 油脂、巧克力、奶油、油炸食品等高油脂试样 准确称取约2g（精确到0.001g）试样于50mL具塞离心管中，加正己烷10mL，于60℃水浴加热约5分钟，并不时轻摇以溶解脂肪，然后加氨水溶液（1＋99）25mL，乙醇1mL，涡旋混匀，于50℃水浴超声20分钟，冷却至室温后，加亚铁氰化钾溶液2mL和乙酸锌溶液2mL，混匀，于8000r/min离心5分钟，弃去有机相，水相转移至50mL容量瓶中，残渣同一般性试样再提取一次后测定。

（三）仪器参考条件

1. C₁₈柱 250mm×4.6mm，5μm不锈钢柱或相当者。

2. 流动相 甲醇：乙酸铵溶液（0.02 mol/L）（5∶95）。

3. 流速 1mL/min。

4. 进样量 20μL。

5. 检测波长 230nm。

（四）标准曲线的制作

将混合标准工作溶液分别注入液相色谱仪，测定相应的峰面积，以混合标准工作溶液的浓度为横坐标，以峰面积为纵坐标，绘制标准曲线。标准溶液色谱图如图10－3所示。

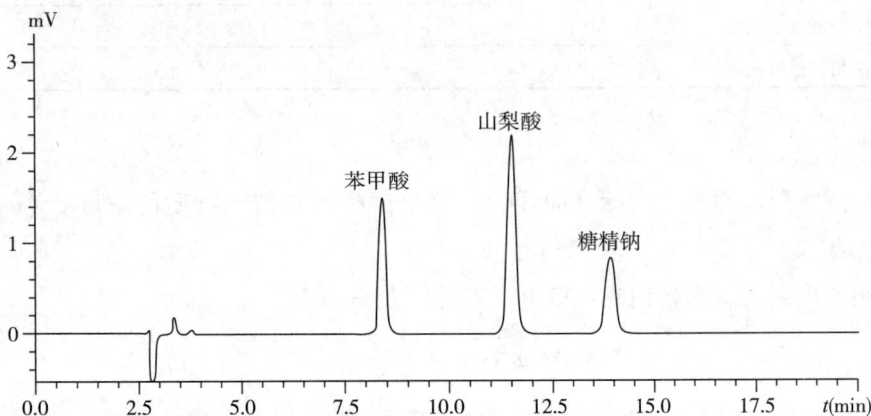

图10－3 苯甲酸、山梨酸和糖精钠标准溶液液相色谱图（源自GB 5009.28）

（五）试样溶液的测定

将试样溶液注入液相色谱仪，得到峰面积，根据标准曲线得到待测液中苯甲酸、山梨酸和糖精钠（以糖精计）的浓度。

实践总结

1. 碳酸饮料、果酒、果汁、蒸馏酒等测定时可以不加蛋白沉淀剂。

2. 手动进样时，使用部分装液法进样，进样量最多为定量环体积的75%，并且要求每次进样体积准确、相同；使用完全装液法进样，进样量最少为定量环体积的3~5倍。

3. 当存在干扰峰或需要辅助定性时，可以采用加入甲酸的流动相来测定。

五、原始记录及数据处理

（一）数据记录

样品名称						
检验依据	GB 5009.28					
仪器设备	仪器设备名称			规格型号		
检验员						
检验日期						
样品质量，m（g）						
试样液定容体积，V（mL）						
试样液中苯甲酸峰面积						
试样液中山梨酸峰面积						
试样液中糖精钠峰面积						
标准溶液浓度，c（mg/L）	0	5.00	20.0	50.0	100	200
苯甲酸标准溶液峰面积						
山梨酸标准溶液峰面积						
糖精钠标准溶液峰面积						
苯甲酸标准曲线						
山梨酸标准曲线						
糖精钠标准曲线						

（二）计算

将试样液中待测物质峰面积代入标准曲线，计算出试样液中待测物质的浓度 c（mg/L）；c 也可由色谱数据处理软件获取。

试样中苯甲酸或山梨酸、糖精钠的含量由下式计算获得。

$$X（g/kg）= \frac{c \times V}{m \times 1000}$$

式中，X 为试样中苯甲酸或山梨酸、糖精钠的含量，g/kg；c 为由标准曲线得出的试样液中待测物的浓度，mg/L；V 为试样液定容体积，mL；m 为样品质量，g；1000 为由 mg/kg 转换为 g/kg 的换算因子。

结果保留3位有效数字。

（三）精密度

在重复性条件下，获得的两次独立测量结果的绝对差值不得超过算术平均值的10%。

六、检验结果判定

判定依据				
检验检测项目	单位	技术要求	检验检测结果	单项评价

注：检出限、定量限按照现行有效的方法执行；计算结果小于检出限时，检验检测结果应报告为未检出，并标注方法的检出限数值。

第三节　食品中合成着色剂的测定

着色剂是使食品着色和改善食品色泽的物质，又称食用色素。食用着色剂按其性质和来源，可分为天然着色剂和合成着色剂两大类。由于合成着色剂具有色泽鲜艳、色调多、性质稳定、着色力强、成本低廉等诸多优点，在食品中应用较广。合成着色剂的原料主要是化工产品，长期过量的摄入就会给人的健康带来危害。因此，世界各国对食用合成着色剂的管理、使用方面均有严格的规定。

我国现行的食品中合成着色剂的检测方法标准为《食品安全国家标准　食品中合成着色剂的测定》（GB 5009.35—2023），采用高效液相色谱法进行检测，可同时检测柠檬黄、新红、苋菜红、胭脂红、日落黄、诱惑红、亮蓝、酸性红、喹啉黄、赤藓红、靛蓝 11 种人工合成着色剂，由于 11 种色素性质差别较大，采用梯度洗脱进行分离。

高效液相色谱法的洗脱方式分为等度洗脱和梯度洗脱两种。等度洗脱是在同一分析周期内流动相的组成保持恒定。适用于组分少、性质差别小的样品。梯度洗脱是在一个分析周期内程序地改变流动相的组成，即程序地改变流动相的极性、离子强度或 pH 等。用于分析组分多且性质差异较大的复杂样品。采用梯度洗脱可以缩短分析时间，提高分离度，改善峰形，提高检测灵敏度。梯度洗脱分为高压梯度洗脱（内梯度洗脱）和低压梯度洗脱（外梯度洗脱），如图 10 - 4 所示。高压梯度又叫内梯度，它是用两台高压输液泵将不同的两种溶剂输入混合室，进行混合后再进入色谱柱。主要优点是两台高压输液泵的流量皆可独立控制，可获得任何形式的梯度程序。低压梯度又叫外梯度，是在常压下将两种溶剂（或多元溶剂）输至混合器中混合，然后用高压输液泵将流动相输入到色谱柱中，此法的主要优点是仅需使用一个高压输液泵，成本低，使用方便。

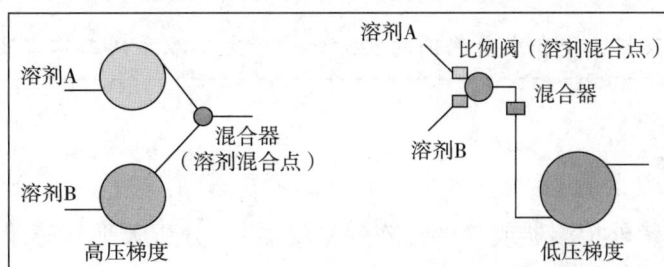

图 10 - 4　梯度洗脱装置

一、原理

试样中的合成着色剂用乙醇氨水溶液提取，经固相萃取净化后，用配有二极管阵列检测器的高效液相色谱仪测定，外标法定量。

二、试剂和材料

除非另有说明，本方法所用试剂均为分析纯，标准物质采用经国家认证并授予标准物质证书的标准物质，水为 GB/T 6682 规定的一级水。

（一）试剂

1. 甲醇（色谱纯）　经 0.45μm 滤膜过滤。

2. 乙醇氨水溶液　量取无水乙醇 700mL，加入 4mL 氨水，用水稀释至 1L，混匀。

3. 5% 甲醇水溶液　移取甲醇 5mL，用水稀释并定容至 100mL，混匀。

4. 2% 氨水甲醇溶液　移取 2mL 氨水，用甲醇稀释至 100mL。

5. 乙酸铵溶液（20mmol/L）　称取 1.54g 乙酸铵，加入适量水溶解，用水定容至 1000mL，经 0.45μm 水相微孔滤膜过滤后备用。

6. 乙酸铵缓冲溶液，pH = 9.0　乙酸铵溶液（20mmol/L）加氨水调 pH 至 9.0。

7. 2% 甲酸水溶液　移取 2mL 甲酸，用水稀释至 100mL。

（二）标准溶液配制

1. 合成着色剂标准贮备液（1.0mg/mL）　准确称取按其纯度折算为 100% 质量的柠檬黄、新红、苋菜红、胭脂红、日落黄、诱惑红、亮蓝、酸性红、喹啉黄、赤藓红各 0.1g（精确至 0.0001g），加水溶解并分别置于 100mL 容量瓶中，定容至刻度，摇匀。可于 4℃ 下避光保存 6 个月，靛蓝标准溶液临用现配。

也可直接购买以上物质的有证国家标准溶液作为标准储备溶液。

2. 合成着色剂混合标准中间溶液（50mg/L）　准确吸取合成着色剂标准贮备液（1.0mg/mL）和靛蓝标准溶液（1.0mg/mL）各 5.00mL 于 100mL 容量瓶中，用水定容。临用现配。

3. 合成着色剂混合标准工作溶液　准确吸取合成着色剂混合标准中间溶液 0.2、0.5、1.0、2.0、5.0、10.0mL 于 50mL 容量瓶中，用水稀释至刻度，配制成浓度分别为 0.2、0.5、1.0、2.0、5.0、10.0mg/L 的混合标准系列工作溶液。

🔖 **实践总结** -

可根据仪器的灵敏度及样品中合成着色剂的实际含量确定标准系列工作溶液中合成着色剂的浓度。

- -

三、仪器和设备

高效液相色谱仪（配紫外检测器或二极管阵列检测器）、分析天平（感量为 0.001g 和 0.0001g）、pH 计（精度为 0.01）、电动搅拌器（转速范围为 30～2000r/min）、涡旋混合器、超声波发生器或恒温摇床（超声功率不小于 700W，控温范围 20～80℃；摇床转速范围 10～500r/min）、高速离心机（转速不小于 15000r/min）、固相萃取装置、氮气浓缩装置、WAX 混合型弱阴离子交换反相吸附或等效固相萃取柱（150mg/6mL）、针筒过滤器［PVDF（聚偏氟乙烯）或 PTFE（聚四氟乙烯），孔径 0.45μm］。

四、分析步骤

(一) 试样制备

液体试样和粉末固体试样应分别混合均匀，半固体试样取固液共存物进行匀浆混合，固体试样（带核蜜饯需去核，取可食部分）经电动搅拌器粉碎等方式混合均匀，密封，制备好的试样在 −18℃ 以下避光保存，备用。

(二) 试样提取

1. 液体类试样（饮料、配制酒、调制乳、调味糖浆、风味发酵乳等）和冷冻饮品（风味冰、冰棍类）　准确称取试样 2g（精确至 0.001g），冷冻饮品可先温水浴加热融化再称样，置于 50mL 具塞离心管中，加入适量乙醇氨水溶液，涡旋 1 分钟，5000r/min 离心 5 分钟，并用乙醇氨水溶液定容至 50mL，即得提取液。准确吸取上清液 10mL，50℃ 下氮气浓缩至 3mL 左右，分 2~3 次共加入 10mL 5% 甲醇水溶液溶解，作为待净化液。

2. 固体类试样　准确称取试样 2g（精确至 0.001g），置于 50mL 具塞离心管中，先加入适量水（2~5mL），50℃ 水浴加热混匀样品，加入 25mL 乙醇氨水溶液，涡旋 1 分钟，50℃ 超声或振摇（速率≥250r/min）提取 20 分钟，8000r/min 离心 5 分钟，取上清液置于 50mL 容量瓶中，每次加入 5~10mL 乙醇氨水溶液重复提取操作至上清液无明显颜色，离心后合并上清液，用乙醇氨水溶液定容至 50mL，即得提取液。准确吸取上清液 10mL，50℃ 下氮气浓缩至 3mL 左右，分 2~3 次共加入 10mL 5% 甲醇水溶液溶解，作为待净化液。

3. 含油量较大的试样　准确称取试样 2g（精确至 0.001g），置于 50mL 具塞离心管中，加入 20mL 石油醚，涡旋 5 分钟，超声或振摇（速率≥250r/min）提取 10 分钟，8000r/min 离心 5 分钟，弃去上清液，油脂含量较高的试样可重复提取一次，弃去上清液，加入 25mL 乙醇氨水溶液，涡旋 1 分钟，50℃ 超声或振摇（速率≥250r/min）提取 20 分钟，8000r/min 离心 5 分钟（若离心后提取液仍浑浊，可转入高速离心机专用管，15000r/min 离心 5 分钟），取上清液置于 50mL 容量瓶中，每次加入 5~10mL 乙醇氨水溶液重复提取操作至上清液无明显颜色，离心后合并上清液，用乙醇氨水溶液定容至 50mL，即得提取液。准确吸取上清液 10mL，50℃ 下氮气浓缩至 3mL 左右，分 2~3 次共加入 10mL 5% 甲醇水溶液溶解，作为待净化液。

(三) 试样净化

1. 活化　依次用 6mL 甲醇和 6mL 水活化固相萃取柱，保持柱体湿润。

2. 上样　活化后立即将待净化液以 2~3 秒 1 滴的流速加载到固相萃取柱上。

3. 淋洗　依次用 6mL 2% 甲酸水溶液和 6mL 甲醇淋洗固相萃取柱，弃去淋洗液，真空抽 2 分钟至柱体近干。

4. 洗脱　用 6mL 2% 氨水甲醇溶液洗脱，分两次加入，每次 3mL，流速低于 2~3 秒 1 滴，收集洗脱液，于 50℃ 下氮气浓缩至近干，准确加入 2mL pH 为 9 的乙酸铵缓冲溶液溶解，溶液用针筒过滤器，孔径为 0.45μm 的滤膜过滤，弃去 2~5 滴初滤液，取续滤液作为待测液。

(四) 仪器参考条件

1. C₁₈柱　$4.6mm \times 250mm$，5μm，或相当者。

2. 进样量　10μL。

3. 二极管阵列检测器波长范围　400~800nm，检测波长 415nm（柠檬黄、喹啉黄）、520nm（新红、苋菜红、胭脂红、日落黄、诱惑红、酸性红和赤藓红）、610nm（靛蓝、亮蓝）。

4. 梯度洗脱程序　见表 10−1。

表10-1　梯度洗脱程序

时间（min）	流速（mL/min）	0.02mol/L 乙酸铵溶液（%）	甲醇（%）
0	1.0	90	10
12.0	1.0	60	40
19.0	1.0	50	50
22.5	1.0	45	55
24.0	1.0	5	95
33.0	1.0	5	95
34.0	1.0	90	10
42.0	1.0	90	10

（五）测定

1. 标准曲线的制作　将标准系列工作液分别注入液相色谱仪中，测定目标合成着色剂的峰面积，以标准系列工作液中该物质的浓度为横坐标，峰面积为纵坐标，绘制标准曲线。11种标准物质溶液的色谱图如图10-5所示。

2. 试样溶液的测定　将试样溶液注入液相色谱仪中，得到对应的峰面积，根据标准曲线计算待测液中各物质浓度。

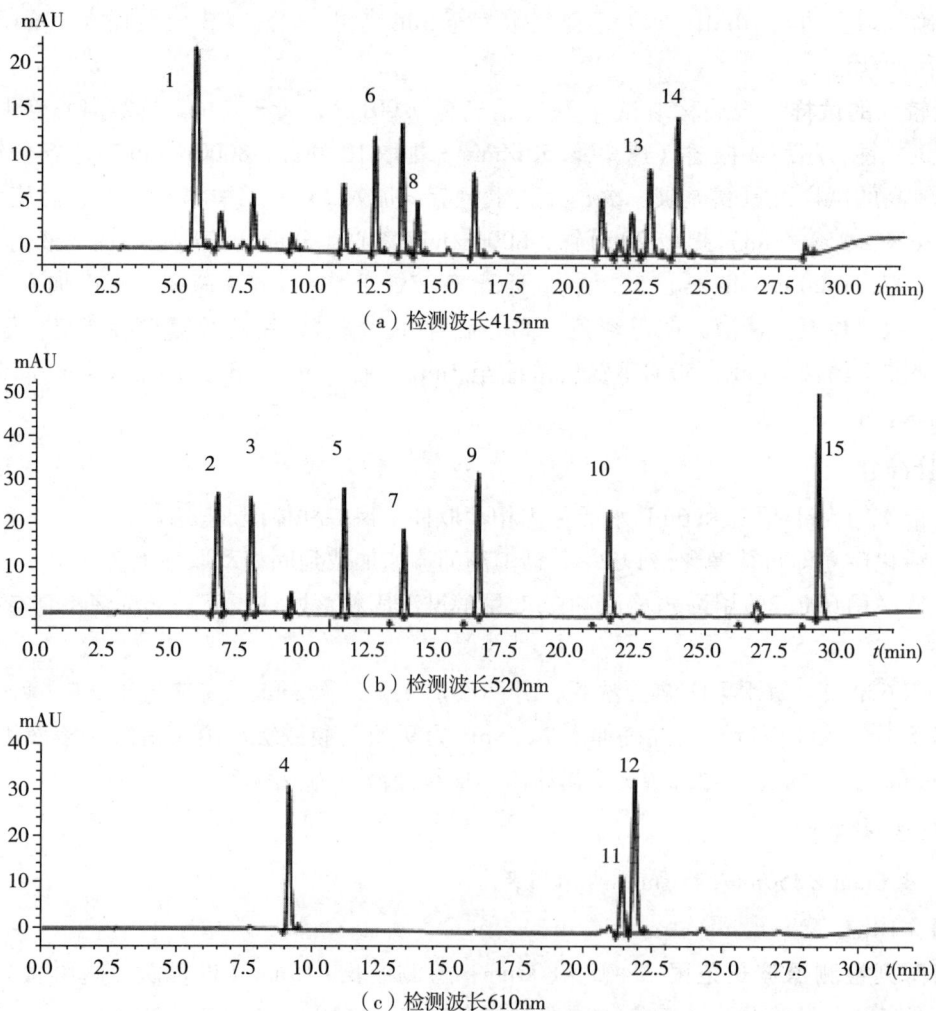

图10-5　11种合成着色剂标准溶液的色谱图（源自 GB 5009.35）

五、原始记录及数据处理

(一) 数据记录

样品名称					
检验依据	GB 5009.35				
仪器设备	仪器设备名称			规格型号	
检验员					
检验日期					
样品质量, m (g)					
净化后最终定容体积, V_1 (mL)					
样品提取液体积, V_2 (mL)					
用于净化分取的样品提取液体积, V_3 (mL)					
试样液中目标合成着色剂峰面积					
目标合成着色剂标准溶液浓度, c (mg/L)					
目标合成着色剂标准溶液峰面积					
目标合成着色剂标准曲线					

(二) 计算

将试样液中待测物质峰面积代入标准曲线,计算出试样液中目标合成着色剂的浓度 c (mg/L);c 也可由色谱数据处理软件获取。

试样中合成着色剂的含量由下式计算获得。

$$X \ (\text{g/kg}) = \frac{c \times V_1 \times V_2}{V_3 \times m \times 1000}$$

式中,X 为试样中目标合成着色剂的含量,g/kg;c 为由标准曲线得出的试样液中目标合成着色剂的浓度,mg/L;V_1 为样品经净化洗脱后的最终定容体积,mL;V_2 为样品提取液体积,ml;V_3 为用于净化分取的样品提取液体积,ml,m 为样品质量,g;1000 为由 mg/kg 转换为 g/kg 的换算因子。

计算结果以重复性条件下获得的两次独立测定结果的平均值表示,结果保留 2 位有效数字。

(三) 精密度

在重复性条件下,获得的两次独立测量结果的绝对差值不得超过算术平均值的 10%。

六、检验结果判定

判定依据				
检验检测项目	单位	技术要求	检验检测结果	单项评价

注:检出限和定量限按照现行有效的方法执行;计算结果小于检出限时,检验检测结果应报告为未检出;计算结果大于检出限,小于定量限时,报告为小于定量限,并标注方法的检出限数值。

第四节　食品中果糖、葡萄糖、麦芽糖、乳糖的测定

　　糖类是食品中的重要风味成分和营养成分，其种类和含量是评价食品品质的重要指标。糖类对改变食品的形态、组织结构、物化性质以及色、香、味等感官指标起着十分重要的作用。因此，准确测定食品中各种糖的含量对食品品质改良、加工储藏技术选择、新产品开发等具有重要意义。滴定法和比色法只能检测总糖或还原糖的含量，无法给出每种糖的具体含量。高效液相色谱法因其高效、高灵敏度、重复性好等优点，被广泛用于产品中多种糖含量的测定中。示差检测器是基于连续测定色谱柱流出物光折射率的变化来测定溶质浓度，具有通用性强和操作便利的优点，是国家标准方法。我国现行的相关检测标准《食品安全国家标准　食品中果糖、葡萄糖、蔗糖、麦芽糖、乳糖的测定》（GB 5009.8—2023），第一法就是高效液相色谱–示差折光检测（HPLC–RID）或高效液相色谱–蒸发光散射检测器（HPLC–ELSD）法，适用于粮食及粮食制品、乳及乳制品、果蔬及果蔬制品、甜味料、糖果、饮料和婴幼儿食品中果糖、葡萄糖、蔗糖、麦芽糖、乳糖的测定。但示差折光检测器受温度变化、溶剂极性和流动相梯度的影响较大，会检测结果的准确性和重现性。蒸发光检测器（evaporation laser scattering detector，ELSD）是一种高灵敏度、通用型检测器，能够对所有挥发性低于流动相的物质作出准确检测，最小检测浓度可达到 10^{-9} g/mL，且对流动相组成不敏感，可用于梯度洗脱。

　　蒸发光检测器是基于不挥发的样品颗粒对光的散射程度与其质量成正比。一般由雾化器、加热漂移管和光散射池三部分组成。流出色谱柱的流动相及样品组分首先进入雾化器形成微小液滴，与通入的气体（常用高纯氮）混合均匀，经过加热的漂移管，使流动相蒸发，剩下的不挥发性溶质颗粒在光散射池得到检测。当流动相和喷雾气体的流速恒定时，散射光的强度仅取决于溶质的浓度，如图 10–6 所示。

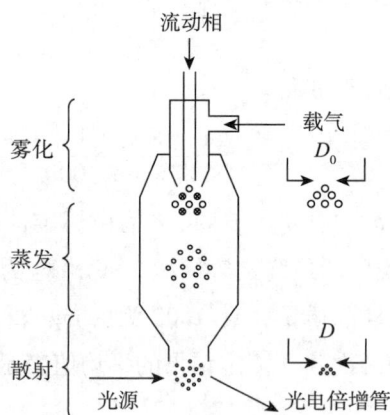

图 10–6　蒸发光散射检测器

一、原理

　　试样中的果糖 、葡萄糖 、蔗糖 、麦芽糖和乳糖经提取后，利用高效液相色谱柱分离，用蒸发光散射检测器检测，外标法进行定量。

二、试剂和材料

除非另有说明，本方法所用试剂均为分析纯，标准物质采用经国家认证并授予标准物质证书的标准物质，水为 GB/T 6682 规定的一级水。

（一）试剂

1. 乙酸锌溶液（1mol/L）　称取乙酸锌 21.9g，加冰乙酸 3mL，加水溶解并稀释至 100mL。

2. 亚铁氰化钾溶液（0.25mol/L）　称取亚铁氰化钾 10.6g，加水溶解并稀释至 100mL。

（二）标准溶液配制

1. 糖标准贮备液（20.0mg/mL）　分别称取经过（90±2）℃干燥 2 小时的果糖和（96±2）℃干燥 2 小时的葡萄糖、蔗糖、麦芽糖和乳糖各 1g（精确至 0.001g），用水溶解后转移至 50mL 容量瓶中，加入 2.5mL 乙腈，加水定容至刻度。置于 0~4℃密封，保存期 3 个月。

也可直接购买经国家认证并授予标准物质证书的糖标准溶液。

2. 糖标准使用液　分别吸取糖标准贮备液 0.10、1.00、2.00、3.00、5.00mL 于 10mL 容量瓶中，加水定容，分别相当于 0.2、2.0、4.0、6.0、10.0mg/mL 浓度标准溶液。

🔖 **实践总结** -

可根据仪器的灵敏度及样品中糖的实际含量确定标准使用液中糖的浓度。

- -

三、仪器和设备

天平（感量为 0.1mg）、超声波振荡器、涡旋混合器、样品粉碎设备（高速粉碎机）、恒温干燥箱、恒温水浴装置、离心机（转速≥4000r/min）、高效液相色谱仪（配蒸发光散射检测器）。

四、分析步骤

（一）试样制备

取适量有代表性的样品，饮料等液态均匀样品直接摇匀；非均匀的样品均需匀浆或粉碎均匀；冷冻饮品室温融化后充分搅拌均匀，必要时可采用 30~40℃水浴加热搅拌；巧克力采用 50~60℃水浴加热熔融，并趁热充分搅拌均匀。

（二）试样提取

1. 胶基糖果和巧克力等难溶解试样　称取试样 2g（精确至 0.001g）于 100mL 比色管中，加入约 50mL 50~60℃热水，涡旋或搅拌，待样品充分溶解，再缓慢加入 5mL 乙酸锌溶液和 5mL 亚铁氰化钾溶液，涡旋混匀，超声 30 分钟，转移至 100mL 容量瓶中并用水定容至刻度，混匀，静置。

2. 含气体或乙醇试样　称取混匀后的试样 50g（精确至 0.01g）于蒸发皿中，在水浴上微热搅拌去除气体和乙醇，待冷却后转移至 100mL 容量瓶中，缓慢加入 5mL 乙酸锌溶液和 5mL 亚铁氰化钾溶液，用水定容至刻度，混匀，静置。

3. 糖浆、蜂蜜类试样　称取混匀后的试样 1~2g（精确到 0.001g）于 100mL 比色管中，加入约 50mL 水，涡旋混匀至充分溶解，转移至 100mL 容量瓶中并用水定容至刻度，混匀，静置。

4. 其他样品   称取粉碎或混匀后的试样 1 ~ 10g（目标糖含量≤5%时称取 10g；含量 5% ~ 10% 时称取 5g；含量 10% ~ 40% 时称取 2g；含量≥40% 时称取 1g）（精确到 0.001g）于 100mL 比色管中，加入约 50mL 水，缓慢加入 5mL 乙酸锌溶液和 5mL 亚铁氰化钾溶液，涡旋混匀，超声 30 分钟，转移至 100mL 容量瓶中并用水定容至刻度，混匀，静置。

（三）净化

上述试样提取液用滤纸过滤（弃去初滤液）或离心获取上清液后，有 0.45μm 水性滤膜针筒过滤器过滤至样品瓶，供上机。

（四）仪器参考条件

1. 色谱柱   氨基色谱柱（4.6mm×250mm，粒径 5μm，氨基硅烷键合硅胶为填充剂），或具有同等性能的色谱柱。

2. 流动相   乙腈 + 水 = 70 + 30（体积比）。

3. 流动相流速   1.0mL/min。

4. 柱温   40℃。

5. 进样量   10μL。

6. 蒸发光散射检测器条件   飘移管温度 80 ~ 90℃；氮气流速 2.5L/min。

（五）标准曲线的制作

将糖标准使用液依次按上述推荐色谱条件上机测定，记录色谱图峰面积或峰高，以峰面积或峰高的幂函数为纵坐标，以糖标准使用液浓度的幂函数为横坐标，绘制标准曲线。果糖、葡萄糖、蔗糖、麦芽糖和乳糖标准物质色谱图如图 10 – 7 所示。

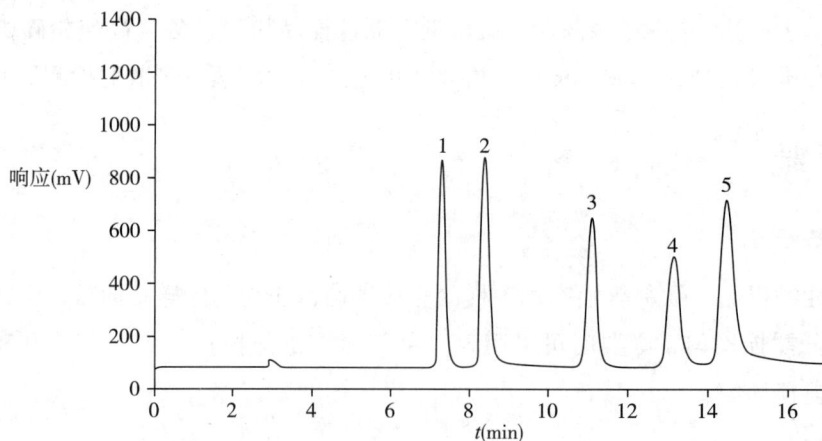

图 10 – 7   果糖、葡萄糖、蔗糖、麦芽糖和乳糖标准物质的蒸发光散射检测色谱图
1. 果糖；2. 葡萄糖；3. 蔗糖；4. 麦芽糖；5. 乳糖

（六）试样溶液的测定

将试样溶液注入高效液相色谱仪中，记录目标物的峰面积或峰高，从标准曲线中查得试样溶液中糖的浓度。可根据具体试样进行稀释（n）。

（七）空白试验

除不加试样外，均按上述步骤进行。

五、原始记录及数据处理

（一）数据记录

样品名称		
检验依据	GB 5009.8	
仪器设备	仪器设备名称	规格型号
检验员		
检验日期		
样品质量，m（g）		
试样液定容体积，V（mL）		
试样液中目标糖峰面积		
空白试验中目标糖峰面积		
目标糖标准溶液浓度，c（mg/mL）	0.2　2.0　4.0　6.0　10.0	
目标糖标准溶液峰面积		
目标糖标准曲线		

（二）计算

将试样液和空白试验中目标糖峰面积代入标准曲线，计算出试样液中待测物质的浓度 ρ（mg/mL）和 ρ_0（mg/mL）；ρ 和 ρ_0 也可由色谱数据处理软件获取。

试样中目标糖的含量按下式计算，计算结果需扣除空白值。

$$X（g/100g）=\frac{(\rho-\rho_0)\times V\times n}{m\times 1000}\times 100$$

式中，X 为试样中目标糖的含量（g/100g）；ρ 为样液中目标糖的浓度，mg/mL；ρ_0 为空白中目标糖的浓度，mg/mL；V 为试样液定容体积，mL；n 为稀释倍数；m 为试样的质量，g；1000 为换算系数；100 为换算系数。

糖的含量≥10g/100g 时，结果保留三位有效数字，糖的含量＜10g/100g 时，结果保留两位有效数字。

（三）精密度

在重复性条件下，获得的两次独立测量结果的绝对差值不得超过算术平均值的10%。

六、检验结果判定

判定依据				
检验检测项目	单位	技术要求	检验检测结果	单项评价

注：检出限和定量限按照现行有效的方法执行；计算结果小于检出限时，检验检测结果应报告为未检出，并标注方法的检出限数值。

第五节　食品中硝酸盐、亚硝酸盐的测定（离子色谱法）

硝酸盐广泛存在于自然界中，在食品及饮水中都有一定数量的硝酸盐。硝酸盐在细菌的硝基还原酶作用下，可转化为亚硝酸盐。硝酸盐和亚硝酸盐也是常被用作食品添加剂中的发色剂和防腐剂而存留于食品中。亚硝酸盐与人体血液亚铁血红蛋白作用，形成高铁血红蛋白，使血液失去携氧能力，导致组织缺氧；亚硝酸盐氮作为氮循环的中间产物，可诱发人体消化系统发生癌变，对人体的健康有一定的毒害作用。因此，亚硝酸盐（NO_2^-）和硝酸盐（NO_3^-）含量是环境监测和食品卫生要求控制的重要项目之一。硝酸盐和亚硝酸盐检测方法主要有分光光度法、离子色谱法等。离子色谱法的优点是快捷、简便、费用较低，且不受提取液本底颜色的影响，是《食品安全国家标准　食品中亚硝酸盐与硝酸盐的测定》（GB 5009.33）中的第一法。

离子色谱法（ion chromatography，IC）是以离子型化合物为分析对象的液相色谱。根据分离原理，可分为离子交换色谱、离子排斥色谱和离子对色谱。在离子交换色谱中，以离子交换剂为固定相，以缓冲液为流动相，借助于试样中电离组分对离子交换剂亲和力的不同达到分离离子型或可电离的化合物的目的。检测器分为通用型和专用型。通用型检测器对存在于检测池中的所有离子都有响应。离子色谱中最常用的电导检测器就是通用型的一种。紫外检测器是专用型的检测器，对离子具有选择性响应。

一、原理

试样经沉淀蛋白质、除去脂肪后，采用相应的方法提取和净化，以氢氧化钾溶液为淋洗液，阴离子交换柱分离，电导检测器检测。以保留时间定性，外标法定量。

二、试剂和材料

除非另有说明，本方法所用试剂均为分析纯，标准物质采用经国家认证并授予标准物质证书的标准物质，水为 GB/T 6682 规定的一级水。

（一）试剂

1. 乙酸溶液（3%）　量取乙酸 3mL 于 100mL 容量瓶中，以水稀释至刻度，混匀。

2. 氢氧化钾溶液（1 mol/L）　称取 6g 氢氧化钾，加入新煮沸过的冷水溶解，并稀释至 100mL，混匀。

（二）标准溶液配制

1. 亚硝酸盐标准储备液（100mg/L，以 NO_2^- 计，下同）　准确称取 0.1500g 于 110~120℃干燥至恒重的亚硝酸钠，用水溶解并转移至 1000mL 容量瓶中，加水稀释至刻度，混匀。

2. 硝酸盐标准储备液（1000mg/L，以 NO_3^- 计，下同）　准确称取 1.3710g 于 110~120℃干燥至恒重的硝酸钠，用水溶解并转移至 1000mL 容量瓶中，加水稀释至刻度，混匀。

也可直接购买以上两种物质的有证国家标准溶液作为标准储备溶液。

3. 亚硝酸盐和硝酸盐混合标准中间液　准确移取亚硝酸盐和硝酸盐的标准储备液各 1.0mL 于 100mL 容量瓶中，用水稀释至刻度，此溶液每升含亚硝酸根离子 1.0mg 和硝酸根离子 10.0mg。

4. 亚硝酸盐和硝酸盐混合标准使用液　移取亚硝酸盐和硝酸盐混合标准中间液，加水逐级稀释，制成系列混合标准使用液，亚硝酸根离子浓度分别为 0.02、0.04、0.08、0.15、0.20mg/L；硝酸根离子浓度分别为 0.2、0.4、0.8、1.5、2.0mg/L。

三、仪器和设备

离子色谱仪（配电导检测器及抑制器，50μL 定量环）、食物粉碎机、超声波清洗器、分析天平（感量为 0.1mg 和 1mg）、离心机（转速 ≥ 10000r/min，配 50mL 离心管）、0.22μm 水性滤膜针头滤器、净化柱（包括 C_{18} 柱、Ag 柱和 Na 柱或等效柱）、注射器（1.0mL 和 2.5mL）。

实践总结

所有玻璃器皿使用前均需依次用 2mol/L 氢氧化钾和水分别浸泡 4 小时，然后用水冲洗 3～5 次，晾干备用。

四、分析步骤

（一）试样制备

1. 蔬菜、水果 将新鲜蔬菜、水果试样用自来水洗净后，用水冲洗，晾干后，取可食部切碎混匀。将切碎的样品用四分法取适量，用食物粉碎机制成匀浆，备用。如需加水应记录加水量。

2. 粮食及其他植物样品 除去可见杂质后，取有代表性试样 50～100g，粉碎后，过 0.30mm 孔筛，混匀，备用。

3. 肉类、蛋、水产及其制品 用四分法取适量或取全部，用食物粉碎机制成匀浆，备用。

4. 乳粉、豆奶粉、婴儿配方粉等固态乳制品（不包括干酪） 将试样装入能够容纳 2 倍试样体积的带盖容器中，通过反复摇晃和颠倒容器使样品充分混匀直到使试样均一化。

5. 发酵乳、乳、炼乳及其他液体乳制品 通过搅拌或反复摇晃和颠倒容器使试样充分混匀。

6. 干酪 取适量的样品研磨成均匀的泥浆状。为避免水分损失，研磨过程中应避免产生过多的热量。

（二）提取

1. 蔬菜、水果等植物性试样 称取试样 5g（精确至 0.001g，可适当调整试样的取样量，以下相同），置于 150mL 具塞锥形瓶中，加入 80mL 水，1mL 1mol/L 氢氧化钾溶液，超声提取 30 分钟，每隔 5 分钟振摇 1 次，保持固相完全分散。于 75℃ 水浴中放置 5 分钟，取出放置至室温，定量转移至 100mL 容量瓶中，加水稀释至刻度，混匀。溶液经滤纸过滤后，取部分溶液于 10000r/min 离心 15 分钟，上清液备用。

2. 肉类、蛋类、鱼类及其制品等 称取试样匀浆 5g（精确至 0.001g），置于 150mL 具塞锥形瓶中，加入 80mL 水，超声提取 30 分钟，每隔 5 分钟振摇 1 次，保持固相完全分散。于 75℃ 水浴中放置 5 分钟，取出放置至室温，定量转移至 100mL 容量瓶中，加水稀释至刻度，混匀。溶液经滤纸过滤后，取部分溶液于 10000r/min 离心 15 分钟，上清液备用。

3. 腌鱼类、腌肉类及其他腌制品 称取试样匀浆 2g（精确至 0.001g），置于 150mL 具塞锥形瓶中，加入 80mL 水，超声提取 30 分钟，每隔 5 分钟振摇 1 次，保持固相完全分散。于 75℃ 水浴中放置 5 分钟，取出放置至室温，定量转移至 100mL 容量瓶中，加水稀释至刻度，混匀。溶液经滤纸过滤后，取部分溶液于 10000r/min 离心 15 分钟，上清液备用。

4. 乳 称取试样 10g（精确至 0.01g），置于 100mL 具塞锥形瓶中，加水 80mL，摇匀，超声 30 分钟，加入 3% 乙酸溶液 2mL，于 4℃ 放置 20 分钟，取出放置至室温，加水稀释至刻度。溶液经滤纸过滤，滤液备用。

5. 乳粉及干酪 称取试样 2.5g（精确至 0.01g），置于 100mL 具塞锥形瓶中，加水 80mL，摇匀，超声 30 分钟，取出放置至室温，定量转移至 100mL 容量瓶中，加入 3% 乙酸溶液 2mL，加水稀释至刻度，混匀。于 4℃ 放置 20 分钟，取出放置至室温，溶液经滤纸过滤，滤液备用。

（三）净化

取上述备用溶液约 15mL，通过 0.22μm 水性滤膜针头滤器、C₁₈柱，弃去前面 3mL（如果氯离子大于 100mg/L，则需要依次通过针头滤器、C₁₈柱、Ag 柱和 Na 柱，弃去前面 7mL），收集后面洗脱液待测。

实践总结 -

固相萃取柱使用前需进行活化，C₁₈柱（1.0mL）、Ag 柱（1.0mL）和 Na 柱（1.0mL）活化过程为：C₁₈柱（1.0mL）使用前依次用 10mL 甲醇、15mL 水通过，静置活化 30 分钟。Ag 柱（1.0mL）和 Na 柱（1.0mL）用 10mL 水通过，静置活化 30 分钟。

- -

（四）仪器参考条件

1. 色谱柱 氢氧化物选择性，可兼容梯度洗脱的二乙烯基苯 – 乙基苯乙烯共聚物基质，烷醇基季铵盐功能团的高容量阴离子交换柱，4mm×250mm（带保护柱 4mm×50mm），或性能相当的离子色谱柱。

2. 淋洗液

（1）除粉状婴幼儿配方食品外的食品 氢氧化钾溶液，浓度为 6~70mmol/L；洗脱梯度为 6mmol/L 30 分钟，70mmol/L 5 分钟，6mmol/L 5 分钟；流速 1.0mL/min。

（2）粉状婴幼儿配方食品 氢氧化钾溶液，浓度为 5~50mmol/L；洗脱梯度为 5mmol/L 33 分钟，50mmol/L 5 分钟，5mmol/L 5 分钟；流速 1.3mL/min。

3. 抑制器。

4. 检测器 电导检测器，检测池温度为 35℃；或紫外检测器，检测波长为 226 nm。

5. 进样体积 50μL（可根据试样中被测离子含量进行调整）。

（五）标准曲线的制作

将标准系列工作液分别注入离子色谱仪中，得到各浓度标准工作液色谱图，测定相应的峰高（μS）或峰面积，以标准工作液的浓度为横坐标，以峰高（μS）或峰面积为纵坐标，绘制标准曲线（亚硝酸盐和硝酸盐标准色谱图见图 10-8）。

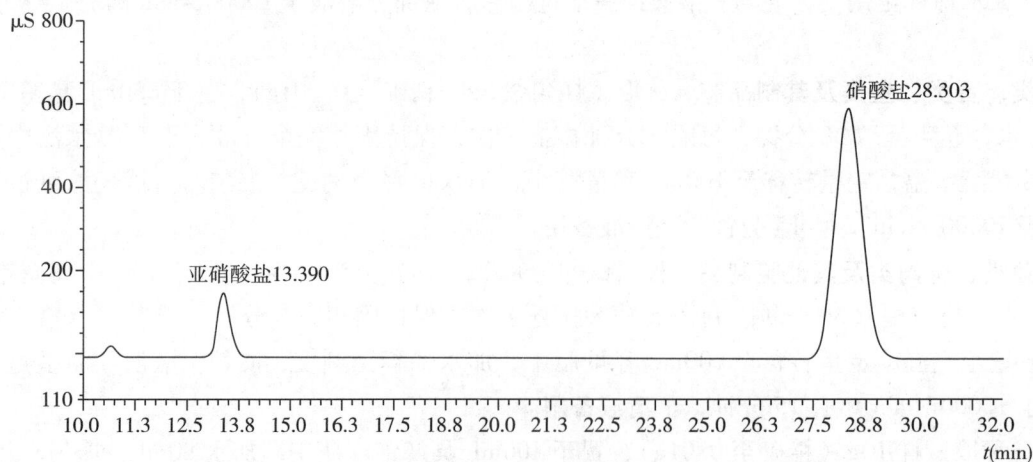

图 10-8 亚硝酸盐和硝酸盐标准色谱图（源自 GB 5009.33）

（六）试样溶液的测定

将空白和试样溶液注入离子色谱仪中，得到空白和试样溶液的峰高（μS）或峰面积，根据标准曲线得到待测液中亚硝酸根离子或硝酸根离子的浓度。

五、原始记录及数据处理

（一）数据记录

样品名称						
检验依据	GB 5009.33					
仪器设备	仪器设备名称			规格型号		
检验员						
检验日期						
样品质量，m（g）						
试样液定容体积，V（mL）						
试样液中亚硝酸盐峰面积						
试样液中硝酸盐峰面积						
亚硝酸盐标准溶液浓度，c（mg/L）	0	0.02	0.04	0.08	0.15	0.20
峰面积						
硝酸盐标准溶液浓度，c（mg/L）	0	0.2	0.4	0.8	1.5	2.0
峰面积						
亚硝酸盐标准曲线						
硝酸盐标准曲线						

（二）计算

将试样液和空白试验中待测物质峰面积代入标准曲线，计算出试样液中待测物质的浓度 ρ（mg/L）和 ρ_0（mg/L）；ρ 和 ρ_0 也可由色谱数据处理软件获取。

试样中目标物的含量按下式计算，计算结果需扣除空白值：

$$X = \frac{(\rho - \rho_0) \times V \times n \times 1000}{m \times 1000}$$

式中，X 为试样中亚硝酸根离子或硝酸根离子的含量，mg/kg；ρ 为样液中亚硝酸根离子或硝酸根离子的浓度，mg/L；ρ_0 为空白中亚硝酸根离子或硝酸根离子的浓度，mg/L；V 为样液定容体积，mL；n 为稀释倍数；m 为试样的质量，g；1000 为换算系数。

试样中测得的亚硝酸根离子含量乘以换算系数1.5，即得亚硝酸盐（按亚硝酸钠计）含量；试样中测得的硝酸根离子含量乘以换算系数1.37，即得硝酸盐（按硝酸钠计）含量。

结果保留2位有效数字。

（三）精密度

在重复性条件下，获得的两次独立测量结果的绝对差值不得超过算术平均值的10%。

六、检验结果判定

判定依据				
检验检测项目	单位	技术要求	检验检测结果	单项评价

注：检出限按照现行有效的方法执行；计算结果小于检出限时，检验检测结果应报告为未检出，并标注方法的检出限数值。

目标检测

答案解析

1. 用 C_{18} 柱分离食品中苯甲酸、山梨酸、糖精钠时，以 0.02mol/L 乙酸铵溶液 – 甲醇为流动相，在保证分离效果的情况下，若想使某一物质尽快出峰，一般可采用什么方法。

2. 用液相色谱法测定果汁中苯甲酸、山梨酸含量，称取果汁饮料 5.0000g，用超纯水定容至 100mL，经过滤后取 20μL 注入液相色谱仪，在同样条件下，测得标准样和未知样液数据如下。

组分	标准样		未知样
	浓度（μg/mL）	峰面积（标尺单位）^{2}	峰面积（标尺单位）^{2}
苯甲酸	10	80584	无峰
山梨酸	10	60351	57605

（1）液相色谱法测定食品中苯甲酸、山梨酸常用什么溶液作为流动相？流动相在使用前要经过什么处理？为什么要对流动相进行脱气？

（2）计算该果汁饮料中苯甲酸、山梨酸含量。

第十一章 色谱－质谱联用技术在食品检测中的应用

学习目标

【知识目标】

1. 掌握色谱－质谱联用仪定性与定量分析方法及操作规程。

2. 熟悉色谱－质谱联用仪检测原理及仪器构造。

【能力目标】

能按照食品检测方法标准，规范进行实验操作和使用质谱仪，获得并记录原始数据，准确计算食品中的相关组分含量，能对检验结果进行准确的判断与报告。

第一节 色谱－质谱联用技术概述

PPT

一、质谱原理简介

质谱法（MS）是利用电磁学原理，将待测样品分子解离成具有不同质量的离子，然后按其质荷比（m/z）的大小依次排列成谱收集和记录下来，从而进行物质分析的方法。根据质谱中的分子离子峰（M^+）可以获得样品分子的相对分子质量信息；根据各离子峰（分子离子峰、同位素离子峰、碎片离子峰、亚稳离子峰、重排离子峰等）及其相对强度和氮数规则，可以确定化合物的分子式；根据各离子峰及物质化学键的断裂规律可以进行定性分析和结构分析；根据组分质谱峰的峰高与浓度间的线性关系可以进行定量分析。质谱法具有以下特点。

（1）信息量大，应用范围广，是研究有机化合物结构的有力工具。

（2）由于分子离子峰可以提供样品分子的相对分子量的信息，所以质谱法也是测定分子量的常用方法。

（3）分析速度快、灵敏度高，高分辨率的质谱仪可以提供分子或离子的精密测定。

（4）质谱仪器较为精密，价格较贵，工作环境要求较高，给普及带来一定的限制。

质谱仪主要由以下四部分组成：进样系统、离子源或电离室、质量分析器、离子检测器。质谱法的分析过程可简单描述为：通过合适的进样装置将样品引入并进行汽化，汽化后的样品引入离子源进行离子化，然后离子经过适当的加速后进入质量分析器，按不同的质荷比进行分离，到达检测器，产生不同信号而进行分析。其流程图如图 11-1 所示。

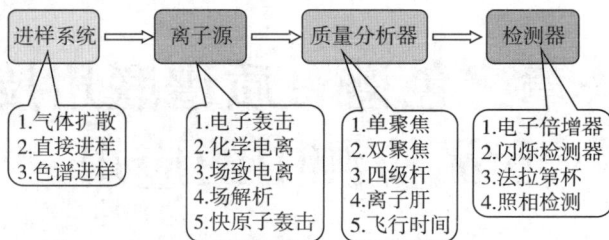

图 11-1   质谱仪的分析流程图

二、色谱-质谱联用技术的分类

随着仪器分析的迅速发展，色谱-质谱联用技术在食品分析中的比重不断增大，成为现代食品检测中的重要支柱。气相色谱和液相色谱在化合物的分离方面表现卓越，而质谱在对微量物质的定性和定量分析上具有高选择性和高灵敏度，因此，气相色谱-质谱联用（气质联用，GC-MS）和液相色谱-质谱联用（液质联用，LC-MS）技术为食品检测提供了新的解决思路。

（一）气相色谱-质谱联用技术

气相色谱-质谱联用仪（GC-MS）是分析仪器中最早实现联用技术的仪器，其具有气相色谱（GC）的高分辨率和质谱（MS）的高灵敏度。气相色谱将混合物中的组分按时间分离出来，而质谱则提供确认每个组分的结构信息。气相色谱和质谱由接口装置相连。GC-MS的质谱仪部分可以是磁式质谱仪、四极质谱仪，也可以是飞行时间质谱仪和离子阱质谱仪，目前使用最多的是四极质谱仪。与GC串联的电离源主要为电子轰击电离源（EI）和化学电离源（CI）。

气相色谱-质谱联用仪由以下部分组成：气相色谱、接口装置、离子源、质量分析器、离子检测器、真空系统和数据处理系统等。分析流程为：待分析样品通过载气（氢气或氦气）经过GC色谱柱得到初步分离，从色谱柱流出的各组分经过GC-MS接口模块传输进入MS模块的离子源单元，在这里各组分被离子化形成离子，这些离子会被聚焦和加速，然后进入质谱分析器。在质谱分析器中，质谱仪会根据离子的质荷比进行分析，并将它们转化为质谱图谱。整个分析过程所涉及的流程处理顺序均由GC-MS平台的仪器控制模块进行控制和协调，其流程图如图11-2所示。

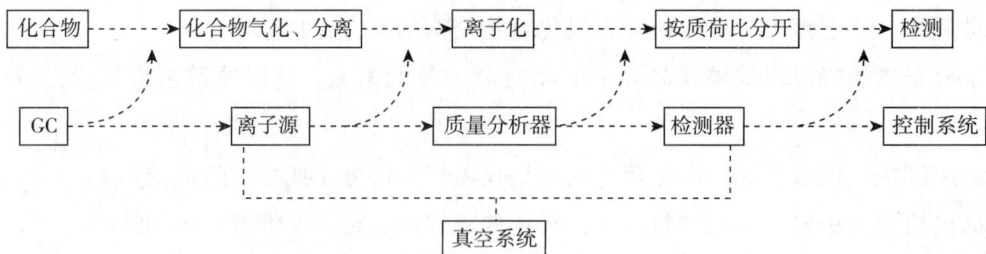

图 11-2   气相色谱-质谱联用仪的分析流程图

在食品分析领域，气相色谱-质谱联用仪主要应用于：①蔬菜水果、粮食作物和茶叶作物的农药残留量检测工作；②奶制品中的三聚氰胺的检测工作；③白酒和油脂中的塑化剂的检测工作等。气相色谱-质谱联用仪特别适用于检测一些小分子（分子量小于1000），同时容易汽化（沸点不高，小于350℃），且热稳定性好（高温不容易发生反应）的化合物。

（二）液相色谱－质谱联用技术

液相色谱－质谱联用仪（LC－MS）是以液相色谱为进样分离系统并通过接口装置与质谱仪耦合的分析仪器。它以液相色谱作为分离系统，质谱为检测系统。测试样品首先通过液相色谱（LC）进行分离，然后通过与质谱联用的接口，将待测溶液进行电离、在电离中产生的离子会形成一个母碎片离子，随后会通过激发电压将母碎片离子进行二次电离，通过收集产生到的离子碎片，对待测物质进行定性和定量分析。与 LC 相连接的电离源主要为大气压电离源（API），包括电喷雾电离源（ESI）、大气压化学电离源（APCI）、大气压光学电离源（APPI）。

液相色谱－质谱联用仪主要由液相色谱、进样接口、离子源、质量分析器、离子检测器、真空系统和数据处理系统等几部分组成。分析过程为：样品首先通过液相色谱柱进行分离，不同的化合物进入质谱前的接口。接口中的喷雾电离源将液相中的化合物离子化，化合物被离子轰击，电离成分子离子和碎片离子，这些离子被进一步引入质谱，经质谱的质量分析器按其质荷比进行分离和检测，经检测器最终生成质谱图谱。质谱图谱提供了化合物的质荷比和相对丰度信息，从而实现对待测样品中的活性分子的结构和宏观成分进行定性和定量分析。其流程图如图 11－3 所示。

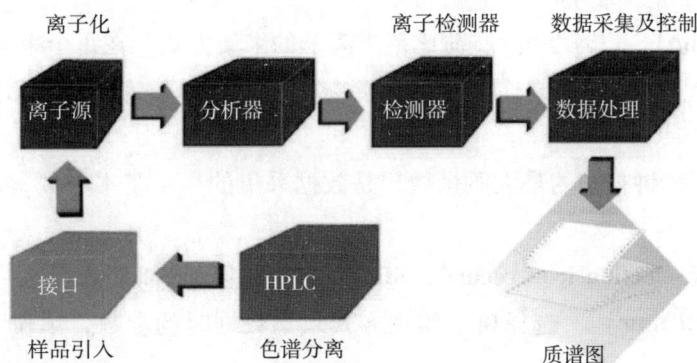

图 11－3　液相色谱－质谱联用仪的分析流程图

在食品检测分析领域，LC－MS 联用仪分析范围广，几乎可以检测所有的化合物，尤其适用于用 GC－MS联用仪难以检测的一些难挥发、热不稳定、强极性化合物的测定。

三、色谱－质谱分析有关术语

（一）质谱分析有关术语

1. 质荷比（m/z）　离子的质量（以相对原子量单位计）与其所带电荷数（以电子电量为单位计）的比值。m/z 是质谱定性分析的基础。

2. 质谱图　不同质荷比的离子经质量分析器分开后，到检测器被检测并记录下来，经计算机处理后得到的以质荷比（m/z）为横坐标，离子峰相对丰度为纵坐标的图谱。根据质谱图提供的信息可以进行多种有机物及无机物的定性和定量分析。

3. 离子丰度　检测器检测到的离子信号强度。

4. 峰　质谱图中的离子信号通常称为离子峰或者简称为峰。

5. 基峰　在质谱图中，指定质荷比范围内强度最大的离子峰称作基峰。一般将基峰的相对丰度常定为100%。

6. 离子相对丰度　其他离子峰对基峰归一化所得的强度。谱峰的离子丰度与物质的含量相关，因此也是质谱定量分析的基础。

7. 本底　在与分析样品相同的条件下，不送入样品时所检测到的质谱信号，包括化学噪声和电噪声。

8. 分子离子　分子失去一个电子生成的离子，其质荷比等于相对分子质量。

9. 准分子离子　指与分子存在简单关系的离子，通过它可确定分子量。例如，分子得到或失去一个氢生成的离子，其中（M + H）$^+$、（M − H）$^-$就是最常见的准分子离子。

10. 碎片离子　分子离子裂解所生成的产物离子。

11. 母离子与子离子　任何离子进一步裂解产生了某离子，则前者称为母离子，后者称为子离子。

12. 单电荷离子与多电荷离子　只带一个电荷的离子叫作单电荷离子，带两个或两个以上电荷的离子叫作多电荷离子，它们时常具有非整数质荷比。

13. 同位素离子　由元素的重同位素构成的离子叫作同位素离子，它们在质谱图中总是出现在相应的分子离子或碎片离子的右侧。

14. 氮规则　当化合物不含氮或含偶数个氮原子时，该化合物的分子量为偶数，当化合物含奇数个氮原子时，该化合物的分子量为奇数。

15. 全扫描（full scan）　检测一段质荷比范围离子的采集方式，在每个采样点提取一张质谱图。

16. 扫描时间（scan time）　全扫描方式采集数据的参数，单位为秒，表示四极杆扫描某一范围质荷比离子的时间。

17. 扫描速度　为每秒钟扫描的最大质量数，是数据采集的一个基本参数，对于获得合理的谱图和好的峰形有显著的影响。

18. 选择离子监视（selection iron record，SIR）　选择能够表征某物质的一个质谱峰进行检测。

19. 驻留时间（dwell time）　选择离子监视方式采集数据时的参数，单位为秒，表示四极杆放行该离子的时间。

20. 多反应检测（multiplereaction monitoring，MRM）　串联质谱的一种采集方式，同时以 SIR 方式检测母离子与子离子，特点是高选择性和高灵敏度相结合，适用于痕量目标监测物的定量分析。

21. 真空度　表示质谱仪器真空状态的参数，单位为 τ（torr），质谱仪要求的真空度为 $10^{-5} \sim 10^{-8}\tau$，质谱仪之所以要在真空下工作是为了尽量减少离子 – 分子之间的碰撞，即得到最大平均自由程。

22. 离子源　质谱仪中使样品电离生成离子的部件，如电子电离源（EI）、快原子轰击（FAB）、电喷雾源（ESI）、大气压化学电离（APCI）等。

23. 质量分析器　质谱仪中使离子按其质荷比大小进行分离的部件，如四极杆、离子阱、飞行时间（TOF）等。

24. 离子检测器　质谱仪中检测并放大离子丰度的部件，如光电倍增器、电子倍增器、多通道板检测器等。

25. 分辨率（R）　在给定样品的条件下，仪器对相邻两个质谱峰的区分能力，如图 11 – 4 所示。$R = m/\Delta m$。式中，m 是峰质心的 m/z，Δm 是 5% 峰高处的峰宽或半峰宽。在相同离子质量数上，分辨率越高，能够分辨的 Δm 越小，测定的质量精度越高。

26. 灵敏度　在规定条件下，对选定化合物产生的某一质谱峰，仪器对单位样品所产生的响应值。灵敏度是质谱仪对样品量感测能力的评定指标，常以信噪比表示。在某些类型的质谱仪中，灵敏度与分辨率成反比例关系。

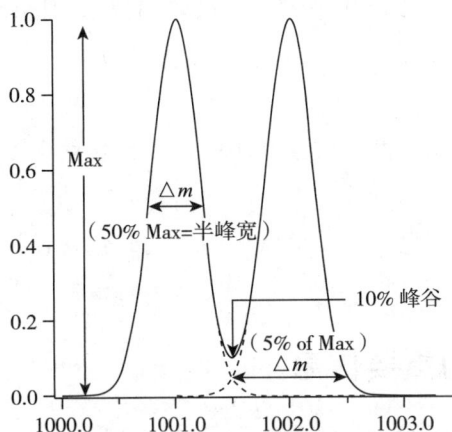

图 11 - 4　质谱仪的分辨率

27. 质量准确度　离子质量测定的准确性，与分辨率一样取决于质量分析器的类型。四极杆质量分析器属于低分辨质谱，质量准确度为 0.1u。

28. 质量范围　质谱仪能测定的离子质量下限与上限之间的一个范围。

29. 质量歧视效应　质谱仪中的一些部件，例如质量分析器、离子检测器，对不同质量的离子产生偏差响应的现象。

30. 质量轴稳定性　在一定条件下，一定时间内质量标尺发生偏移的程度，一般多以 24 小时内某一质量测定值的变化来表示。

31. 软电离技术　化学电离、大气压电离等低能量电离方式的总称，特点是基本没有碎片离子生成。

（二）气相色谱－质谱联用分析有关术语

1. 接口　用于协调联用的两种仪器的输出和输入状态的硬件设备。一般分为直接接口（小口径毛细管柱）和开口分流接口（大口径毛细管柱），用于除去 GC 部分的载气并传输组分。在 GC - MS 联用中有两个作用。

（1）压力匹配　质谱离子源的真空度在 10^{-3} Pa，而 GC 色谱柱出口压力高达 105 Pa，接口的作用就是要使两者压力匹配。

（2）组分浓缩　从 GC 色谱柱流出的气体中有大量载气，接口的作用是排除载气，使被测物浓缩后进入离子源。

2. 总离子流色谱法（total ionization chromatography，TIC）　类似于 GC 图谱，用于定量。

（1）反复扫描法（repetitive scanningmethod，RSM）　按一定间隔时间反复扫描，自动测量、运算，制得各个组分的质谱图，可进行定性。

（2）质量色谱法（masschromatography，MC）　记录具有某质荷比的离子强度随时间变化图谱。在选定的质量范围内，任何一个质量数都有与总离子流色谱图相似的质量色谱图。

（3）选择性离子监测（selected ion monitoring，SIM）　对选定的某个或数个特征质量峰进行单离子或多离子检测，获得这些离子流强度随时间的变化曲线。其检测灵敏度较总离子流检测高 2 ~ 3 个数量级。

（三）液相色谱－质谱联用分析有关术语

1. 接口　接口装置是实现液相色谱仪和质谱仪联机的关键所在，它决定着液相色谱－质谱联用仪能否在实际的分析中得以应用。常用于液相色谱－质谱联用技术的接口主要有移动带技术（MB）、热喷雾接口、离子束接口（PB）、快原子轰击（FAB）、电喷雾接口（ESI）等。其中，电喷雾接口的应用极为广泛。

2. 二维数据（2D data）　液相色谱－质谱联用中，只包含色谱图的数据，例如用 SIR、MRM 方式采集的数据（没有质谱信息）。

3. 三维数据（3D data）　液相色谱－质谱联用中，同时包含色谱图和质谱图的数据，例如用全扫描方式采集的数据（有质谱信息）。

四、质谱峰所能提供的重要信息

质谱峰是质谱分析的主要技术资料，通过质谱峰，可获得下列主要信息。

（一）分子离子峰

可通过对分子离子峰的准确判断，以确定化合物的分子量。例如，以 A、B、C、D 四种原子组成的有机化合物分子为例，它在离子源中可能会发生下列过程，$ABCD + e^- \rightarrow ABCD^+ + 2e^-$，式中形成离子 $ABCD^+$ 称为分子离子或母离子，因为多数分子易于失去一个电子而带一个正电荷，所以分子离子的质荷比值就是它的相对分子质量。此外，还可根据分子离子峰的丰度，推测化合物的可能类别。

（二）同位素离子峰

分子离子峰并不是最大的峰，在它的右边通常还有 M+1 和 M+2 等小峰，这些峰是由于许多元素具有同位素的缘故，称为同位素峰。例如氢有 ^1H、^2H，碳有 ^{12}C、^{13}C，氧有 ^{16}O、^{17}O、^{18}O。由于各元素的同位素在自然界中的丰度是一定的，因此分子离子峰与同位素峰的比值是一个常数。所以，可以根据分子离子峰与同位素峰的丰度比，判断分子中是否含有高峰度的同位素元素，如 Cl、Br、S 等，并推算这类元素的种类和数目，以确定未知物的分子式。

（三）碎片离子峰

各类有机物的分子离子可进一步裂解为大小不同的离子碎片，离子碎片的形成和化学键的断裂与分子结构有关，可利用碎片峰阐释化合物可能含有的官能团。

五、色谱－质谱联用仪定性定量分析

（一）色谱－质谱联用仪定性分析

色谱－质谱联用仪定性分析的目的是确定经色谱分离开来的化合物的相对分子质量、分子式及结构式。色谱－质谱联用仪用色谱保留时间结合化合物的指纹质谱图鉴定组分，大大优于仅靠色谱保留时间。定性的方法如下。

1. 根据色谱中的保留时间进行定性分析，在色谱分析中，可用标样进行定性鉴定，如待测组分的保留时间与在相同色谱条件下测得的标样的保留时间（RT）相同，则可初步认定它们属于同一物质。

2. 根据 MS 中的分子离子峰、同位素离子峰及碎片离子峰等质谱峰确定化合物的相对分子质量、分子式及结构式，并进一步与 NIST 库和标样比对加以确认。

（二）色谱－质谱联用仪定量分析

色谱－质谱联用技术的一般应用可省略色谱检测器，即将色谱作为进样系统，将待测样品分离后直接导入质谱进行检测，色谱－质谱联用分析常用的定量方法和色谱一样有三种，包含外标法、内标法、归一化法，外加一种 GC－MS 特有方法：同位素稀释法。

1. 外标法　将待测物质 i 的标准品配成不同浓度的标样，分别取等量（一般是等体积）的这些不同浓度的标样，在与待测样品完全相同的操作条件下，测得标样中各化合物的峰面积或峰高，得到响应因子 f_i。

$$f_i = \frac{w_i}{A_i}$$

式中，W_i 为待测化合物标样浓度；A_i 为待测化合物标样峰面积（或峰高）。

外标法是色谱－质谱联用定量分析中应用最广泛的方法之一，其误差来源主要是进样误差，因此在分析前一定要做面积重复性（即进样重复性）实验。采用外标法进行色谱－质谱联用分析的前提条件：①标样浓度 W_i 与响应强度 A_i 成正比；②样品前处理的回收率在可接受的范围内（80%～120%）。

外标法的优点在于：①不需要待测样品中的所有组分都流出或被检测到；②只需对所测组分作校正。外标法的缺点在于：①进样量必须准确；②对检测仪器要求严格，仪器必须有良好的稳定性。

2. 内标法　为了克服外标法存在的测量误差，选择适当的基准物质（内标化合物）加入标样和待测样品中进行测定，计算待测化合物和内标化合物响应值之比（称为相对响应因子），由相对响应因子和加入内标化合物的量进行定量，称为内标法。相对响应因子计算如下。

$$f_i = \frac{w_i}{A_i}$$

$$f_s = \frac{w_s}{A_s}$$

$$\frac{f_i}{f_s} = \frac{w_i}{w_s} \cdot \frac{A_s}{A_i}$$

式中，W_i 为待测化合物标样含量；A_i 为待测化合物标样峰面积（或峰高）；W_s 为内标化合物含量；A_s 为内标化合物峰面积（或峰高）。

内标法比较适用于：仪器检测不稳定，或者前处理回收率不理想的情况。该法可以减小进样误差对定量结果的影响。

内标的选择依据：①内标物的峰与待测样品中的所有成分的峰要能完全分离开；②内标物的峰与目标成分的峰保留时间不应差得太远；③内标物具有与分析目标成分类似的化学性质。

内标法的优点为：①不严格要求进样量；②只需对所测组分作校正。内标法的缺点为：①必须在样品中加一内标组分；②操作比较繁琐；③内标物选择比较困难。

3. 归一化法　将样品中所有组分含量之和作为 100，计算各个组分的相对百分含量，称为归一化法。计算公式：

$$w_i = \frac{f_i A_i}{\sum f_i A_i} \times 100\%$$

式中，W_i 为组分 i 含量；A_i 为组分 i 的峰面积（或峰高）；f_i 为组分 i 的质量校正因子。当 f_i 为体积校正因子或摩尔校正因子时，结果分别为体积分数或摩尔分数。

归一化法的优点为：对进样量要求不严格。缺点为：①要求待测样品中的所有组分都出峰；②所有组分都需作校正。

上述三种色谱－质谱联用仪定性定量分析方法，具有通用性，适用于气相－质谱联用仪及液相－质谱联用仪定性定量分析。

4. 同位素稀释法　GC－MS 联用技术还可采用待测化合物的同位素标记物作为内标，可以保证内标化合物的化学性质、色谱行为、质谱行为都与待测化合物一致，这样可以消除化合物之间的差别带来的误差。同位素标记物作内标只有 GC－MS 联用技术可以运用。计算公式如下。

$$C(样品) = \frac{RF(标准)}{RF(标准中同位素内标)} \times \frac{S(样品)}{S(样品中同位素内标)} \times C(样品中同位素内标)$$

式中，RF 为校正因子，RF＝含量/面积或含量/峰高；C 为含量；S 为峰面积或峰高。

同位素稀释法的优点为：一般可以校正基体影响（标样和待测样品的差别），提取效率稳定；进样误差小，保留时间随溶剂梯度变化影响不大；仪器漂移影响小；在质谱中同位素稀释剂与样品分析物响应稳定，定量结果从样品分析物与内标的响应比得出更准确。

同位素稀释法的缺点为：样品制备耗时；对移液和稀释等中的误差结果有缺陷。

六、色谱－质谱联用分析条件的选择

（一）气相色谱－质谱联用分析条件的选择

在 GC－MS 分析中，色谱的分离和质谱数据的采集是同时进行的。为了使每个组分都得到分离和鉴定，必需挑选合适的色谱和质谱分析条件。色谱条件包括色谱柱类型、固定液种类、汽化温度、载气流量、分流比、温升程序等。质谱条件包括电离电压、电子电流、扫描速度、质量范围等。这些都要按照样品状况进行设定。

1. 载气的选择　绝大多数气相色谱还是用氮气作载气，但是在气质联用时却不能使用氮气作载气。这是由于：①气相色谱－质谱联用通常使用 EI 源，而 EI 源的电离能量较高，所以通常需要电离能较高的气体作载气，这样才能够减少背景干扰。然而，氮气的电离能为 15.6eV，与一般有机化合物的电离能比较接近，容易被电离，会有比较大的背景干扰。②氮气的碎片离子容易与有些化合物的碎片离子发生重叠，从而产生高本底。同时容易干扰低质量范围总离子流图，对离子相对丰度也会有影响。GC－MS 中常用氦气和氢气作流动相（载气）。

2. 进样系统的选择　气相色谱的进样系统主要是进样口，常用的是分流不分流进样口。因为质谱是一个高灵敏度的检测器，所以建议气相进样口能够使用低流失的隔垫，而进样口衬管在使用时，建议使用经过脱活处理的惰性化衬管，从而减小可能出现的样品残留对质谱结果的影响。

3. 色谱柱的选择　因为质谱是在真空状态下工作的，为了保证真空度，它对进入质谱的气体流量的要求是很高的，所以气质联用时气相色谱是不能够使用填充柱的。

在使用毛细管柱时，建议内径小于 0.25mm，柱流量最高不超过 3mL/min。

而且由于质谱是一个高灵敏度检测器，色谱柱的固定相流失应该保持比较低的状态，最好使用专门用于气质分析的色谱柱。推荐使用后缀带 MS 的色谱柱，比如 HP－5MS、TR－5MS。

4. 接口部分的选择　气相色谱和质谱的接口部分不能使用纯石墨垫圈，建议使用硬度较大的石墨/Vespel 混合材质的垫圈，它的密封性更好，也更不容易产生碎屑污染离子源。

由于色谱柱进入质谱这段距离较长，所以此处还需要有加热装置以防止化合物冷凝。一般此处加热温度设置为高于色谱方法程序升温最高温度的 20~30℃，通常在使用时设置为 350℃。

（二）液相色谱－质谱联用分析条件的选择

1. 电离源的选择　ESI 适合于中等极性到强极性的化合物分子，特别是那些在溶液中能预先形成离子的化合物和可以获得多个质子的大分子（如蛋白质）。APCI 不适合可带多个电荷的大分子，其优势在于弱极性或中等极性的小分子的分析。

2. 正、负离子模式的选择 选择的一般原则如下。

（1）正离子模式 适合于碱性样品，可用乙酸或甲酸对样品加以酸化。样品中含有仲氨或叔氨时可优先考虑使用正离子模式。

（2）负离子模式 适合于酸性样品，可用氨水或三乙胺对样品进行碱化。样品中含有较多的强负电性基团，如含氯、含溴和多个羟基时可尝试使用负离子模式。

3. 流动相的选择 常用的流动相为甲醇、乙腈、水和它们不同比例的混合物以及一些易挥发盐的缓冲液，如甲酸铵、乙酸铵等，还可以加入易挥发酸碱如甲酸、乙酸和氨水等调节 pH，LC/MS 接口避免进入不挥发的缓冲液，避免含磷和氯的缓冲液，含钠和钾的成分必须 <1mmol/L（盐分太高会抑制离子源的信号和堵塞喷雾针及污染仪器）、含甲酸（或乙酸）<2%、含三氟乙酸≤0.5%、含三乙胺 <1%、含醋酸铵 <10mmol/L。

送样前一定要优化 LC 条件，使其能够基本分离待测样本，缓冲体系符合 MS 要求。

4. 流量和色谱柱的选择 不加热 ESI 的最佳流速是 1～50μL/min，应用 46mm 内径 LC 柱时要求柱后分流，目前大多采用 1～21mm 内径的微柱，APCI 源最高允许 1mL/min，建议使用 200～400μL/min。

为了提高分析效率，常采用 <100mm 的短柱（此时 UV 图上并不能获得完全分离），这对于大批量的定量分析可以节省大量时间。

5. 辅助气体流量和温度的选择 雾化气对流出液形成喷雾有影响，干燥气影响喷雾去溶剂效果，碰撞气影响二级质谱的产生。

操作中温度的选择和优化主要是指接口的干燥气体而言，一般情况下选择干燥气温度高于分析物的沸点 20℃左右即可。对热不稳定性化合物，要选用更低的温度以避免显著的分解。

选用干燥气温度和流量大小时还要考虑流动相的组成，有机溶剂比例高时可采用适当低温和小流量。

第二节 植物油中塑化剂的测定

PPT

塑化剂又称增塑剂，是一种有毒的塑料软化剂。塑化剂种类可达百余种，最常被使用的塑化剂是一类称为邻苯二甲酸酯类的化合物。邻苯二甲酸酯是一种环境荷尔蒙，对人体毒性虽不明确，但它广泛分布于各种食物内，其毒性远高于三聚氰胺，在体内必须停留一段时间才能排出，长此以往易造成人体免疫力及生殖力下降。塑化剂在油脂类产品中比非油脂类产品中更容易溶出，且在食品中的污染较普遍，不止来源于包装材料，在食品的生产、运输以及保存过程中都有迁移，因此需要通过检测确定油脂中塑化剂的含量，以确保油脂的食用安全。

目前，常用的塑化剂检测方法包括气相色谱法、液相色谱法、质谱法、气相色谱–质谱联用法等，检验员应根据检验目的、适用范围及实验室条件选择合适的实验方法，本节介绍《食品安全国家标准 食品中邻苯二甲酸酯的测定》（GB 5009.271）规定的气相色谱–质谱联用法（同位素内标法）进行植物油塑化剂的检测。

一、原理

在试样中加入氘代的邻苯二甲酸酯作为内标，各类食品经提取、净化后经气相色谱–质谱联用仪进行测定。采用特征选择离子监测扫描模式（SIM），以保留时间和定性离子碎片的丰度比定性，同位素内标法定量。

二、试剂和材料

除非另有说明，本方法所用试剂均为色谱纯，水为 GB/T 6682 规定的二级水。

（一）试剂

1. 正己烷（C_6H_{14}）　色谱纯。

2. 乙腈（C_2H_3N）　色谱纯。

3. 丙酮（CH_3COCH_3）　色谱纯。

4. 二氯甲烷（CH_2Cl_2）　色谱纯。

（二）标准品

1. 16 种邻苯二甲酸酯类标准品　邻苯二甲酸二甲酯（DMP）、邻苯二甲酸二乙酯（DEP）、邻苯二甲酸二异丁酯（DIBP）、邻苯二甲酸二正丁酯（DBP）、邻苯二甲酸二（2-甲氧基）乙酯（DMEP）、邻苯二甲酸二（4-甲基-2-戊基）酯（BMPP）、邻苯二甲酸二（2-乙氧基）乙酯（DEEP）、邻苯二甲酸二戊酯（DPP）、邻苯二甲酸二己酯（DHXP）、邻苯二甲酸丁基苄基酯（BBP）、邻苯二甲酸二（2-丁氧基）乙酯（DBEP）、邻苯二甲酸二环己酯（DCHP）、邻苯二甲酸二（2-乙基）己酯（DEHP）、邻苯二甲酸二正辛酯（DNOP）、邻苯二甲酸二壬酯（DNP）、邻苯二甲酸二苯酯（DPhP），具标准物质证书的混合液体标准品，浓度为 1000μg/mL。

2. 16 种氘代同位素的邻苯二甲酸酯内标　4-邻苯二甲酸二甲酯（D4-DMP）、D4-邻苯二甲酸二乙酯（D4-DEP）、D4-邻苯二甲酸二异丁酯（D4-DIBP）、D4-邻苯二甲酸二正丁酯（D4-DBP）、D4-邻苯二甲酸二（2-甲氧基）乙酯（D4-DMEP）、D4-邻苯二甲酸二（4-甲基-2-戊基）酯（D4-BMPP）、D4-邻苯二甲酸二（2-乙氧基）乙酯（D4-DEEP）、D4-邻苯二甲酸二戊酯（D4-DPP）、D4-邻苯二甲酸二己酯（D4-DHXP）、D4-邻苯二甲酸丁基苄基酯（D4-BBP）、D4-邻苯二甲酸二（2-丁氧基）乙酯（D4-DBEP）、D4-邻苯二甲酸二环己酯（D4-DCHP）、D4-邻苯二甲酸二（2-乙基）己酯（D4-DEHP）、D4-邻苯二甲酸二苯酯（D4-DPhP）、D4-邻苯二甲酸二正辛酯（D4-DNOP）、D4-邻苯二甲酸二壬酯（D4-DNP），纯度>99%。

（三）标准溶液配制

1. 16 种邻苯二甲酸酯标准中间溶液（10μg/mL）　准确移取邻苯二甲酸酯标准品（1000μg/mL）1mL 至 100mL 容量瓶中，用正己烷准确定容至刻度。

2. 16 种氘代同位素的邻苯二甲酸酯内标溶液（100μg/mL）　准确称取 16 种氘代同位素的邻苯二甲酸酯内标各 0.01g（精确到 0.0001g）于 100mL 容量瓶中，用正己烷溶解并准确定容至刻度。

3. 16 种氘代同位素的邻苯二甲酸酯内标的标准使用液（10μg/mL）　准确移取 16 种氘代同位素的邻苯二甲酸酯内标（100μg/mL）10mL 于 100mL 容量瓶中，加入正己烷并准确定容至刻度。

4. 16 种邻苯二甲酸酯标准系列工作液　准确吸取 16 种邻苯二甲酸酯标准中间溶液（10μg/mL），用正己烷逐级稀释，配制成浓度为 0.02、0.05、0.10、0.20、0.50、1.00μg/mL 的标准系列溶液，同时加入内标使用液（10μg/mL），使内标浓度均为 0.125μg/mL，临用时配制。

三、仪器和设备

所用玻璃器皿洗净后，需用重蒸水淋洗 3 次，丙酮浸泡 1 小时，在 200℃下烘烤 2 小时，冷却至室温备用。

气相色谱－质谱联用仪（GC－MS）、分析天平（精度0.0001g）、氮吹仪、涡旋振荡器、超声波发生器、离心机（转速≥4000r/min）、粉碎机、固相萃取（SPE）装置、固相萃取柱［PSA/Silica复合填料玻璃柱（1000mg，6mL）（塑化剂小柱）］。

四、分析步骤

（一）试样制备

取约200mL液态油脂混匀后放置磨口玻璃瓶内待用。

（二）试样处理

将待测植物油样品混匀后准确称取0.5g（精确至0.0001g）于10mL具塞磨口离心管中，加入25μL同位素内标使用液，依次加入100μL正己烷和2mL乙腈，涡旋1分钟，超声提取20分钟，4000r/min离心5分钟，收集上清液。残渣中加入2mL乙腈，涡旋1分钟，4000r/min离心5分钟。再加入2mL乙腈重复提取1次，合并3次上清液，待SPE净化。

（三）SPE净化

依次加入5mL二氯甲烷、5mL乙腈活化，弃去流出液；将待净化液加入SPE小柱，收集流出液；再加入5mL乙腈，收集流出液，合并两次收集的流出液，加入1mL丙酮，40℃氮吹至近干，正己烷准确定容至2mL，涡旋混匀，供GC－MS分析。

（四）空白试验

除不加试样外，均按上述测定步骤进行。注：整个操作过程中，应避免接触塑料制品。

（五）仪器参考条件

1. 气相色谱参考条件

（1）色谱柱　5%苯基－甲基聚硅氧烷石英毛细管色谱柱，柱长30m，内径0.25mm，膜厚0.25μm，或性能相当者。

（2）进样口温度　260℃。

（3）程序升温　初始柱温60℃，保持1分钟；以20℃/min升温至220℃，保持1分钟；再以5℃/min升温至250℃，保持1分钟；再以20℃/min升温至290℃，保持7.5分钟。

（4）载气　高纯氦（纯度>99.999%），流速1.0mL/min。

（5）进样方式　不分流进样。

（6）进样量　1μL。

2. 质谱参考条件

（1）电离方式　电子轰击电离源（EI）。

（2）电离能量　70eV。

（3）传输线温度　280℃。

（4）离子源温度　230℃。

（5）监测方式　选择离子扫描（SIM）。

（6）溶剂延迟　7分钟。

（六）标准曲线的制作

将标准系列工作液分别注入气相色谱 – 质谱联用仪中，以邻苯二甲酸酯各组分及其对应氘代同位素内标的峰面积比值为纵坐标，以系列标准溶液中各组分含量（μg/mL）与对应氘代同位素内标含量（μg/mL）比值为横坐标，绘制标准曲线。

（七）试样溶液的测定

将试样溶液注入气相色谱 – 质谱联用仪中，由试样中邻苯二甲酸酯各组分及其内标峰面积比值进行定量计算，得出试样溶液中各组分含量（μg/mL）与对应氘代同位素内标含量（μg/mL）比值。再根据试样中加入的对应氘代同位素内标含量（μg/mL）计算试样溶液中邻苯二甲酸酯各组分含量（μg/mL）。

（八）定性确认

在上述仪器条件下，试样待测液和邻苯二甲酸酯标准品的目标化合物在相同保留时间处（±0.5%）出现，并且对应质谱碎片离子的质荷比与标准品的质谱图一致，其丰度比与标准品相比应符合表11 – 1，可定性目标化合物。16 种邻苯二甲酸酯标准溶液的总离子流色谱图如图11 – 5 所示。

表 11 – 1   气相色谱 – 质谱定性确证相对离子丰度最大容许误差（源自 GB 5009.271）

相对丰度（基峰）	>50%	>20%~50%	>10%~20%	≤10%
GC – MS 相对离子丰度最大允许误差	±10%	±15%	±20%	±50%

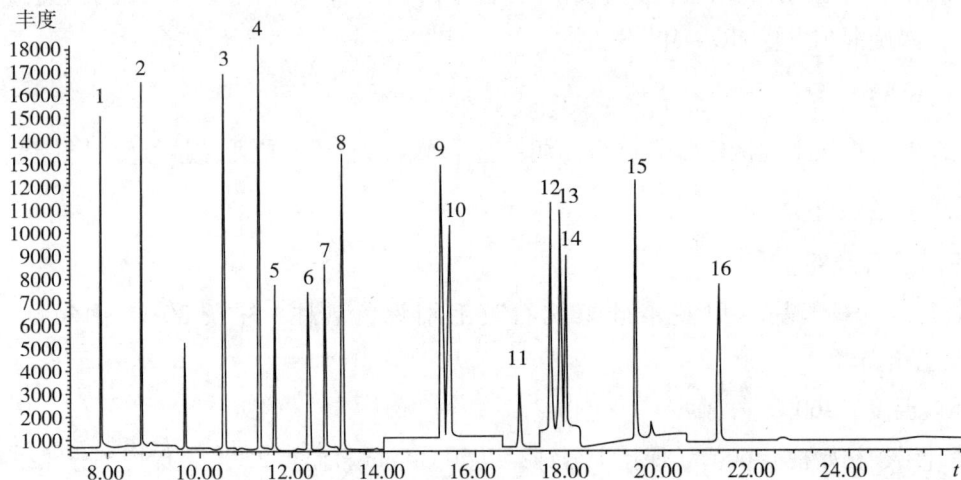

图 11 – 5   16 种邻苯二甲酸酯标准溶液的总离子流色谱图（同位素内标法）（源自 GB 5009.271）

1. DMP；2. DEP；3. DIBP；4. DBP；5. DMEP；6. BMPP；7. DEEP；

8. DPP；9. DHXP；10. BBP；11. DBEP；12. DCHP；13. DEHP；14. DPhP；15. DNOP；16. DNP

五、原始记录及数据处理

（一）数据记录

样品名称		
检验依据	GB 5009.271	
仪器设备	仪器设备名称	规格型号

续表

检验员					
称样量，m（g）					
检验日期					
试样液定容体积，V（mL）					
邻苯二甲酸酯标准溶液浓度，c（μg/mL）					
邻苯二甲酸酯标准溶液峰面积					
内标峰面积					
邻苯二甲酸酯标准溶液峰面积/内标峰面积					
邻苯二甲酸酯标准曲线					
试样溶液中邻苯二甲酸酯峰面积					
试样溶液中内标峰面积					
试样溶液中邻苯二甲酸酯峰面积/试样溶液中内标峰面积					
试样溶液中邻苯二甲酸酯浓度，ρ（μg/mL）					
空白试验中邻苯二甲酸酯峰面积					
空白试验中内标峰面积					
空白试验中邻苯二甲酸酯峰面积/空白试验中内标峰面积					
空白 ρ_0（μg/mL）					

注：该法可同时检测食品中的16种邻苯二甲酸酯，实验员应根据检测目的决定具体检测项目。

（二）计算

试样中邻苯二甲酸酯含量按下式计算。

$$X = (\rho - \rho_0) \times \frac{V}{m} \times \frac{1000}{1000}$$

式中，X 为试样中邻苯二甲酸酯的含量，mg/kg；ρ 为从标准工作曲线上查出的试样溶液中邻苯二甲酸酯浓度，μg/mL；ρ_0 为空白试验中邻苯二甲酸酯浓度，μg/mL；V 为试样定容体积，mL；m 为试样的质量，g；1000 为换算系数。

计算结果应扣除空白值。结果 ≥1.0mg/kg 时，保留三位有效数字；结果 <1.0mg/kg 时，保留两位有效数字。

（三）精密度

在重复性条件下获得的两次独立测定结果的绝对差值不得超过算术平均值的10%。

六、检验结果判定

判定依据				
检验检测项目	单位	技术要求	检验检测结果	单项评价

注：定量限按照现行有效的方法执行；计算结果小于定量限时，检验检测结果应报告"<定量限"。如检测邻苯二甲酸二正丁酯（DBP）定量限为0.3mg/kg，计算结果为0.2mg/kg时，检验检测结果应报告"<0.3mg/kg"。

第三节 茶叶中农药残留的测定

茶是全球公认的健康天然饮料,被联合国粮农组织称为"仅次于水的人类健康饮料"。茶也是"一带一路"战略的重要载体,是我国走向世界的纽带。为了促进茶叶的生产、贸易、质量检验和技术进步,我国从1949年起就开始以实物标准样的形式逐步建立茶叶标准,20世纪80年代,国家和地方等有关部门逐步发布、实施了各类茶叶标准。2008年3月,全国茶叶标准化技术委员会正式成立,进一步建立和完善茶叶标准体系,更好地推动茶叶标准化工作。经过各部门几十年来在标准化方面的工作,我国现已初步建立了茶叶标准体系。

目前,茶叶农药残留检测主要是通过液相色谱、气相色谱、气相色谱 – 质谱、液相色谱 – 质谱等仪器手段进行。本节参照《食品安全国家标准 茶叶中448种农药及相关化学品残留量的测定 液相色谱 – 质谱法》(GB 23200.13)测定茶叶中的农药残留量。

一、原理

试样用乙腈匀浆提取,经固相萃取柱净化,用乙腈 – 甲苯溶液(3 + 1)洗脱农药及相关化学品,用液相色谱 – 质谱联用仪检测,外标法定量。

二、试剂和材料

除非另有说明,本方法所用试剂均为分析纯,标准物质采用经国家认证并授予标准物质证书的标准物质,水为 GB/T 6682 规定的一级水。

(一)试剂

1. 乙腈(CH_3CN,75 – 05 – 8) 色谱纯。

2. 甲苯(C_7H_8,108 – 88 – 3) 优级纯。

3. 丙酮(CH_3COCH_3,67 – 64 – 1) 色谱纯。

4. 异辛烷(C_8H_{18},540 – 84 – 1) 色谱纯。

5. 甲醇(CH_3OH,67 – 56 – 1/170082 – 17 – 4) 色谱纯。

6. 乙酸(CH_3COOH,64 – 19 – 7) 优级纯。

7. 氯化钠(NaCl,7647 – 14 – 5) 分析纯。

8. 无水硫酸钠(Na_2SO_4,7757 – 82 – 6) 分析纯。用前在650℃灼烧4小时,贮于干燥器中,冷却后备用。

(二)溶液配制

1. 0.1%甲酸溶液 取1000mL水,加入1mL甲酸,摇匀备用。

2. 5mmol/L乙酸铵溶液 称取0.385g乙酸铵,加水稀释至1000mL。

3. 乙腈 – 甲苯溶液(3 + 1) 取300mL乙腈,加入100mL甲苯,摇匀备用。

4. 乙腈 + 水溶液(3 + 2) 取300mL乙腈,加入200mL水,摇匀备用。

(三)标准品

农药及相关化学品标准物质:纯度≥95%,参见GB 23200.13的附录A。

（四）标准溶液配制

1. 标准储备溶液 分别称取 5 ～ 10mg（精确至 0.1mg）农药及相关化学品各标准物分别于 10mL 容量瓶中，根据标准物的溶解度选甲醇、甲苯、丙酮、乙腈或异辛烷溶解并定容至刻度（溶剂选择参见 GB 23200.13 的附录 A），标准溶液避光 4℃保存，保存期为一年。

2. 混合标准溶液（混合标准溶液 A、B、C、D、E、F 和 G） 按照农药及相关化学品的保留时间，将 448 种农药及相关化学品分成 A、B、C、D、E、F 和 G 七个组，并根据每种农药及相关化学品在仪器上的响应灵敏度，确定其在混合标准溶液中的浓度。GB 23200.13 标准对 448 种农药及相关化学品的分组及其混合标准溶液浓度参见附录 A。依据每种农药及相关化学品的分组、混合标准溶液浓度及其标准储备液的浓度，移取一定量的单个农药及相关化学品标准储备溶液于 100mL 容量瓶中，用甲醇定容至刻度。混合标准溶液避光 4℃保存，保存期为一个月。

3. 基质混合标准工作溶液 农药及相关化学品基质混合标准工作溶液是用样品空白溶液配成不同浓度的基质混合标准工作溶液 A、B、C、D、E、F 和 G，用于做标准工作曲线。基质混合标准工作溶液应现用现配。

（五）材料

1. 微孔过滤膜（尼龙） 13mm×0.2μm。

2. Cleanert – TPT 固相萃取柱 10mL，2.0g，或相当者。

三、仪器和设备

液相色谱－串联质谱仪（配有电喷雾离子源）、分析天平（感量 0.1mg 和 0.01g）、鸡心瓶（200mL）、移液器（1mL）、样品瓶（2mL，带聚四氟乙烯旋盖）、具塞离心管（50mL）、氮气吹干仪、低速离心机（4200r/min）、旋转蒸发仪、高速组织捣碎机。

四、分析步骤

（一）试样制备

将待测茶叶样品放入粉碎机中粉碎，样品全部过 425μm 的标准网筛。混匀，制备好的试样均分成两份，装入洁净的盛样容器内，密封并标明标记。将试样于 –18℃冷冻保存。

（二）提取

称取 10g 试样（精确至 0.01g）于 50mL 具塞离心管中，加入 30mL 乙腈溶液，在高速组织捣碎机上以 15000r/min 匀浆提取 1 分钟，4200r/min 离心 5 分钟，上清液移入鸡心瓶中。残渣加 30mL 乙腈，匀浆 1 分钟，4200r/min 离心 5 分钟，上清液并入鸡心瓶中，残渣再加 20mL 乙腈，重复提取一次，上清液并入鸡心瓶中，45℃水浴，旋转浓缩至近干，氮吹至干，加入 5mL 乙腈溶解残余物，取其中 1mL 待净化。

（三）净化

在 Cleanet – TPT 柱中加入约 2cm 高的无水硫酸钠，并将柱子放入下接鸡心瓶的固定架上。加样前先用 5mL 乙腈－甲苯溶液预洗柱，当液面到达硫酸钠的顶部时，迅速将样品提取液转移至净化柱上，并更换新鸡心瓶接收。在 Cleanert TPT 柱上加上 50mL 贮液器，用 25mL 乙腈－甲苯溶液洗脱农药及相关化学品，合并于鸡心瓶中，并在 45℃水浴中旋转浓缩至约 0.5mL，于 35℃下氮气吹干，1mL 乙腈－水溶液溶解残渣，经 0.2μm 微孔滤膜过滤后，供液相色谱 – 串联质谱测定。

（四）液相色谱 – 串联质谱参考条件

1. A、B、C、D、E、F 组农药及相关化学品 LC – MS – MS 测定条件

（1）色谱柱　ZORBAX SB – C_{18}，3.5μm，100mm×2.1mm（内径）或相当者。

（2）流动相及梯度洗脱条件　见表 11 – 2。

表 11 – 2　流动相及梯度洗脱条件（源自 GB 23200.13）

步骤	总时间（min）	流速（μL/min）	流动相 A（0.1% 甲酸水）（%）	流动相 B（乙腈）（%）
0	0.00	400	99.0	1.0
1	3.00	400	70.0	30.0
2	6.00	400	60.0	40.0
3	9.00	400	60.0	40.0
4	15.00	400	40.0	60.0
5	19.00	400	1.0	99.0
6	23.00	400	1.0	99.0
7	23.01	400	99.0	1.0

（3）柱温　40℃。

（4）进样量　10μL。

（5）电离源模式　电喷雾离子化。

（6）电离源极性　正模式。

（7）雾化气　氮气。

（8）雾化气压力　0.28MPa。

（9）离子喷雾电压　4000V。

（10）干燥气温度　350℃。

（11）干燥气流速　10L/min。

（12）监测离子对、碰撞气能量和源内碎裂电压　参见 GB 23200.13 的附录 B。

2. G 组农药及相关化学品 LC – MS – MS 测定条件

（1）色谱柱　ZORBAX SB – C_{18}，3.5μm，100mm×2.1mm（内径）或相当者。

（2）流动相及梯度洗脱条件　见表 11 – 3。

表 11 – 3　流动相及梯度洗脱条件（源自 GB 23200.13）

步骤	总时间（min）	流速（μL/min）	流动相 A（5mmol/L 乙酸铵水）（%）	流动相 B（乙腈）（%）
0	0.00	400	99.0	1.0
1	3.00	400	70.0	30.0
2	6.00	400	60.0	40.0
3	9.00	400	60.0	40.0
4	15.00	400	40.0	60.0
5	19.00	400	1.0	99.0
6	23.00	400	1.0	99.0
7	23.01	400	99.0	1.0

（3）柱温　40℃。

（4）进样量　10μL。

（5）电离源模式　电喷雾离子化。

（6）电离源极性　负模式。

（7）雾化气　氮气。

（8）雾化气压力　0.28MPa。

（9）离子喷雾电压　4000V。

（10）干燥气温度　350℃。

（11）干燥气流速　10L/min。

（12）监测离子对、碰撞气能量和源内碎裂电压　参见 GB 23200.13 的附录 B。

（五）定性测定

在相同试验条件下进行样品测定时，如果检出的色谱峰的保留时间与标准样品相一致，并且在扣除背景后的样品质谱图中，所选择的离子均出现，而且所选择的离子丰度比与标准样品的离子丰度比相一致（相对丰度 > 50%，允许 ± 20% 偏差；相对丰度 > 20% 至 50%，允许 ± 25% 偏差；相对丰度 > 10% 至 20%，允许 ± 30% 偏差；相对丰度 ≤ 10%，允许 ± 50% 偏差），则可判断样品中存在这种农药或相关化学品。

（六）定量测定

本标准中液相色谱－串联质谱采用外标－校准曲线法定量测定。为减少基质对定量测定的影响，定量用标准溶液应采用基质混合标准工作溶液绘制标准曲线。并且保证所测样品中农药及相关化学品的响应值均在仪器的线性范围内。448 种农药及相关化学品多反应监测（MRM）色谱图参见 GB 23200.13 的附录 C。

（七）平行试验

按以上步骤对同一试样进行平行试验。

（八）空白试验

除不称取试样外，均按上述步骤进行。

五、原始记录及数据处理

（一）数据记录

样品名称		
检验依据	GB23200.13	
仪器设备	仪器设备名称	规格型号
检验员		
检验日期		
称样量，m（g）		
试样液定容体积，V（mL）		
农药标准溶液浓度，c（μg/mL）		

续表

农药标准溶液峰面积						
农药标准曲线						
试样溶液中农药峰面积						
试样溶液中农药浓度，c_i（μg/mL）						
空白试验农药峰面积						
空白浓度，c_0（μg/mL）						

注：该法可同时检测茶叶中448种农药及相关化学品残留量，实验员应根据检测目的决定具体检测项目。

（二）计算

液相色谱 - 质谱联用法测定采用标准曲线法定量，标准曲线法定量结果按下式计算。

$$X_i = (c_i - c_0) \times \frac{V}{m} \times \frac{1000}{1000}$$

式中，X_i为试样中被测组分残留量，mg/kg；c_i为从标准曲线上得到的被测组分溶液浓度，μg/mL；V为样品溶液定容体积，mL；m为样品溶液所代表试样的重量，g；1000为换算系数；c_0为空白试验中农药浓度，μg/mL。

计算结果应扣除空白值，测定结果用平行测定的算术平均值表示，保留两位有效数字。

（三）精密度

1. 在重复性条件下获得的两次独立测定结果的绝对差值与其算术平均值的比值（百分率），应符合GB 23200.13 的附录 D 的要求。

2. 在再现性条件下获得的两次独立测定结果的绝对差值与其算术平均值的比值（百分率），应符合GB 23200.13 的附录 E 的要求。

六、检验结果判定

判定依据				
检验检测项目	单位	技术要求	检验检测结果	单项评价

注：定量限按照现行有效的方法执行；计算结果小于定量限时，检验检测结果应报告"＜定量限"。

第四节　鸡蛋中氯霉素的测定

氯霉素是第一个人工合成的广谱抗生素，因其效高价廉，在中国畜牧业中得到广泛应用，对畜禽疾病的控制和治疗起到了重要的作用。随着氯霉素的广泛应用及研究的深入，发现其有许多毒副作用。因此，必须控制氯霉素在动物源性食品中的残留，保障消费者健康与安全。前期研究表明，蛋鸡多剂量内服氯霉素后，易在蛋黄中检出较高的残留量，且在蛋黄中的消除较蛋白缓慢。《动物性食品中兽药最高残留限量》规定氯霉素禁止用于所有动物性食品。

目前，动物源性食品中氯霉素的测定主要是通过酶联免疫吸附法、气相色谱、液相色谱、气相色谱－质谱、液相色谱－质谱等仪器手段进行。本节参照《动物源性食品中氯霉素类药物残留量测定》（GB/T 22338）（气相色谱－质谱联用法）进行鸡蛋中氯霉素类药物残留量的检测。

一、原理

样品用乙酸乙酯提取，4%氯化钠溶液和正己烷液－液分配净化，再经弗罗里硅土（Florisil）柱净化后，以甲苯为反应介质，用 N,O 双（三甲基硅基）三氟乙酰胺－三甲基氯硅烷（BSTFA + TMCS，99 +1）于 70℃硅烷化，用气相色谱/负化学电离源质谱测定，内标工作曲线法定量。

二、试剂和材料

除非另有说明，在分析中仅使用确认为分析纯的试剂和二次去离子水或相当纯度的水。

（一）试剂

1. 甲醇　色谱纯。

2. 甲苯　农残级。

3. 正己烷　农残级。

4. 乙酸乙酯。

5. 乙醚。

6. 氯化钠溶液（4%）　称取适量氯化钠用水配置成 4% 的氯化钠溶液，常温保存，可使用 1 周。

7. 衍生化试剂　N,O 双（三甲基硅基）三氟乙酰胺－三甲基氯硅烷（BSTFA + TMCS，99 +1）。

（二）标准品

1. 氯霉素（CAP）、氟甲砜霉素（FF）、甲砜霉素（TAP）标准物质：纯度≥99%。

2. 间硝基氯霉素（m－CAP）标准物质：纯度≥99%。

（三）标准溶液配制

1. 氯霉素类标准储备溶液　准确称取适量氯霉素、氟甲砜霉素和甲砜霉素标准物质（精确到 0.1 mg），以甲醇配制成浓度为 100μg/mL 的标准储备溶液。

2. 间硝基氯霉素内标工作溶液　准确称取适量间硝基氯霉素标准物质（精确到 0.1mg），用甲醇配制成 10ng/mL 的标准工作溶液。

3. 氯霉素类基质标准工作溶液　选择不含氯霉素类的样品六份，分别添加 1mL 内标工作溶液，用这六份提取液分别配成氯霉素、氟甲砜霉素和甲砜霉素浓度为 0.1、0.2、1、2、4、8ng/mL 的溶液，按本方法提取、净化，制成样品提取液，用氮气缓慢吹干，硅烷化后，制成标准工作溶液。

三、仪器和设备

气相色谱/质谱联用仪［配有化学电离源（CI）］、组织捣碎机、固相萃取装置、固相萃取柱［弗罗里硅土柱（6.0mL，1.0g）］、振荡器、旋转蒸发仪、涡旋混合器、离心机、恒温箱。

四、分析步骤

（一）提取

将待测鸡蛋样品用打蛋器充分混匀，称取 10g（精确到 0.01g）置于 50mL 具塞离心管中，加入 1.0mL 内标溶液和 30mL 乙酸乙酯，振荡 30 分钟，于 4000r/min 离心 2 分钟，上层清液转移至圆底烧瓶中，残渣用 30mL 乙酸乙酯再提取一次，合并提取液，35℃旋转蒸发至 1~2mL，待净化。

（二）净化

1. 液－液萃取 上述提取液浓缩物加 1mL 甲醇溶解，用 20mL 氯化钠溶液（4%）和 20mL 正己烷液－液萃取，弃去正己烷层，水相用 40mL 乙酸乙酯分两次萃取，合并乙酸乙酯相于心形瓶中，35℃旋转蒸发至近干，用氮气缓慢吹干。

2. 弗罗里硅土柱净化 弗罗里硅土柱依次用 5mL 甲醇、5mL 甲醇－乙醚（3+7）溶液和 5mL 乙醚淋洗备用。将上述残渣用 5.0mL 乙醚溶解上样，用 5.0mL 乙醚淋洗 Florisil 柱，5.0mL 甲醇－乙醚溶液（3+7）洗脱，洗脱液用氮气缓慢吹干，待硅烷化。

（三）硅烷化

净化后的试样用 0.2mL 甲苯溶解，加入 0.1mL 衍生化试剂混合，于 70℃衍生化 60 分钟。氮气缓慢吹干，用 1.0mL 正己烷定容，待测定。

（四）气相色谱－质谱条件

1. 色谱柱 DB－5MS 毛细管柱，30m×0.25mm（内径）×0.25μm，或与之相当者。

2. 色谱柱温度 50℃保持 1 分钟，25℃/min 升至 280℃，保持 5 分钟。

3. 进样口温度 250℃。

4. 进样方式 不分流进样，不分流时间 0.75 分钟。

5. 载气 高纯氦气，纯度≥99.999%。

6. 流速 1.0mL/min。

7. 进样量 1.0μL。

8. 接口温度 280℃。

9. 离子源 化学电离源负离子模式 NCI。

10. 扫描方式 选择离子监测。

11. 离子源温度 150℃。

12. 四级杆温度 106℃。

13. 反应气 甲烷，纯度≥99.999%。

14. 选择监测离子 参见表 11－4。

表 11－4　监测离子（源自 GB/T 22338）

药品名称	检测离子（m/z）	定量离子（m/z）	相对离子丰度比（%）	允许相对误差（%）
间硝基氯霉素	466		100	
	468	466	66	±20%
	470		16	±30%
	432		2	±50%
氯霉素	466		100	
	468		71	±20%
	376	466	32	±25%
	378		19	±30%
氟甲砜霉素	339		100	
	341		75	±20%
	429	339	89	±20%
	431		84	±20%
甲砜霉素	409		100	
	411		93	±20%
	499	409	92	±20%
	501		93	±20%

（五）定性测定

进行试样测定时，如果检出色谱峰的保留时间与标准物质相一致，并且在扣除背景后的样品质谱图中，所选择的离子均出现，而且所选择离子的相对离子丰度比与标准物质一致，相对丰度允许偏差不超过表 11－4 规定的范围，则可判断样品中存在对应的三种氯霉素。如果不能确证，应重新进样，以扫描方式（有足够灵敏度）或采用增加其他确证离子的方式来确证。

（六）内标工作曲线

用配制的氯霉素类基质标准工作溶液按上述的气相色谱－质谱条件分别进样，以标准溶液浓度为横坐标，待测组分与内标物的峰面积之比为纵坐标绘制内标工作曲线。

（七）定量

以 m/z 466（m－CAP 和 CAP）、339（FF）和 409（TAP）为定量离子，样品溶液中氯霉素类衍生物的响应值均应在仪器测定的线性范围内。在上述色谱条件下，m－CAP、CAP、FF、TAP 标准物质衍生物参考保留时间约为 11.4、11.8、12.6、13.6 分钟。氯霉素类标准物质衍生物总离子流图和质谱图如图 11－6 和图 11－7 所示。

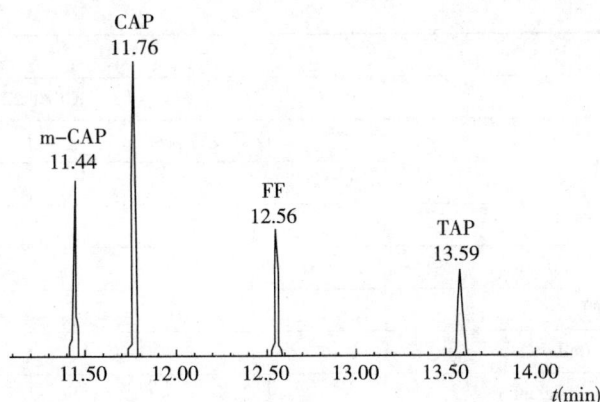

图 11－6　氯霉素类标准物质衍生物的气相色谱－质谱总离子流色谱图和质谱图（源自 GB/T 22338）

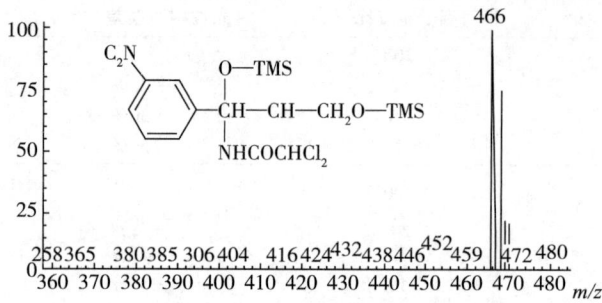

（a）间硝基氯霉素衍生物质谱图

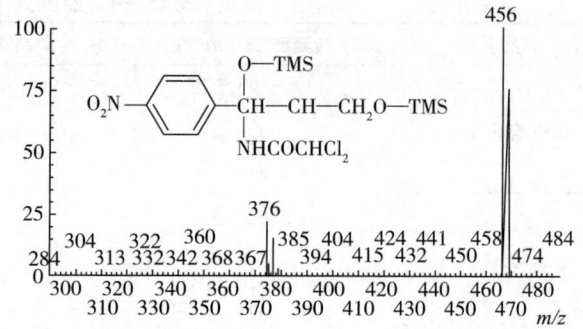

（d）氯霉素衍生物质谱图

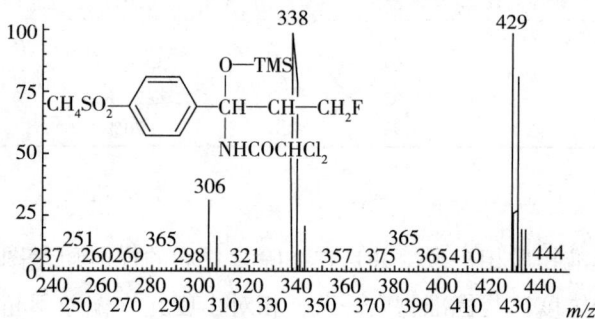

（c）氯甲砜霉素衍生物质谱图

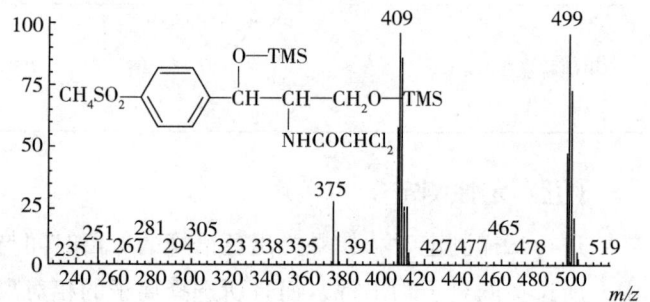

（d）甲砜霉素衍生物质谱图

图 11 –7 氯霉素类药物衍生物结构式和质谱图（源自 GB/T 22338）

（八）平行实验

按以上步骤，对同一试样进行平行试验测定。

（九）空白试验

除不加试样外，均按上述测定步骤进行。

五、原始记录及数据处理

（一）数据记录

样品名称		
检验依据	GB/T 22338	
仪器设备	仪器设备名称	规格型号
检验员		
检验日期		
样品质量，m（g）		
试样液定容体积，V（mL）		
被测组分标准溶液浓度，c（ng/mL）		
被测组分标准溶液峰面积		
内标峰面积		

续表

被测组分标准溶液峰面积/内标峰面积					
被测组分标准曲线					
试样溶液中被测组分峰面积					
试样溶液中内标峰面积					
试样溶液中被测组分峰面积/试样溶液中内标峰面积					
试样溶液中被测组分浓度，c（ng/mL）					
空白试验中被测组分峰面积					
空白试验中内标峰面积					
空白试验中被测组分峰面积/空白试验中内标峰面积					
空白浓度，c_0（ng/mL）					

（二）结果计算

气相色谱－质谱联用法测定鸡蛋中的氯霉素残留量采用标准曲线法定量，标准曲线法定量结果按下式计算。

$$X = \frac{c \times V}{m}$$

式中，X 为试样中被测组分残留量，μg/kg；c 为从内标标准工作曲线上得到的被测组分浓度，ng/mL；V 为试样溶液定容体积，mL；m 为试样的质量，g。

计算结果以重复性条件下获得的两次独立测定结果的算术平均值表示，结果保留三位有效数字。

（三）回收率和精密度

回收率和精密度参见表 11-5。

表 11-5　氯霉素类药物在不同基质中的平均回收率和精密度（GC/MS 法）（源自 GB/T 22338）

药品名称	添加浓度（μg/kg）	水产品		畜禽肉		畜禽副产品	
		回收率（%）	RSD（%）	回收率（%）	RSD（%）	回收率（%）	RSD（%）
氯霉素	0.1	88.1	9.8	80.2	8.9	80.0	10.0
	1.0	86.4	5.5	85.4	5.7	88.7	7.2
	2.0	98.1	1.2	90.5	1.5	94.2	2.1
氟甲砜霉素	0.5	98.9	12.9	101	14.6	109	15.4
	1.0	105	10.4	92.8	11.3	102	12.2
	2.0	88.0	15.1	85.3	10.1	89.9	10.7
甲砜霉素	0.5	111	8.8	98.0	8.9	110	10.5
	1.0	94.0	8.3	93.1	7.9	100	8.8
	2.0	93.6	7.7	89.5	6.5	90.3	6.9

六、检验结果判定

判定依据				
检验检测项目	单位	技术要求	检验检测结果	单项评价

注：定量限按照现行有效的方法执行；计算结果小于定量限时，检验检测结果应报告"＜定量限"。

目标检测

答案解析

简述质谱分析的原理。

目标检测

参考文献

［1］ 邓毛程，汤高奇．食品合规管理职业技能教材（中级）［M］．北京：化学工业出版社，2022.

［2］ 李宇，曹高峰．食品合规管理职业技能教材（高级）［M］．北京：化学工业出版社，2023.

［3］ 万仁甫．药事合规管理［M］．北京：中国医药科技出版社，2021.

［4］ 张佳佳，王建．药品质量检验技术［M］．北京：中国医药科技出版社，2021.

［5］ 王世平，王增利．食品标准与法规［M］.3 版．北京：科学出版社，2023.

［6］ 周才琼，张平平．食品标准与法规［M］.3 版．北京：中国农业大学出版社，2022.

［7］ 李云龙．食品药品检验基本理论与实践［M］．北京：科学出版社，2015.

［8］ 杨国伟，夏红．食品质量管理［M］.2 版．北京：化学工业出版社，2024.

［9］ 杜淑霞，王一凡．食品理化检验技术［M］.2 版．北京：科学出版社，2022.

［10］ 李彦波，贾洪信，郭元晟．食品标准与法规［M］．北京：中国纺织出版社有限公司，2022.

［11］ 庞艳华，孙晓飞．食品标准与食品安全管理［M］．北京：北京工业大学出版社，2023.

［12］ 姚卫蓉，吴存兵．食品安全与质量控制［M］.2 版．北京：中国轻工业出版社，2021.

［13］ 师邱毅，逯家富．简明食品检验工作手册［M］．北京：机械工业出版社，2014.

［14］ 雅梅．食品微生物检验技术［M］.3 版．北京：化学工业出版社，2022.

［15］ 万国福．微生物检验技术［M］.2 版．北京：化学工业出版社，2023.

［16］ 容蓉，黄荣增．仪器分析［M］.3 版．北京：中国医药科技出版社，2023.

［17］ 王占辉，高涵，李彩云，等．基于连续流动分析技术的水中阴离子合成洗涤剂快速检测方法的研究［J］．医学动物防制，2022，38（9）：895－897，901.

［18］ 张威．仪器分析［M］．北京：化学工业出版社，2021.

［19］ 周光理．食品分析与检验技术［M］．北京：化学工业出版社，2021.

［20］ 李琼.HPLC－RID 法测定食品中果糖、葡萄糖、蔗糖、麦芽糖、乳糖的方法学验证［J］．食品工程，2022（2）：76－80.